高职高专"十一五"规划教材

房屋建筑工程概论

李 爽 主编

化学工业出版社

·北京·

本书主要介绍了建筑材料、投影原理、建筑工程图识读、民用建筑构造基本知识、房屋管理与维修等方面的内容。

本书以物业管理的专业特色为依托，在编写过程中力求选用最新的知识和技术，并增加了学科前沿信息，具有较强的先进性和适用性，同时注重高职高专技术应用性人才的培养特色，概念清晰，内容深入浅出。

本书适用于高职高专院校的物业管理专业师生使用，同时也适用于高职高专房地产专业、建筑工程管理专业、建筑装饰专业及土建类专业，还可供相关管理和施工人员参考使用。

图书在版编目（CIP）数据

房屋建筑工程概论/李爽主编．—北京：化学工业出版社，2008.5（2017.11重印）
高职高专"十一五"规划教材
ISBN 978-7-122-02807-5

Ⅰ．房… Ⅱ．李… Ⅲ．建筑工程-高等学校：技术学院-教材 Ⅳ．TU71

中国版本图书馆CIP数据核字（2008）第058456号

责任编辑：李彦玲 于 卉　　文字编辑：张绪瑞
责任校对：蒋 宇　　　　　　装帧设计：史利平

出版发行：化学工业出版社（北京市东城区青年湖南街13号　邮政编码100011）
印　　装：三河市延风印装有限公司
787mm×1092mm　1/16　印张13¼　字数324千字　2017年11月北京第1版第4次印刷

购书咨询：010-64518888（传真：010-64519686）　售后服务：010-64518899
网　　址：http://www.cip.com.cn

凡购买本书，如有缺损质量问题，本社销售中心负责调换。

定　　价：24.00元　　　　　　　　　　　　　　　　　　　　　版权所有　违者必究

前 言

物业管理行业是近年发展和逐渐成熟的朝阳行业，物业管理已经被越来越多的人所接受，业主愿意支付物业管理费聘请物业公司对小区进行管理。而从物业管理行业本身的特点来讲，物业管理又是一个非常复杂的综合性行业。中国的物业管理行业经过二十多年发展，已成为城市管理的重要组成部分，在人们的生产和生活中已经成为不可缺少的组成部分。物业管理企业在不停的发展中，积累了丰富的物业管理知识和经验。物业管理早就脱离了原始的看门、扫地、维修房屋等传统的房屋管理模式，成为一项涉及房屋修缮、设备管理、保安、保洁、绿化等多方面内容，涵括房地产、法律、建筑、工程、管理、服务等多种学科的具有独特运作规范的科学体系。随着物业管理逐步走向社会化、专业化、市场化，业主对物业管理的要求也愈来愈高，市场对于物业管理人才的需求也不断增加，物业管理人才的培养就显得尤为重要了。

本书是物业管理专业的基础教材之一，是为了满足市场经济对培养高层次、应用型、技能型物业管理职业人才的要求而编写的。本书全面阐述了建筑工程相关的专业知识，内容包括建筑材料、投影原理、建筑工程图识读、民用建筑构造基本知识、房屋管理与维修五个部分的内容，既注重知识的全面性，又注重实用性，深入浅出，图文并茂，使学生全面了解物业管理专业所需的建筑工程方面的基本知识。它不仅可以用作物业管理专业教材，也可以用作高职高专院校房地产专业、建筑工程管理专业、建筑装饰专业及土建类相关专业的教材，亦可作为从事相关管理和施工人员的参考用书。

本书由李爽主编。本书编写人员为：第一章由李鹏执笔；第二章、第三章由李爽执笔；第四章由王艳红执笔；第五章由史小来执笔；全书由李爽统稿和定稿。

本书在编写过程中，借鉴和参考了很多相关专业的书籍和技术研究成果，谨此对相关作者致以诚挚的谢意。

由于编者水平有限，加之时间仓促，不妥之处在所难免，敬请读者批评指正。

编者

2008 年 4 月

目 录

第一章　建筑材料 — 1

第一节　材料的基本性能 — 1
一、材料的物理性质 — 1
二、材料的力学性质 — 4

第二节　胶凝材料 — 6
一、石灰 — 6
二、石膏 — 8
三、水玻璃 — 10
四、水泥 — 10

第三节　砂浆与混凝土 — 15
一、建筑砂浆 — 15
二、混凝土 — 17

第四节　砌筑材料 — 21
一、砌筑砖 — 22
二、砌块 — 24
三、瓦 — 25

第五节　建筑钢材 — 26
一、建筑钢材的分类 — 26
二、建筑钢材的牌号 — 26
三、建筑钢材技术性质和应用 — 28

第六节　木材 — 35
一、木材的分类 — 36
二、木材的技术性质 — 36
三、木材的综合利用 — 37

第七节　防水材料 — 38
一、沥青 — 38
二、防水卷材 — 39
三、防水涂料 — 40
四、防水嵌缝油膏 — 41

第八节　保温隔热材料和吸声绝声材料 — 41
一、保温隔热材料 — 41
二、吸声绝声材料 — 42

第九节　建筑塑料 — 43

一、建筑塑料常用品种 ……………………………………………………… 43
　　二、常用塑料制品 …………………………………………………………… 44
第十节　建筑玻璃 ………………………………………………………………… 45
　　一、玻璃的基本性质 ………………………………………………………… 45
　　二、玻璃制品及应用 ………………………………………………………… 45
第十一节　建筑装饰材料 ………………………………………………………… 46
　　一、装饰材料的基本性质及选用 …………………………………………… 46
　　二、常用建筑装饰材料 ……………………………………………………… 47
复习思考题 ………………………………………………………………………… 47

第二章　投影原理 —————————————————————— 49
第一节　投影的基本知识 ………………………………………………………… 49
　　一、投影的概念 ……………………………………………………………… 49
　　二、投影的分类 ……………………………………………………………… 49
　　三、平行投影的基本性质 …………………………………………………… 50
　　四、三视图的形成和特性 …………………………………………………… 51
第二节　点、直线、平面的投影 ………………………………………………… 52
　　一、点的投影 ………………………………………………………………… 52
　　二、直线的投影 ……………………………………………………………… 55
　　三、平面的投影 ……………………………………………………………… 58
第三节　体的投影 ………………………………………………………………… 60
　　一、基本形体三视图 ………………………………………………………… 60
　　二、组合体三视图 …………………………………………………………… 63
第四节　剖面图与截面图 ………………………………………………………… 69
　　一、剖面图的概念和种类 …………………………………………………… 69
　　二、截面图的概念和种类 …………………………………………………… 72
第五节　轴测投影 ………………………………………………………………… 73
　　一、轴测投影的概念和种类 ………………………………………………… 73
　　二、正轴测图 ………………………………………………………………… 74
　　三、斜轴测图 ………………………………………………………………… 74
复习思考题 ………………………………………………………………………… 75

第三章　建筑工程图识读 ———————————————————— 77
第一节　识读工程图的一般知识 ………………………………………………… 77
　　一、建筑图的分类 …………………………………………………………… 77
　　二、图纸中常用的符号与记号 ……………………………………………… 77
第二节　建筑施工图的识读 ……………………………………………………… 87
　　一、总平面图的识读 ………………………………………………………… 87
　　二、建筑平面图的识读 ……………………………………………………… 88
　　三、建筑立面图的识读 ……………………………………………………… 90
　　四、建筑剖面图的识读 ……………………………………………………… 91
　　五、建筑详图的识读 ………………………………………………………… 94

第三节 结构施工图的识读 ·· 94
    一、结构施工图的含义 ··· 94
    二、结构施工图的主要内容 ·· 95
    三、结构施工图识读举例 ··· 95
  复习思考题 ·· 99

第四章 民用建筑构造基本知识 — 100

  第一节 概述 ··· 100
    一、房屋建筑的分类与等级 ··· 100
    二、民用建筑的基本构成 ·· 102
  第二节 地基、基础与地下室 ·· 103
    一、地基 ··· 103
    二、基础 ··· 104
    三、地下室 ·· 105
  第三节 墙体 ··· 106
    一、墙体的构造 ·· 106
    二、墙体的加固 ·· 111
    三、变形缝 ·· 113
    四、隔墙与隔断 ·· 114
  第四节 楼板及楼地面 ··· 115
    一、楼板 ··· 115
    二、楼地面 ·· 119
  第五节 楼梯 ··· 122
    一、楼梯的组成 ·· 122
    二、楼梯的形式 ·· 123
    三、钢筋混凝土楼梯 ·· 124
    四、电梯及自动扶梯 ·· 127
  第六节 屋顶 ··· 128
    一、屋顶的形式 ·· 128
    二、坡屋顶 ·· 128
    三、平屋顶 ·· 130
    四、屋顶的排水 ·· 133
  第七节 门与窗 ·· 134
    一、门的构造 ··· 134
    二、窗的构造 ··· 135
  复习思考题 ··· 136

第五章 房屋管理与维修 — 137

  第一节 房屋管理与维修总论 ·· 137
    一、房屋维修的研究对象和特点 ·· 137
    二、房屋维修的方针、原则与标准 ··· 138
    三、房屋维修的经济效益、社会效益和环境效益 ···························· 138

四、房屋维修的内容、分类与工作分工 ·········· 138
　　五、房屋维修工作程序和实施要点 ············ 139
　　六、房屋的损坏及房屋完损等级评定标准 ········· 140
　　七、房屋管理与维修的关系 ················ 144
　　八、房屋维修技术管理 ·················· 146
　　九、房屋建筑维修质量与验收 ·············· 148
　第二节　地基基础工程维修 ················· 150
　　一、地基损坏的原因及加固 ················ 150
　　二、基础损坏的原因及加固 ················ 154
　　三、地基、基础的维护措施 ················ 156
　　四、房屋倾斜矫正技术 ·················· 157
　第三节　砌体工程维修 ··················· 158
　　一、砌体腐蚀的防治 ··················· 158
　　二、砌体裂缝的防治与加固 ················ 160
　　三、墙柱倾斜和弯曲变形的加固与矫正 ·········· 165
　第四节　混凝土工程维修 ·················· 167
　　一、钢筋混凝土结构裂缝 ················· 167
　　二、钢筋锈蚀的防治与维修 ················ 171
　　三、混凝土结构的加固 ·················· 172
　第五节　钢结构的管理与维修 ················ 174
　　一、钢结构锈蚀的危害与维修 ·············· 174
　　二、钢结构其他病害的检查与维修 ············ 176
　　三、钢结构的加固措施 ·················· 178
　第六节　屋面工程维修 ··················· 179
　　一、油毡防水屋面 ···················· 180
　　二、刚性防水屋面 ···················· 184
　　三、屋面检验与管理 ··················· 186
　第七节　装饰工程维修 ··················· 187
　　一、装饰工程概述 ···················· 187
　　二、抹灰和饰面的维修 ·················· 188
　第八节　建筑结构的抗震加固 ················ 190
　　一、概述 ························· 190
　　二、多层砖混结构抗震加固 ················ 191
　　三、钢筋混凝土框架结构的抗震加固 ··········· 193
　第九节　房屋设备工程管理与维修 ·············· 196
　　一、房屋设备工程管理 ·················· 196
　　二、给水排水设备维修 ·················· 197
　　三、通风、空调设备维修 ················· 201
　复习思考题 ························· 202

参考文献 ························· 203

第一章

建筑材料

【学习目标】 了解建筑材料的组成、技术性质和特点,掌握外界因素对建筑材料性质的影响因素,能合理选用建筑材料和使用建筑材料。

第一节 材料的基本性能

一、材料的物理性质

1. 材料与质量有关的物理性质

(1) 密度 密度是指材料在绝对密实状态下单位体积的质量。其数学表达式为

$$\rho = \frac{m}{V}$$

式中 ρ——材料的密度,g/cm³;

m——材料的质量(干燥至恒重),g;

V——材料在绝对密实状态下的体积,cm³。

绝对密实状态下的体积是指不含有任何孔隙的体积。除钢材、玻璃等外绝大多数材料都含有一定的孔隙,如砖、石材等块状材料。在测定有一定孔隙的材料密度时,可采用研磨法,即把材料磨成细粉,烘干后,用李氏瓶测其体积,此体积即为材料在绝对密实状态下的体积。一般材料磨得越细,测得的结果越准确。

(2) 表观密度 表观密度是指材料在自然状态下单位体积的质量。其数学表达式为

$$\rho_0 = \frac{m}{V_0}$$

式中 ρ_0——材料的表观密度,kg/m³ 或 g/cm³;

m——材料的质量,kg 或 g;

V_0——材料在自然状态下的体积,包括材料实体及其开口孔隙和闭口孔隙,m³ 或 cm³。

自然状态下的体积既包括材料内部固体颗粒的体积,也包括材料内部所有孔隙的体积。

材料表观密度的大小与其含水情况有关。当材料含水时,其质量将增加,体积也随之发生不同程度上的变化。故在测定材料表观密度时,应注明其含水率的大小。一般,如不特殊说明,表观密度均指干表观密度。常用建筑材料的密度、表观密度见表 1-1。

2. 材料与构造状态有关的物理性质

(1) 孔隙率 材料的孔隙率是指材料内部孔隙的体积占材料总体积的百分率,它以 P 表示。孔隙率 P 的数学表达式为

$$P = \frac{V_0 - V}{V_0} \times 100\% = \left(1 - \frac{\rho_0}{\rho}\right) \times 100\%$$

表 1-1　常用建筑材料的密度、表观密度

材料名称	密度/(g/cm³)	表观密度/(kg/m³)	材料名称	密度/(g/cm³)	表观密度/(kg/m³)
钢	7.85	7850	烧结普通砖	2.70	1600～1900
花岗岩	2.80	2500～2900	烧结空心砖	2.70	800～1480
碎石	2.60	2650～2750	红松木	1.55	400～800
砂	2.60	2630～2700	泡沫塑料		20～50
黏土	2.60		玻璃	2.55	
水泥	3.10		普通混凝土		2100～2600

孔隙率的大小及孔隙特征与材料的许多重要性质都有密切关系，如强度、吸水性、抗渗性、抗冻性和导热性等。

(2) 密实度　密实度是表示材料内部被固体所填充的程度，用 D 来表示，其数学表达式为

$$D=1-P$$

由此可知，孔隙率与密实度从不同角度反映了材料的密实程度，它们成反比关系。作为建筑上的承重构件梁、柱等，应选用密实度较大的材料；而屋顶、墙体等具有保温隔热要求的构件，则应选用孔隙率较大的材料。

3. 材料与水有关的物理性质

(1) 吸水性　材料的吸水性是指材料在水中吸收达到饱和的能力，有质量吸水率和体积吸水率两种表达方式。

① 质量吸水率 W_m

$$W_m = \frac{m_1-m}{m} \times 100\%$$

式中　m——材料在干燥状态下的质量，g；

m_1——材料在吸水饱和状态下的质量，g。

② 体积吸水率 W_v

$$W_v = \frac{m_1-m}{V_0} \times \frac{1}{\rho_w} \times 100\%$$

式中　V_0——干燥材料自然体积，cm³；

ρ_w——水的密度，g/cm³。

材料的吸水性与材料的孔隙率和孔隙特征有关。对于细微连通孔隙，孔隙率越大，吸水率越大。闭口孔隙水分无法进入，而开口大孔虽然水分易进入，但不能存留，所以吸水率仍较小。各种材料的吸水率相差悬殊，如花岗岩的吸水率为 0.5%～0.7%，黏土砖的吸水率为 8%～20%，木材的吸水率为 100%。

(2) 吸湿性　材料在潮湿空气中吸收水分的性质称为吸湿性。材料的吸湿性用含水率表示

$$W_h = \frac{m_s-m}{m} \times 100\%$$

式中　W_h——材料的含水率，%；

m_s——材料在吸湿状态下的质量，g；

m——材料在干燥状态下的质量，g。

材料中所含水分与空气的湿度相平衡时的含水率，称为平衡含水率。建筑材料在正常使用状态下均处于平衡含水状态。

材料的吸湿性随着空气的湿度和环境温度的变化而变化，当空气湿度较大而温度较低时，材料的含水率就大；反之则小。具有微小开口孔隙的材料，吸湿性很强，如木材和一些绝热材料，在潮湿的空气中能吸收很多水分。

值得注意的是，含水率是随着环境而变化的，而吸水率却是一个常量，材料的吸水率是指材料的最大含水率，两者不能混淆。

(3) 耐水性　材料长期在水作用下不破坏，强度也不显著降低的性质称为耐水性。材料的耐水性用软化系数表示

$$K_R = \frac{f_b}{f_g}$$

式中　K_R——材料的软化系数；
　　　f_b——材料在水饱和状态下的抗压强度，MPa；
　　　f_g——材料在干燥状态下的抗压强度，MPa。

工程中常将 $K_R > 0.80$ 的材料，认为是耐水材料。

在设计长期处于水中或潮湿环境中的重要结构时，必须选用 $K_R > 0.85$ 的建筑材料。对用于受潮较轻或次要结构物的材料，其 K_R 值不宜小于 0.75。

(4) 抗渗性　材料抵抗压力水渗透的性质称为抗渗性，或称不透水性。材料的抗渗性通常用渗透系数表示。

渗透系数的物理意义是：一定厚度的材料，在一定水压力下，在单位时间内透过单位面积的水量。用公式表示为

$$K = \frac{Qd}{AtH}$$

式中　K——材料的渗透系数，cm/h；
　　　Q——渗透水量，cm^3；
　　　d——材料的厚度，cm；
　　　A——渗水面积，cm^2；
　　　t——渗水时间，h；
　　　H——静水压力水头，cm。

抗渗性也可用抗渗等级来表示。抗渗等级是在规定试验方法下材料所能抵抗的最大水压力，用"Pn"（以 0.1MPa 为单位）表示。如 P6 表示材料可抵抗 0.6MPa 的水压力而不渗透。

材料的抗渗性与下列因素有关。

① 抗渗性与材料内部的空隙率特别是开口孔隙率有关，开口空隙率越大，大孔含量越多，抗渗性越差。

② 抗渗性还与材料的憎水性和亲水性有关。

③ 抗渗性与材料的耐久性有着密切的关系。

(5) 抗冻性　材料在水饱和状态下，能经受多次冻融循环作用而不破坏，也不严重降低强度的性质，称为抗冻性。抗冻性用抗冻等级表示。抗冻等级是以规定的试件，在规定试验条件下，测得其强度降低不超过规定值，并无明显损坏和剥落时所能经受的冻融循环次数，

以此作为抗冻标号,用符号"Fn"表示,其中"n"即为最大冻融循环次数,如 F25、F50,表示材料所能承受的最大冻融循环次数是 25 次和 50 次,强度下降不超过 25%,质量损失不超过 5%。

材料的抗冻性与下列因素有关。

① 材料受冻融破坏主要是因其孔隙中的水结冰所致。水结冰时体积增大约 9%。

② 材料抗冻性取决于其孔隙率、孔隙特征及充水程度。

③ 从外界条件来看,材料受冻融破坏的程度,与冻融温度、结冰速度、冻融频繁程度等因素有关。

4. 材料与热有关的物理性质

(1) 导热性　当材料两侧存在温度差时,热量将由温度高的一侧通过材料传递到温度低的一侧,材料的这种传导热量的能力称为导热性。

材料的导热性可用热导率来表示。热导率的物理意义是:厚度为 1m 的材料,当温度每改变 1K 时,在 1h 时间内通过 1m^2 面积的热量。用公式表示为

$$\lambda = \frac{Qa}{(T_1-T_2)At}$$

式中　λ——材料的热导率,W/(m·K);

　　　Q——传导的热量,J;

　　　a——材料的厚度,m;

　　　A——材料传热的面积,m^2;

　　　t——传热时间,h;

　T_1-T_2——材料两侧温度差,K。

各种材料的热导率千差万别,非金属材料大约在 0.035～3.0W/(m·K)之间,工程中常把 $\lambda<0.23$W/(m·K) 的材料称为绝热材料。绝热材料在受潮或受冻后,热导率将增加,故在运输、存放及使用时,应保持其干燥状态。

(2) 热容量和比热容　热容量是指材料受热时吸收热量和冷却时放出热量,可用下式表示

$$Q = mC(T_1-T_2)$$

式中　Q——材料的热容量,kJ;

　　　m——材料的质量,kg;

　T_1-T_2——材料受热或冷却前后的温度差,K;

　　　C——材料的比热容,kJ/(kg·K)。

材料比热容的物理意义是指 1kg 重的材料,在温度每改变 1K 时所吸收或放出的热量。一般地,材料的热导率越小、比热容越大,材料的保温隔热性能越好。

二、材料的力学性质

力学性质是指材料抵抗外力的能力及其在外力作用下的表现,通常以材料在外力作用下所表现的强度或变形特性来表示。

1. 材料的强度

材料的强度是指材料在外力作用下抵抗破坏的能力,可分为抗压强度、抗拉强度、抗弯(抗折)强度、抗剪强度等,如图 1-1 所示。

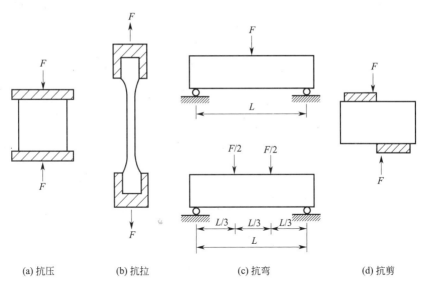

(a) 抗压　　(b) 抗拉　　(c) 抗弯　　(d) 抗剪

图 1-1　材料的受力形式

表 1-2 为几种常见建筑材料的强度值。

表 1-2　几种常见建筑材料的强度值　　　　　　　　　　　MPa

材　料	抗压强度	抗拉强度	抗弯强度
花岗岩	100～250	5～8	10～14
普通烧结砖	7.5～30	—	1.8～4.0
普通混凝土	7.5～60	1～4	—
松木（横纹）	30～50	80～120	60～100
建筑钢材	235～1600	235～1600	—

材料的强度与其组成、结构构造有关，如孔隙率大的材料强度低。同时，还与材料的测试条件有关。此外，即使是同一种材料，其强度也有所不同。比如混凝土有 C15、C20、C25、C30…、C80 等 14 个等级。

2. 材料的弹性与塑性

材料在外力作用下产生变形，当外力去除后能完全恢复到原始形状的性质称为弹性。当外力去除后，有一部分变形不能恢复，这种性质称为材料的塑性。

弹性变形与塑性变形的区别在于，前者为可逆变形，后者为不可逆变形。

实际上完全弹性和完全塑性的材料是不存在的。大部分材料的弹性变形和塑性变形是分阶段发生的，如低碳钢。另外，也有一些材料在受力时弹性和塑性变形同时发生，如混凝土。

3. 材料的脆性和韧性

材料受外力作用达到一定值时，材料发生突然破坏，且破坏时无明显的塑性变形，这种性质称为脆性。材料在冲击或振动荷载作用下，能吸收较大的能量，同时产生较大的变形而不破坏，这种性质称为韧性。

具有脆性性质的材料称脆性材料，如砖、混凝土等，其抗压强度远大于抗拉强度，抵抗冲击荷载或振动作用的能力较差，只适合用作承压构件。

具有韧性性质的材料称韧性材料。在建筑工程中，对于要求承受冲击荷载和有抗震要求的结构，如吊车梁、桥梁、路面等所用的材料，均应具有较高的韧性。

4. 材料的硬度和耐磨性

硬度是指材料表面抵抗硬物压入或刻划的能力。耐磨性是指材料抵抗磨损的能力。一般情况下，硬度大的材料强度高、耐磨性较强，但不易加工。用于道路、地面、踏步等部位的材料均应考虑其硬度和耐磨性。

5. 耐久性

材料在长期使用过程中，承受各种内外破坏因素或有害介质的作用，保持其原有性能而不变质、不破坏的性质，统称为耐久性，它是一种复杂的、综合的性质，包括抗冻性、抗渗性、抗化学侵蚀性、抗碳化性、大气稳定性、耐磨性等。

材料在使用过程中，除受到各种外力作用外，还要受到环境中各种自然因素的破坏作用，这些破坏作用可分为下列几种。

① 物理作用主要有干湿交替、温度变化、冻融循环等，这些变化会使材料体积产生膨胀或收缩，或导致内部裂缝的扩展，长久作用后会使材料产生破坏。

② 化学作用主要是指材料受到酸、碱、盐等物质的水溶液或有害气体的侵蚀作用，使材料的组成成分发生质的变化，而引起材料的破坏。如钢材的锈蚀等。

③ 生物作用主要是指材料受到虫蛀或菌类的腐蚀作用而产生的破坏。如木材常会受到这种破坏作用的影响。

材料受到破坏常常是由以上几个因素同时作用的，而且由于各种材料的化学组成和内部结构不同，故各种破坏因素对不同材料的破坏作用也是不同的。

材料的耐久性指标是根据工程所处的环境来决定的。例如在严寒地区的工程，所用材料的耐久性是以抗冻性来表示的。地下建筑所用材料的耐久性是以抗渗性来表示的。

为了提高材料的耐久性，可采取以下几个措施。

① 减轻介质对材料的破坏作用。

② 提高材料密实度。

③ 对材料进行憎水或防腐处理。

④ 在材料表面设置保护层。

第二节 胶 凝 材 料

胶凝材料是指能将散粒材料（砂子、石子等）和块状材料（砖、砌块等）或纤维材料黏结成为整体，并经物理、化学作用后可由塑性浆体逐渐变成坚硬石材的材料。

胶凝材料按照其化学成分的不同，可分为有机胶凝材料（如沥青、树脂、橡胶等）和无机胶凝材料（如石灰、石膏、水泥等）。无机胶凝材料又可分为气硬性胶凝材料和水硬性胶凝材料。

气硬性胶凝材料只能在空气中凝结硬化，也只能在空气中保持和发展其强度，如建筑石膏、石灰、水玻璃、菱苦土等；水硬性胶凝材料不仅能在空气中硬化，而且能更好地在水中硬化，并保持和发展其强度，如各种水泥。

一、石灰

石灰是建筑上较早使用的一种无机气硬性胶凝材料，其原材料在我国分布很广，生产工艺简单，成本低廉，具有良好的建筑性能，是一种重要的常用建筑材料。

1. 石灰的生产

生产石灰的原料为以碳酸钙为主石灰石等的天然原料。

$$CaCO_3 \xrightarrow{900\sim1100℃} CaO + CO_2 \uparrow$$

石灰的另一来源是某些工业副产品。如：

$$CaC_2 + 2H_2O = C_2H_2 \uparrow + Ca(OH)_2$$

石灰在生产过程中，应力求石灰石的块度均匀，并严格控制温度，以保证煅烧的质量。由于石灰石原料尺寸较大，煅烧温度较高时，石灰石的中心部位达到分解温度，而表面则超过了分解温度，使黏土杂质融化并包裹石灰，遇水后熟化十分缓慢，称其为过火石灰。过火石灰在后期熟化过程中，体积膨胀，会使硬化的砂浆产生鼓泡、爆裂等现象，影响工程质量。反之，在石灰煅烧过程中，因为温度过低或煅烧时间不足，致使石灰石未完全分解，没有烧透，此时称为欠火石灰。欠火石灰降低了生石灰的产量，属于废品，不能用于重要工程中。

2. 石灰的熟化

石灰加水后生成氢氧化钙的过程，称为石灰的熟化。其化学反应如下

$$CaO + H_2O \longrightarrow Ca(OH)_2 + 64.9kJ$$

熟化反应是一个放热反应，而且体积增大 1～2.5 倍。

为了消除过火石灰的危害，石灰膏在使用之前应进行陈伏。陈伏是指石灰乳（或石灰膏）在储灰坑中放置 14 天以上的过程。陈伏期间，石灰膏表面应保持有一层水分，使其与空气隔绝。

3. 石灰的硬化

石灰的硬化包括以下两个同时进行的过程。

① 干燥结晶硬化过程。水分蒸发引起氢氧化钙溶液过饱和而结晶析出。

② 碳化过程。氢氧化钙与空气中的二氧化碳化合生成碳酸钙结晶，并释出水分，其反应式如下

$$Ca(OH)_2 + CO_2 + nH_2O = CaCO_3 + (n+1)H_2O$$

当材料表面形成碳酸钙达到一定厚度时，阻碍了空气中 CO_2 的渗入，也阻碍了内部水分向外蒸发，这是石灰凝结硬化慢的原因。

4. 石灰的特性

石灰具有以下几个特性。

① 保水性好、可塑性好。生石灰熟化为石灰浆时，能自动形成颗粒极细（直径约为 $1\mu m$）的呈胶体分散状态的氢氧化钙，表面吸附一层厚的水膜，表现出良好的保水性，与此同时水膜层也降低了颗粒之间的摩擦力，表现出良好的可塑性。

② 硬化较慢、强度低。空气中二氧化碳含量较少，并且碳化后生成的碳酸钙阻碍了内部进一步硬化，故硬化的时间较长，硬化后的强度也不高，1:3 的石灰砂浆 28 天抗压强度通常只有 0.2～0.5MPa。

③ 硬化时体积收缩大。石灰浆在硬化过程中因蒸发大量的游离水而导致明显收缩，工程上常在其中掺入砂、各种纤维材料等减少收缩，见图 1-2。

④ 耐水性差。若石灰浆在硬化前受潮，会使石灰中的水分不能蒸发出去而影响其硬化

的进行；若已经硬化的石灰受潮，会使氢氧化钙产生溶解，使硬化的石灰溃散。故石灰不宜在潮湿的环境中使用，也不宜单独用于建筑物基础，见图1-3。

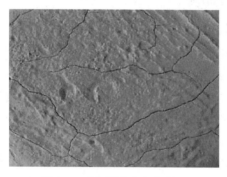 

图1-2　石灰硬化产生的裂缝　　　　　　图1-3　石灰砂浆墙面因受潮而脱落

⑤ 吸湿性强。块状生石灰在放置过程中，会缓慢吸收空气中的水分而自动熟化成消石灰粉，再与空气中的二氧化碳作用生成碳酸钙，失去胶结能力。因此石灰是传统的干燥剂。

5. 石灰的应用

（1）制作石灰乳涂料　石灰乳由消石灰粉或消石灰浆掺大量水调制而成。可用于建筑室内墙面和顶棚粉刷。掺入107胶或少量水泥粒化高炉矿渣（或粉煤灰），可提高粉刷层的防水性；掺入各种色彩的耐碱材料，可获得更好的装饰效果。

（2）配制砂浆　石灰浆和消石灰粉可以单独或与水泥一起配制成砂浆，前者称石灰砂浆，后者称混合砂浆，用于墙体的砌筑和抹面。为了克服石灰浆收缩性大的缺点，配制时常要加入纸筋等纤维质材料。

（3）拌制石灰土和三合土　消石灰粉与黏土的拌和物，称为石灰土，常用的有二八灰土和三七灰土（体积比），若再加入砂（或碎石、炉渣等）即成三合土。石灰土和三合土在夯实或压实下，密实度大大提高，而且在潮湿的环境中，黏土颗粒表面的少量活性氧化硅和氧化铝与$Ca(OH)_2$发生反应，生成不溶性的水化硅酸钙和水化铝酸钙，使黏土的抗渗能力、抗压强度、耐水性得到改善。

三合土和石灰土主要用于建筑物基础、路面和人行道地面砖的垫层。

（4）生产硅酸盐制品　磨细生石灰（或消石灰粉）和砂（或粉煤灰、粒化高炉矿渣、炉渣）等硅质材料加水拌和，经过成形、蒸养或蒸压处理等工序而成的建筑材料，统称为硅酸盐制品。如灰砂砖、粉煤灰砖、粉煤灰砌块、硅酸盐砌块等。

二、石膏

石膏是以硫酸钙为主要成分的气硬性胶凝材料，它很早就被人们应用在室内装饰工程中，具有质轻、吸声、吸湿、保温隔热、装饰性好等特性。近几年来，石膏及其制品的应用前景十分广阔。

1. 石膏的生产

建筑石膏（半水石膏）是将二水石膏加热脱水制成的产品，由于其脱水工艺不同，所形成的半水石膏类型也不同。其中在蒸压环境中加热（蒸炼）可得α型半水石膏，在回转窑或炒锅中进行直接加热（煅烧）可得β型半水石膏。

2. 石膏的凝结与硬化

半水石膏加水拌和后很快溶解于水,并生成不稳定的过饱和溶液;溶液中的半水石膏经过水化反应而转化为二水石膏。因为二水石膏比半水石膏的溶解度要低,所以二水石膏在溶液中处于高度过饱和状态,从而导致二水石膏晶体很快析出。与此同时,由于浆体中的水分因水化和蒸发逐级减少,浆体逐级变稠,凝结为晶体,晶体继续长大,相互交错,直到完全干燥,强度发展到最大,石膏硬化。

3. 石膏的特性

① 凝结硬化快。建筑石膏水化迅速,常温下凝结所需时间仅为 7~12min。在使用石膏浆体时,为施工方便,可掺加适量缓凝剂。

② 硬化后孔隙率大、保温吸声性好、强度较低。建筑石膏孔隙率可高达 50%~60%。建筑石膏制品的表观密度较小(400~900kg/m³),热导率较小 [0.121~0.205W/(m·K)]。较高的孔隙率使得石膏制品的强度较低。

③ 体积稳定。建筑石膏凝结硬化过程中体积不收缩,还略有膨胀,一般膨胀率为 0.05%~0.15%。

④ 不耐水。石膏的软化系数仅为 0.3~0.45。若长期浸泡在水中还会因二水石膏晶体溶解而引起溃散破坏;若吸水后受冻,还会因孔隙中水分结冰膨胀而引起崩溃。因此,石膏的耐水性、抗冻性都较差。

⑤ 防火性能良好。石膏制品本身不可燃,而且能够有效阻止火焰的蔓延。

⑥ 具有一定调湿作用。由于石膏制品内部的大量毛细孔隙对空气中水分具有较强的吸附能力,在室内干燥时又可释放水分,使环境温度、湿度能得到一定的调节。

⑦ 石膏由于质地洁白、细腻,故装饰性好。

4. 石膏的应用

(1) 室内抹灰与粉刷 建筑石膏加水、砂拌和成石膏砂浆,用于室内抹灰或作为油漆的打底层。粉刷后的表面光滑、细腻、洁白美观,这种抹灰墙面还具有绝热、阻火、吸声、施工方便等优点。

图 1-4 纸面石膏板

图 1-5 石膏纤维板

(2) 制作石膏板、装饰制品 石膏板是一种迅速发展起来的新型材料,具有质轻、隔热、保温、防火、吸声等特性,是较好的室内装饰材料,用于建筑物的内墙、顶棚等部位,常用的有纸面石膏板(图 1-4)、石膏纤维板(图 1-5)、石膏空心条板(图 1-6)等。石膏还用来制造建筑雕塑和花样各异的装饰制品。

图1-6　石膏空心条板

三、水玻璃

水玻璃俗称泡花碱，常温下为无色或淡黄、青灰色的透明或半透明的黏稠液体，是由不同比例的碱金属氧化物和二氧化硅化合而成的一种可溶于水的硅酸盐，并能在空气中凝结、硬化。

1. 水玻璃的特性

① 黏结力强、强度较高。水玻璃在硬化后，其主要成分为二氧化硅凝胶和氧化硅，因而具有较高的黏结力和强度。用水玻璃配制的混凝土的抗压强度可达15～40MPa。

② 耐酸性好。由于水玻璃硬化后的主要成分为二氧化硅，它可以抵抗除氢氟酸、氟硅酸以外几乎所有的无机和有机酸。用于配制水玻璃耐酸混凝土、耐酸砂浆等。

③ 耐热性好。硬化后形成的二氧化硅网状骨架，在高温下不分解，不燃烧，强度不下降，反而略有提高。用于配制水玻璃耐热混凝土、耐热砂浆等。

2. 水玻璃的应用

① 涂刷材料表面，提高抗风化能力。以密度为 $1.35g/cm^3$ 的水玻璃浸渍或涂刷黏土砖、水泥混凝土、硅酸盐混凝土、石材等多孔材料，可提高材料的密实度、强度、抗渗性、抗冻性及耐水性等。

② 配制速凝防水剂。水玻璃加两种、三种或四种矾，即可配制成二矾、三矾、四矾速凝防水剂，掺入水泥、砂浆或混凝土，用于堵漏、抢修等。

③ 修补砖墙裂缝。将水玻璃、粒化高炉矿渣粉、砂及氟硅酸钠按适当比例拌和后，直接压入砖墙裂缝，可起到黏结和补强作用。

④ 配制耐酸砂浆和耐酸混凝土。用水玻璃加以耐酸填料和骨料可配制成耐酸砂浆和耐酸混凝土，主要用于有耐酸要求的工程，如硫酸池等。

⑤ 配制耐热砂浆和耐热混凝土。用水玻璃加以促凝剂和耐热的填料和骨料可配制成耐热砂浆和耐热混凝土，主要用于高炉基础和其他有耐热要求的结构部位。

四、水泥

水泥是水硬性胶凝材料，既可以用在空气中凝结硬化，也可以用在水中或潮湿环境中更好地凝结和硬化。水泥是国民经济建设的重要材料之一，是配制砂浆、混凝土和钢筋混凝土等构件的组成材料，广泛应用在建筑、路桥、水利的建设工程中。

水泥品种虽然很多，但大量使用的是五大品种水泥：硅酸盐水泥、普通硅酸盐水泥、矿渣硅酸盐水泥、火山灰质硅酸盐水泥和粉煤灰硅酸盐水泥。这里重点介绍用途较广泛的硅酸盐水泥。

1. 硅酸盐水泥的生产和矿物组成

凡是由硅酸盐水泥熟料、0~5%石灰石或粒化高炉矿渣、适量石膏磨细制成的水硬性胶凝材料，称为硅酸盐水泥。它分两种类型：一类是不掺加混合材料的，称为Ⅰ型硅酸盐水泥，代号为P·Ⅰ；二类是掺加量不超过5%混合材料的，称为Ⅱ型硅酸盐水泥，代号为P·Ⅱ。

硅酸盐水泥的生产工艺概括起来就是"两磨一烧"，如图1-7所示。

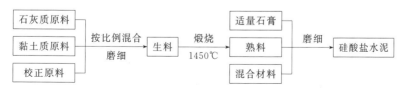

图1-7 硅酸盐水泥的生产工艺简图

硅酸盐水泥的主要矿物组成如下。

① 硅酸三钙（简称C3S）：$3CaO \cdot SiO_2$，含量36%~60%。
② 硅酸二钙（简称C2S）：$2CaO \cdot SiO_2$，含量15%~37%。
③ 铝酸三钙（简称C3A）：$3CaO \cdot Al_2O_3$，含量7%~15%。
④ 铁铝酸四钙（简称C4AF）：$4CaO \cdot Al_2O_3 \cdot Fe_2O_3$，含量10%~18%。

前两种矿物称硅酸盐矿物，一般占总量的75%~82%。后两种矿物称溶剂矿物，一般占总量的18%~25%。此外还含有少量的游离氧化钙和游离氧化镁及少量的碱（氧化钠和氧化钾）。

2. 水泥的凝结与硬化

水泥呈粉末状，与水混合后生成可塑性的浆体，经过一系列的物理化学过程后，逐渐失去可塑性，但没有任何强度，这一过程称为初凝。此后，逐渐变硬，开始具有强度，称为终凝。随后，强度逐渐提高，并变成坚硬的固体，称为硬化。

水泥凝结硬化过程的各个阶段不是彼此截然分开的，而是交错进行的。

影响水泥硬化速度的因素如下。

（1）水泥的熟料矿物组成及细度　由于水泥熟料中各种矿物的凝结硬化特点不同，当水泥中矿物的相对含量不同时，水泥的凝结硬化特点也就不同，其强度发展也不同。水泥磨得愈细，水化时与水的接触面大，水化速度快，凝结硬化快，早期强度就高。

（2）水泥浆的水灰比　水泥浆的水灰比是指水泥浆中水与水泥的质量之比。水灰比大，水泥的初期水化反应得以充分进行，但水泥浆凝结较慢，水泥石的强度低。

（3）石膏的掺量　水泥中掺入石膏，可调节水泥凝结硬化的速度。若掺量过少，则起不到缓凝作用；过多，会引起水泥安定性不良，石膏掺量约占水泥质量的3%~5%，具体掺量通过试验确定。

（4）环境温度和湿度　提高温度可加速硅酸盐水泥的早期水化，使早期强度能较快发展，但对后期强度反而可能有所降低。

环境湿度大，水泥的水化及凝结硬化就能够保持足够的化学用水。如果环境干燥，当水分蒸发完后，水化作用将无法进行，硬化即行停止，还会在制品表面产生干缩裂缝。

保持水泥浆温度和湿度的措施，称为水泥的养护。

（5）龄期　水泥的水化是一个较长时间内不断进行的过程，随着水泥颗粒内各熟料矿物水化程度的提高，水泥石的强度随龄期增长而增加。实践证明，水泥一般在28天内强度发展最快，28天后显著减慢。

3. 硅酸盐水泥的技术性质

（1）细度 细度是指水泥颗粒的粗细程度。水泥的细度对水泥的性质影响很大，一般来说，水泥颗粒越细，其水化作用越完全，凝结硬化的速度越快，早期强度越高。国家标准（GB 175—1999）规定，硅酸盐水泥细度以比表面积表示，其比表面积须大于 $300m^2/kg$。凡水泥细度不符合规定者为不合格品。

（2）标准稠度用水量 标准稠度用水量是指水泥拌制成标准稠度时所需的用水量（以水与水泥质量的百分数表示）。由于用水量多少对水泥的一些技术性质（如凝结时间）有很大影响，所以测定这些性质必须采用标准稠度用水量，这样测定的结果才有可比性。一般硅酸盐水泥标准稠度用水量在24%～30%之间。

（3）水泥的凝结时间 水泥的凝结时间分初凝和终凝。初凝时间为自水泥加水拌和时起，到水泥浆（标准稠度）开始失去可塑性为止所需的时间。终凝时间为自水泥加水拌和时起，至水泥浆完全失去可塑性并开始产生强度所需的时间。

水泥的凝结时间对建筑工程的施工具有重大意义。初凝的时间不宜过快，以便有足够的时间对混凝土进行搅拌、运输、浇捣和砌筑。终凝时间又不宜过迟，以便使混凝土尽快硬化具有一定强度，尽快拆除模板，提高模板利用率，加快施工进度。国家标准（GB 175—1999）规定，硅酸盐水泥的初凝时间不得早于45min，终凝时间不得迟于6.5h。

凡初凝时间不符合规定者为废品，终凝时间不符合规定者为不合格品。

（4）水泥的体积安定性 水泥的体积安定性是指水泥在凝结硬化过程中体积变化的均匀性。当水泥浆体硬化过程发生了不均匀的体积变化，会导致水泥石膨胀开裂、翘曲，即安定性不良。安定性不良的水泥会降低建筑物质量，甚至引起严重事故。因此，水泥安定性必须合格。安定性不良的水泥应作废品处理，不得用于建筑工程中。

水泥安定性不良的原因有三个：熟料中游离氧化钙过多；熟料中游离氧化镁过多；石膏掺量过多。

（5）强度 水泥的强度是水泥性能的主要技术指标，是评定水泥质量的主要参数，也是选用水泥、配制混凝土的重要依据。将水泥、标准砂及水按规定比例拌制成塑性水泥胶砂，并按规定方法制成 $4cm \times 4cm \times 16cm$ 的试件，在标准温度（20℃±1℃）的水中养护，测定其3天和28天的抗折及抗压强度。当水泥强度低于规定指标时为不合格品。

各强度等级、各类型水泥的各龄期强度不得低于表1-3中的数值，如有一项指标低于表中数值，则应降低强度等级使用。

表1-3 硅酸盐水泥各龄期的强度值

强度等级	抗压强度/MPa		抗折强度/MPa	
	3d	28d	3d	28d
42.5	17.0	42.5	3.5	6.5
42.5R	22.0	42.5	4.0	6.5
52.5	23.0	52.5	4.0	7.0
52.5R	27.0	52.5	5.0	7.0
62.5	28.0	62.5	5.0	8.0
62.5R	32.0	62.5	5.5	8.0

(6) 水化热　水化热是指水能在水化过程中放出的热量。水化热的大小主要取决于水泥矿物组成和细度。水化放热对冬期施工有利于水泥的凝结、硬化和防止水泥的受冻，而对大体积混凝土是有害的，为避免由于温度应力而引起水泥石的开裂，在大体积混凝土中应采用水化热较小的水泥或其他降温手段。

4. 水泥石的腐蚀与防止措施

水泥石在正常使用条件下，具有较好的耐久性，但在某些腐蚀性介质作用下，水泥石的结构逐渐遭到破坏，强度下降以至全部溃裂称为水泥石的腐蚀。其主要原因有软水腐蚀、酸类腐蚀、盐类腐蚀、强碱腐蚀。

根据以上腐蚀原因的分析，可以采取下列防止措施。

① 根据腐蚀环境特点，合理选用水泥品种。

② 提高水泥石的密实度。

③ 表面加做保护层。

5. 水泥的运输与保管

水泥在运输和保管时，不得混入杂物。不同品种、强度等级及出厂日期的水泥，应分别储存，并加以标志，不得混杂在一起。袋装水泥堆放时应考虑防潮防水，堆放高度一般不得超过 10 袋。存放期不应超过 3 个月，使用时应先存先用。

6. 掺混合材料的硅酸盐水泥

(1) 普通硅酸盐水泥　根据国家标准（GB 175—1999），凡由硅酸盐水泥熟料、6%～15%混合材料、适量石膏磨细制成的水硬性胶凝材料，称为普通硅酸盐水泥（简称普通水泥），代号 P·O。

普通硅酸盐水泥强度等级分为 32.5、32.5R、42.5、42.5R、52.5 和 52.5R 等两种类型（普通型和早强型）六个等级。

普通水泥的强度要求初凝时间不得早于 45min，终凝时间不得迟于 10h。其体积安定性要求与硅酸盐水泥相同。

普通水泥中掺入少量混合材料的作用，主要是调节水泥强度等级，有利于合理选用。

普通水泥的性能、应用范围与同强度等级硅酸盐水泥相近。但早期硬化速度稍慢，其 3 天强度较硅酸盐水泥稍低，抗冻性及耐磨性也较硅酸盐水泥稍差。

(2) 矿渣硅酸盐水泥　凡由硅酸盐水泥熟料和粒化高炉矿渣、适量石膏磨细制成的水硬性胶凝材料称为矿渣硅酸盐水泥（简称矿渣水泥），代号 P·S。粒化高炉矿渣掺加量按质量百分比计为 20%～70%。

矿渣水泥对于细度、凝结时间和体积安定性的技术要求与普通硅酸盐水泥相同。

矿渣水泥是我国产量最大的水泥品种，共分六个强度等级：32.5、32.5R、42.5、42.5R、52.5、52.5R。

矿渣水泥的特点与应用如下。

① 早期强度低，后期强度高，故适用于采用蒸汽养护的预制构件，不宜用于早期强度要求高的工程。

② 具有较强的抗溶出性侵蚀及抗硫酸盐侵蚀的能力，可用于受溶出性侵蚀以及受硫酸盐侵蚀的水工及海工混凝土。

③ 水化放热低，水化速度较慢，故水化热也相应较低。此种水泥适用于大体积混凝土工程。

④ 抗碳化性较差，由于水泥石中氢氧化钙的数量少，故抵抗碳化的能力差。因而不适

合用于二氧化碳浓度含量高的工业厂房，如铸造、翻砂车间等。

⑤ 保水性差，抗渗性差，干缩大，不适合用于有抗渗要求的混凝土工程。

⑥ 耐热性好，适合用于有耐热要求的混凝土工程。

（3）火山灰质硅酸盐水泥　凡由硅酸盐水泥熟料和火山灰质混合材料、适量石膏磨细制成的水硬性胶凝材料称为火山灰质硅酸盐水泥（简称火山灰水泥），代号P·P。水泥中火山灰质混合材料掺加量按质量百分比计为20%～50%。

火山灰水泥各龄期的强度要求、细度、凝结时间及体积安定性的要求与矿渣水泥相同。

火山灰水泥和矿渣水泥在性能方面有许多共同点，如早期强度较低，后期强度增长率较大，水化热低，耐蚀性较强，抗冻性差等。

（4）粉煤灰硅酸盐水泥　凡由硅酸盐水泥熟料和粉煤灰、适量石膏磨细制成的水硬性胶凝材料称为粉煤灰硅酸盐水泥（简称粉煤灰水泥），代号P·F。粉煤灰掺加量按质量百分比计为20%～40%。

粉煤灰水泥各龄期的强度要求、细度、凝结时间、体积安定性的要求与矿渣水泥和火山灰水泥相同。

粉煤灰水泥的特点如下。

① 早期强度低。这种水泥早期强度发展速率比矿渣水泥和火山灰水泥更低，但后期可明显地超过硅酸盐水泥。

② 干缩小，抗裂性高。与其他掺混合材水泥比较，标准稠度需水量较小，干缩性也小，因而抗裂性较高。但其吸附水的能力较差，即保水性差，泌水较快，若处理不当易引起混凝土产生失水裂缝。粉煤灰水泥适用于大体积混凝土工程及地下和海港工程。对承受荷载较迟的工程更为有利。

五种通用水泥的性能特点及应用见表1-4。

表1-4　五种通用水泥的性能特点及应用

水泥类型	主要成分	特性	适用范围	不适用处
硅酸盐水泥	水泥熟料及少量石膏	早期强度高；水化热大；抗冻性较好；耐蚀性差；干缩较小	一般土建工程中钢筋混凝土结构；受反复冰冻作用的结构；配制高强混凝土	大体积混凝土结构；受化学及海水侵蚀的工程
普通水泥	在硅酸盐水泥中掺活性混合材料15%以下或非活性混合材料10%以下	与硅酸盐水泥基本相同	与硅酸盐水泥基本相同	与硅酸盐水泥基本相同
矿渣水泥	在硅酸盐水泥中掺入20%～70%的粒化高炉矿渣	早期强度低，后期强度增长快；水化热较低；耐蚀性较强；抗冻性差；干缩性较大	高温车间和有耐热、耐火要求的混凝土结构；大体积混凝土结构；蒸气养护的构件；有抗硫酸盐侵蚀要求的工程	早期强度要求高的工程；有抗冻要求的混凝土工程
火山灰水泥	在硅酸盐水泥中掺入20%～50%火山灰质混合材料	早期强度低，后期强度增长快；水化热较低；耐蚀性较强；抗渗性好；抗冻性差；干缩性大	地下、水中大体积混凝土结构和有抗渗要求的混凝土结构；蒸汽养护的构件；有抗硫酸盐侵蚀要求的工程	处在干燥环境中的混凝土工程；其他同矿渣水泥
粉煤灰水泥	在硅酸盐水泥中掺入20%～40%粉煤灰	早期强度低，后期强度增长快；水化热较低；耐蚀性较强；干缩性小；抗裂性高；抗冻性差	地上、地下及水中大体积混凝土结构件；抗裂性要求较高的构件；有抗硫酸盐侵蚀要求的工程	有抗碳化要求的工程；其他同矿渣水泥

第三节　砂浆与混凝土

一、建筑砂浆

砂浆是由胶凝材料、细集料、混合材料及水等配制而成的材料，在建筑工程中起黏结、衬垫和传递应力的作用。与混凝土相比，砂浆又可视为细集料混凝土。

砂浆的种类繁多，根据砂浆的用途不同可分为砌筑砂浆和抹面砂浆；根据胶凝材料种类的不同可分为水泥砂浆、石膏砂浆、石灰砂浆和混合砂浆（包括水泥石灰砂浆、水泥黏土砂浆、石灰粉煤灰砂浆、石灰黏土砂浆）。

1. 砌筑砂浆

（1）砌筑砂浆的组成　用于砌筑砖、砌块、石材等块材的砂浆称为砌筑砂浆。它在砌体中传递荷载，同时起填实块材缝隙，提高砌体绝热、隔声等作用，是砌体的重要组成部分。砌筑砂浆对组成材料的要求如下。

① 水泥。要尽量选用低强度等级水泥或砌筑水泥。水泥的强度为砂浆强度的4～5倍，通常采用强度等级不大于42.5的水泥。

② 细骨料。对于细骨料的要求主要有级配、尺寸和杂质含量等指标。通常，毛石砌体宜选用粗砂，料石或砖的砌体多采用中、细砂。所用砂子的含泥量应符合规定。

③ 混合材料。为了改善砂浆的和易性，节约水泥，降低成本，可在砂浆中掺加石灰膏、黏土膏、电石膏、粉煤灰或炉灰，应以不影响其稳定性及耐久性为前提。

④ 外加剂。为了改善砂浆的某项性能，可在砂浆中掺入适当的外加剂，如有机塑化剂、早强剂、缓凝剂、防冻剂等。

⑤ 拌和用水。砂浆用水的水质应符合《混凝土拌和用水标准》（JGJ 63—89）的各项技术指标要求。应选用不含有害物质的洁净水。

（2）砌筑砂浆的技术性质

① 新拌砂浆的表观密度。为保证砂浆的质量，通常要求水泥砂浆拌和物的表观密度不小于$1900kg/m^3$，水泥混合砂浆拌和物的表观密度不小于$1800kg/m^3$。

② 新拌砂浆的和易性。砂浆的和易性主要包括流动性和保水性。它们是反映新拌砂浆施工操作难易程度及质量稳定性的重要技术指标。和易性良好的砂浆易在粗糙的砖、石表面铺成均匀的薄层，且能与基层紧密黏结，从而既便于施工操作，提高劳动生产率，又能保证施工质量。

③ 硬化砂浆的强度和强度等级。砂浆在凝结硬化后应有一定的强度，其大小以其抗压强度来评定。砂浆强度试件的标准尺寸为：70.7mm×70.7mm×70.7mm，应采用无底（通常以普通黏土砖为底模）试模制作一组试件6块，以标准养护条件（水泥混合砂浆20℃±2℃，相对湿度60%～80%，水泥砂浆20℃±2℃，相对湿度90%以上）28天后测定砂浆的抗压强度代表值来确定其强度值。

根据砌筑砂浆的抗压强度可划分为M20、M15、M10、M7.5、M5.0、M2.5 6个强度等级。强度等级为M10及其以下时宜采用水泥混合砂浆。

④ 黏结力。为了把砖石等块状材料黏结成整体，砂浆必须具有一定的黏结力。一般砂浆的抗压强度越高，其黏结力越大。砂浆的黏结力还与砖石表面状况、清洁状况、湿润状况

和施工养护条件等有关。故在砌砖前,需把砖浇水润湿,以提高砂浆与砖的黏结力。

2. 抹面砂浆

抹面砂浆是指黏结于建筑物或构件的表面,起保护基层、增加美观作用的砂浆。

(1) 抹面砂浆的组成材料　抹面砂浆应具有良好的和易性,容易抹成均匀平整的薄层,施工方便。通常抹面砂浆比砌筑砂浆所用的胶凝材料较多。有时还需要加入有机聚合物(如108胶等)。有时为了限制其收缩影响,常在砂浆中加一些纤维材料如麻刀、纸筋、稻草、玻璃纤维等材料,处于潮湿环境或易受外力作用的部位(如墙裙),还应具有较好的强度和耐水性。

(2) 抹面砂浆的种类和作用　底层抹灰的作用是使砂浆与基面能牢固地黏结。砖墙的底层抹灰多为石灰砂浆,有防水、防潮要求时用水泥砂浆,混凝土基层的底层抹灰多为水泥混合砂浆。

中层抹灰主要是为了找平,有时可省略。中层抹灰多用水泥混合砂浆或石灰砂浆。

面层抹灰是为了获得平整光洁的表面效果。面层抹灰多用水泥混合砂浆、麻刀灰或纸筋灰,水泥砂浆不得涂抹在石灰砂浆层上。

3. 装饰砂浆

装饰砂浆是指直接涂抹在建筑物内外墙表面,以提高建筑物装饰艺术性为目的的抹面砂浆。它是常见的装饰手段之一。其面层选用具有一定颜色的胶凝材料和骨料以及采用特殊的操作工艺,使表面呈现不同的色彩、线条与花纹等装饰效果。

(1) 拉毛　水泥砂浆作底层,水泥石灰砂浆作面层,在砂浆未凝结之前,用抹刀将表面拍拉成凹凸不平的形状,适于礼堂剧院等室内墙面、一般建筑物外墙面的饰面等,见图1-8。

(2) 水磨石　用普通水泥、白色水泥或彩色水泥拌和各种色彩的大理石渣作面层,硬化后用机械磨平抛光,用于室内地面装饰,见图1-9。

(3) 斩假石　在水泥砂浆基层上涂抹水泥石灰

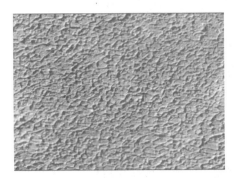

图1-8　墙面拉毛处理

砂浆,待硬化后,表面用斧刀剁毛并露出石渣,使其形成天然粗面花岗石的效果。用在室外柱面、勒脚、栏杆等部位,见图1-10。

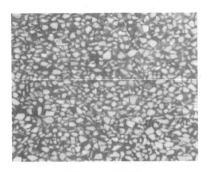

图1-9　水磨石

图1-10　斩假石

4. 特种砂浆

(1) 防水砂浆　用作防潮层、防水层的砂浆,称为防水砂浆。这种防水层也称为刚性防水层。适于不受振动和具有一定刚度的混凝土或砖石砌体表面。

防水砂浆可用普通水泥砂浆制作，也可在水泥砂浆中掺入一定量防水剂制作，其中后者应用最广泛。

防水砂浆涂抹时，一般分4~5层抹压，每层厚度约为5mm左右。最后一遍要压光，精心养护，以获得较好的防水效果。

(2) 保温砂浆（绝热砂浆） 保温砂浆是以水泥、石灰、石膏等胶凝材料与膨胀珍珠岩砂、膨胀蛭石、火山渣或陶粒砂等轻质多孔骨料按一定比例配制而成的砂浆。

常用的保温砂浆有：水泥膨胀珍珠岩砂浆，可用于砖及混凝土内墙表面抹灰或喷涂；水泥石灰膨胀蛭石砂浆，可用于平屋顶保温层及顶棚、内墙抹灰。

(3) 吸声砂浆 由轻集料配制成的保温砂浆，一般具有良好的吸声性能，故也可作吸声砂浆用。还可用水泥、石膏、砂、锯末配制成吸声砂浆。若在石灰、石膏砂浆中掺入玻璃纤维、矿棉等松软纤维材料也能获得吸声效果。

吸声砂浆用于有吸声要求的室内墙壁和顶棚的抹灰。

二、混凝土

混凝土是指以胶凝材料、骨料（或称集料）、水及其他材料为原料，按适当比例配制而成的混合物，再经硬化形成的具有所需形体、和易性、强度和耐久性的一种人工石（俗称砼）。

根据所用胶凝材料的不同，土木工程中常用的混凝土有水泥混凝土、沥青混凝土、石膏混凝土和聚合物混凝土等。

混凝土具有原材料来源丰富、造价低、可塑性好、强度高、耐久性好等优点，广泛应用在建筑工程、道路桥梁、水利工程中，是世界上用量最大的人工建筑材料。

1. 普通混凝土

普通混凝土是由水泥、水、细集料（天然砂等）和粗集料（石子等）等为基本材料，或再掺加适量外加剂、混合材料等制成的复合材料。

砂、石等集料在混凝土中起骨架作用，因此也称为骨料，还可对混凝土起稳定性作用。由水泥与水所形成的水泥浆在混凝土硬化前起润滑作用；在混凝土硬化后，水泥浆形成的水泥石起胶结作用。普通混凝土各组成材料的作用如下。

① 水泥。水泥强度等级的选择，应当与混凝土的设计强度等级相适应。通常要求水泥的强度为混凝土抗压强度的1.5~2.0倍；配制高强度混凝土时，可取0.9~1.5倍。

随着混凝土强度等级的不断提高，新工艺的不断出现以及高效外加剂性能的不断改进，高强度和高性能混凝土的配比要求将不受此比例的约束。

② 骨料。骨料按粒径大小分为粗骨料（石子）和细骨料（砂）。通常粗、细骨料的总体积要占混凝土体积的70%~80%。因此，骨料质量的优劣对混凝土性能影响很大。

为获得合理的混凝土内部结构，通常要求所用骨料应具有合理的颗粒级配，其颗粒粗细程度应满足相应的要求；颗粒形状应近圆形，且应具有较粗糙的表面以利于与水泥浆的黏结。还要求骨料中有害杂质含量要少，化学性质与物理状态应稳定，且应具有足够的力学强度以使混凝土获得坚固耐久的性能。

混凝土用砂的要求大体与砂浆用砂相同，通常选用河砂、中砂，并应尽量选用粗砂。而且要求砂颗粒间大小合理搭配，空隙率小，即砂的颗粒级配要良好。砂的颗粒级配是指不同粒径砂子的颗粒组配情况，也就是指砂中大小颗粒之间的搭配情况。要获得稳定的颗粒堆聚结构，并需要较少的水泥浆时，砂的颗粒级配应该为多种粒径的颗粒相互合理搭配，如图1-11所示。

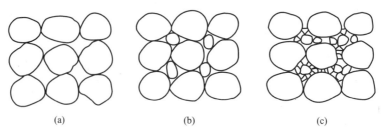

图1-11 骨料的颗粒级配

把粒径大于4.75mm的骨料称为粗骨料，俗称石子。常用的有碎石及卵石两种。建筑用卵石、碎石应满足国家标准《建筑用卵石、碎石》（GB/T 14685—2001）的技术要求。石子也应有良好的级配。在一般条件许可下，粗骨料的最大粒径应尽量可能选得大一些。

③ 水。《混凝土拌和用水标准》（JGJ63）要求混凝土用水不得妨碍混凝土的凝结和硬化，不得影响混凝土的强度发展和耐久性，不得含有加快钢筋混凝土中钢筋锈蚀的成分，也不得含有污染混凝土表面的成分。故拌制混凝土的水，应首选河水、井水和自来水。

④ 外加剂。近年来，为了改善混凝土的某种性能，常在混凝土生产或施工过程中，掺入不超过水泥质量5%，并能明显改善混凝土性质的物质，称为外加剂。常用的混凝土外加剂如下。

减水剂：在新拌混凝土坍落度基本相同的条件下，能显著减少其用水量的外加剂。

引气剂：是在混凝土搅拌过程中能引入大量均匀分布且稳定而封闭小气泡的外加剂。

早强剂：能显著加速混凝土早期强度发展且对后期强度无显著影响的外加剂。

缓凝剂：加入混凝土中后能延长其凝结时间而不显著降低其后期强度的外加剂。

速凝剂：掺入混凝土中后能促使混凝土迅速凝结硬化的外加剂。

防冻剂：掺入混凝土后，能使其在负温下正常水化硬化，并在规定时间内硬化到一定程度，且不会产生冻害的外加剂。

膨胀剂：掺入混凝土中后能使其产生补偿收缩或微膨胀的外加剂称为膨胀剂。

泵送剂：在新拌混凝土泵送过程中能显著改善其泵送性能的外加剂。

2. 普通混凝土的主要技术性能

把粗细骨料、水泥和水等组分按适当比例配合，并经搅拌均匀而成的塑性混凝土混合材料称为新拌混凝土（也称为混凝土拌和物）；凝结硬化后的混凝土混合料称为硬化混凝土（简称混凝土）。

混凝土拌和物的性能包括和易性、强度和耐久性等。

（1）和易性　和易性是指在搅拌、运输、浇筑、振捣等施工作业中易于流动变形，并能保持其组成均匀稳定、成形密实的性能。和易性包括以下三方面性能。

① 流动性。流动性是指新拌混凝土在自重或机械振捣力的作用下，能产生流动并均匀密实地充满模板的性能。

② 黏聚性。黏聚性是指新拌混凝土内部组分间具有一定的黏聚力，在运输和浇筑过程中不致发生分层离析现象，使混凝土能保持整体均匀稳定的性能。

③ 保水性。保水性是指新拌混凝土具有一定保持内部水分的能力，在施工过程中不致产生严重的泌水现象。

根据 GB/T 50080—2002，土木工程建设中常用坍落度法或维勃稠度法来测定新拌混凝土的流动性，并辅以经验来目测评定其黏聚性和保水性，从而综合判定其和易性。坍落度法适用于较稀（自重作用下具有可塑性）的新拌混凝土；维勃稠度法适用于较干硬的新拌混凝土。

影响新拌混凝土和易性的因素有水泥浆数量、拌和用水量、水泥浆稠度、砂率、组成材料的性质等。

（2）混凝土的强度　混凝土强度与混凝土的其他性能关系密切。混凝土的强度越高，其刚性、不透水性、抵抗风化和某些介质侵蚀的能力也越强。

在建筑工程中主要是利用混凝土来承受压力作用，因此混凝土的抗压强度是结构设计的主要参数，也是混凝土质量评定和控制的主要技术指标。混凝土的抗压强度根据《普通混凝土力学性能试验方法》（GB/T 50081—2002），按规定方法制作 150mm×150mm×150mm 的标准立方体试件，在标准养护条件（温度 20℃±2℃，相对湿度大于 90% 或在水中）下养护到 28 天龄期，用标准试验方法所测得的抗压强度值称为混凝土的立方体抗压强度，并以 f_{cu} 表示。

立方体抗压强度标准值（$f_{cu,k}$）是以立方体抗压强度为基准所确定的混凝土强度统计值。它是用标准试验方法测得的抗压强度总体分布中的一个值，强度低于该值的百分率不超过 5%（即具有强度保证率为 95% 的立方体抗压强度）。

根据混凝土不同的强度标准值可划分为大小不同的强度等级：C15，C20，C25，C30，C35，C40，C45，C50，C55，C60，C65，C70，C75 及 C80 等。

例如，C40 表示混凝土立方体抗压强度标准值 $f_{cu,k}=40MPa$，即 $40MPa \leqslant f_{cu,k} < 45MPa$ 的混凝土。

影响混凝土强度的主要因素如下。

① 水泥强度与水灰比的影响。水泥强度和水灰比是影响混凝土强度的最主要因素。

在水灰比不变的情况下，水泥强度越高，则硬化水泥石的强度越大，对骨料的胶结力也就越强，所配制的混凝土强度也就越高。

当用同一种水泥（品种及强度相同）时，混凝土的强度主要决定于水灰比。这一规律只适用于新拌混凝土已被充分振捣密实的情况。一般水灰比越小，混凝土的强度越高。但水灰比不能太小，否则拌和物的流动性过小，无法保证施工质量。

② 骨料的影响。不同类型、质量的骨料直接影响着混凝土的强度。通常碎石混凝土的强度要高于卵石混凝土的强度，当骨料中所含杂质较少时，混凝土的强度较高。

③ 养护温度及湿度的影响。温度对水泥早期强度的影响很大，养护温度高，水泥水化速度快，反之则慢。湿度是决定水泥能否正常水化的必要条件。在混凝土浇筑完毕后，应在 12h 内进行覆盖并开始浇水。当日平均气温低于 5℃时不宜浇水，而应以保湿覆盖为主。因此，冬季施工时要注意保温，夏季施工时要注意保湿。

④ 龄期。在正常养护条件下，混凝土的强度随龄期的增长而不断发展，最初 7～14 天内强度发展较快，以后便逐渐缓慢。尽管通常所指强度是 28 天强度，但 28 天后强度仍在发展，只是发展速度较慢。

只要温度和湿度条件适当，混凝土的强度增长过程很长，可延续数十年之久。

⑤ 试验条件。试验条件是指检测混凝土强度时所用试件的尺寸、形状、表面状态，以及试验时的加荷速度等。试验条件不同，会影响混凝土强度表现值的大小。一般试件尺寸越小，测得的强度越高；试件承压面越光滑平整，测得的抗压强度越高；加荷速度越快，测得的强度越高。

提高混凝土强度的措施如下。

① 采用高强度等级水泥或早强型水泥，降低水灰比。

② 采用级配较好的骨料，提高混凝土的密实度。

③ 采用机械搅拌与振实等强化施工工艺。

④ 采用湿热处理养护措施。湿热处理，就是提高水泥混凝土养护时的温度和湿度，以加快水泥的水化，提高早期强度。

⑤ 掺加增强型外加剂。混凝土中掺入早强剂，可提高其早期强度。掺入减水剂尤其是高效减水剂，可大幅度减少拌和用水量，使混凝土获得较高的强度。

⑥ 掺入掺和料。对于某些高强混凝土，在掺入高效减水剂的同时，往往还必须掺入磨细的矿物混合材料，如优质粉煤灰、硅灰、沸石粉及超细矿渣粉等，使混凝土更密实，强度更高。

（3）混凝土的耐久性　混凝土的耐久性是指混凝土抵抗环境条件的长期作用，并保持其稳定良好的使用性能和外观完整性，从而维持混凝土结构安全、正常使用的能力。混凝土的耐久性是一个综合性质，包括抗渗性、抗冻性、抗腐蚀性、抗碳化性和抗碱骨料反应等。

① 抗渗性。混凝土抗渗性是指混凝土抵抗液体（水、油、溶液等）压力渗透作用的能力。地下建筑和港口等工程要求混凝土具有一定的抗渗性。抗渗等级是以 28 天龄期的标准试件，按标准试验方法进行试验时所能承受的最大水压力来确定的。混凝土的抗渗等级划分为 P4、P6、P8、P10、P12 五个等级，分别表示混凝土可抵抗 0.4MPa、0.6MPa、0.8MPa、1.0MPa 及 1.2MPa 的静水压力而不渗透。在工程设计时，应依据工程实际所承受的水压力大小来选择抗渗等级。

② 抗冻性。混凝土抗冻性是指混凝土在水饱和状态下，能经受多次冻融循环而不破坏，同时也不严重降低强度的性能。混凝土的抗冻性常用抗冻等级表示。混凝土的抗冻等级是以 28 天龄期的混凝土标准试件，在水饱和后承受反复冻融循环，以其抗压强度损失不超过 25％，质量损失不超过 5％时，混凝土所能承受的最多冻融循环次数来表示的。混凝土的抗冻等级有 F10、F15、F25、F50、F100、F150、F200、F250 及 F300 共 9 个等级。

混凝土的抗冻性与其内部孔隙的数量、孔隙特征、孔隙内充水程度、环境温度降低的程度及速度等有关。当混凝土的水灰比较小、密实度较高、含封闭小孔较多或开口孔中充水不满时，则其抗冻性好。可见，提高混凝土抗冻性应提高其密实度或改善其孔隙结构。工程实际中，混凝土的抗冻等级应根据气候条件或环境温度、混凝土所处部位以及可能遭受冻融循环的次数等因素来确定。

③ 抗腐蚀性。造成混凝土被腐蚀的形式主要是软水侵蚀、硫酸盐侵蚀、镁盐侵蚀、碳酸侵蚀、一般酸侵蚀和强碱侵蚀等。在海岸与海洋混凝土工程中，对混凝土抗腐蚀性提出了更高的要求，因为海水对混凝土的腐蚀作用除了化学作用外，还有反复干湿的物理作用、盐分在混凝土内的结晶与聚集、海浪的冲击磨损、海水中氯离子对混凝土内钢筋的锈蚀作用等。这些综合侵蚀作用将会加剧混凝土的破坏速度。

混凝土的抗侵蚀性与所用水泥品种、混凝土的密实程度及孔隙特征等有关。

④ 碳化。混凝土的碳化是指在湿度适宜时，混凝土内水泥石中的氢氧化钙与空气中的

二氧化碳发生化学反应并生成碳酸钙和水的过程。碳化是一个由表及里的扩散过程，对混凝土的碱度、强度和收缩产生很大影响。

碳化的不利影响：主要是碱度降低，减弱了对钢筋的保护作用，致使混凝土保护层产生开裂；增加混凝土的收缩，引起混凝土表面产生拉应力而出现微细裂缝，从而降低混凝土的抗拉、抗折强度及抗渗能力。

碳化的有利影响：可提高混凝土碳化层的密实度，并对提高其强度与硬度有利。如混凝土预制基桩就可以利用碳化作用来提高桩的表面硬度。

总之，碳化对混凝土的影响是弊大于利，故必须设置足够的保护层，使碳化深度达不到钢筋表面，同时合理选择水泥品种、降低水灰比、加强养护或在混凝土表面涂刷保护层。

⑤ 碱骨料反应。碱骨料反应是指水泥中的碱与骨料中的二氧化硅在潮湿环境中发生化学反应生成吸水膨胀的凝胶，使混凝土胀裂。碱骨料反应进行得非常慢，通常须若干年后才会出现，且难以修复。为了避免碱骨料反应，应选用低碱度水泥或在水泥中掺入活性混合材料及引气剂。

提高混凝土耐久性的措施如下。

① 选用适当品种的水泥。根据混凝土工程的特点和所处的环境条件，合理选用水泥品种。

② 适当控制混凝土的水灰比及水泥用量。

③ 选用较好的砂、石骨料。改善粗细骨料的颗粒级配，在允许的最大粒径范围内尽量选用较大粒径的粗骨料，可减少骨料的空隙率和比表面积，也有助于提高混凝土的耐久性。

④ 长期处于潮湿和严寒环境中的混凝土，应掺用引气剂，这对提高抗渗、抗冻等有良好的作用，在某些情况下，还能节约水泥。

⑤ 改善混凝土的施工操作方法。在混凝土施工中，应当搅拌均匀、浇灌和振捣密实及加强养护以保证混凝土的施工质量。

3. 其他混凝土

（1）轻骨料混凝土　凡是由轻骨料、水泥和水配制而成的混凝土，称为轻骨料混凝土。由于表观密度小，强度高，防火性和保温隔热性能好，故主要应用在高层建筑和多层建筑、软土地基、大跨度结构、抗震结构等工程中。

（2）高强混凝土　强度等级为 C60 及以上的混凝土称为高强混凝土。随着科学技术的发展，建筑物不断向高层发展，高强混凝土应用前景非常广阔。与普通混凝土相比，高强混凝土采用较低的水灰比，掺加了高效减水剂等外加剂和矿物掺和料，增加了混凝土的密实度，达到了较高的强度。

（3）大体积混凝土　混凝土结构物实体最小尺寸等于或大于 1m 或预计会因水泥水化热引起混凝土内外温度差过大而导致裂缝的混凝土称为大体积混凝土。它应用在高层建筑的基础工程、水坝、桥墩等工程中。

由于水泥水化会放出大量的热，故在配制大体积混凝土时，应首选水化热较低、凝结时间较长的水泥。

第四节　砌筑材料

砌筑材料主要是指砌筑用的砖、各种砌块及瓦等块体材料。由这些材料可砌筑建筑物的基础、承重墙、非承重墙、屋盖和楼盖等构件。

一、砌筑砖

砌筑砖具有一定的承载能力，且保温、隔热、隔声、防火、防冻性能好，又容易取材，生产制造及施工技术简单，不需大型设备，因此在我国受到普遍欢迎。但是，传统的黏土砖由于在取土过程中会占用大量农田，不利于保护耕地，影响农业发展，而且黏土砖的尺寸较小，质量较大，砌筑的工作量大，劳动效率较低，不利于施工的机械化发展，故目前我国已禁止大量使用烧结黏土砖，而是大力推广新型轻质、高强的材料，如各种砌块等。

1. 烧结普通砖的生产

用黏土或煤矸石、页岩、粉煤灰等为主要原料，经过制坯、干燥、焙烧而成的实心或孔洞率不大于15%的砖，称为烧结普通砖。砖在焙烧过程中，应注意窑内的温度及其分布是否均匀，否则生产出的砖为不合格产品。例如焙烧温度偏低，会生产出欠火砖，其孔隙率大，颜色浅，声哑，强度低，耐久性较差；反之，会生产出过火砖，其颜色深，声脆，强度虽高，但会有弯曲变形，尺寸不规范。烧结砖按材料分为黏土砖、粉煤灰砖、炉渣砖、灰砂砖等；按生产形式分为实心砖、多孔砖和空心砖等。

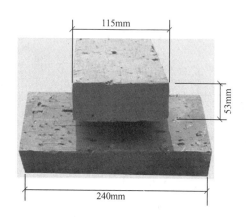

图1-12 烧结普通砖的形状

2. 烧结普通砖的技术性能指标

（1）形状尺寸　烧结普通砖为直角六面体，如图1-12所示，标准尺寸是：240mm×115mm×53mm（4∶2∶1），1m^3 砌体中用砖512块。标准砖每块重约2.5kg，适合手工砌筑。

（2）强度等级　烧结普通砖按抗压强度分为MU30、MU25、MU20、MU15、MU10等。

（3）泛霜　泛霜是指砖在使用过程中，一些可溶性盐类随着水分大蒸发而在砖的表面析出一层白霜。泛霜不仅影响建筑物的外观，而且会导致砖表面剥落，影响建筑物的耐久性。

标准规定：优等品无泛霜，一等品不允许出现中等泛霜，合格品不允许出现严重泛霜，如图1-13所示。

（4）石灰爆裂　石灰爆裂是指砖坯中夹杂有石灰石，焙烧后生成生石灰，砖吸水后，石灰逐渐熟化而膨胀产生的爆裂现象。这种现象会影响砖的质量，降低砌体的强度。

图1-13 泛霜现象

标准规定：优等品不允许出现最大破坏尺寸大于2mm的爆裂区域；一等品不允许出现最大破坏尺寸大于10mm的爆裂区域，在2～10mm间爆裂区域，每组砖样不得多于15处；合格品不允许出现最大破坏尺寸大于15mm的爆裂区域，在2～15mm间爆裂区域，每组砖样不得多于7处，其中大于10mm的不得多于7处。

（5）抗风化能力　抗风化能力是指砖在干湿变化、冻融变化和温度变化等自然因素作用下抵抗破坏的能力。一般来说，自然条件不同，对砖的风化作用程度也不同。砖的抗风化能力越强，耐久性越好。

3. 烧结普通砖的应用

烧结普通砖适宜做建筑物的围护结构,大量应用在内外墙、柱、拱、烟囱及其他构筑物,也可在砌体中放置适量的钢筋代替混凝土柱或过梁。烧结砖由于含有一定的孔隙,在砌筑时会吸收砂浆中的水分,影响砂浆中水泥的凝结与硬化,使墙体的强度下降,故在砌筑烧结普通砖时,须先使砖吸水充分润湿。中等泛霜的砖不能用在潮湿部位。

4. 烧结多孔砖和烧结空心砖

随着我国建筑节能法的出台和墙体改革的深化,烧结多孔砖和烧结空心砖逐渐取代实心黏土砖。实践证明:使用多孔砖和空心砖,可使能耗减少约20%,节约黏土约20%~30%,工效提高40%。

生产烧结多孔砖和烧结空心砖的原材料、生产工艺与普通黏土砖相同,只是由于坯体有孔洞,成型难度较大,对原材料的塑性要求较高。

烧结多孔砖是指孔洞率在20%左右的砖。其形状为直角六面体,孔小而多,孔洞有长条孔和圆孔等,孔洞方向与受压方向一致,如图1-14所示。

烧结多孔砖由于其强度高,保温性能好,常用于砌筑6层以下的承重墙。

图1-14 烧结多孔砖的形状及砌筑方式

烧结空心砖是指孔洞率不小于35%左右的砖。其形状为直角六面体,在与砂浆的接触面上设有增加结合力的凹槽。孔大而少,孔洞有矩形条孔和其他孔形,孔洞与承压面水平,且平行于大面和条面,如图1-15所示。

烧结空心砖孔洞率较高,具有较好的保温性能,但强度较低,在建筑工程中主要用于砌筑框架结构的填充墙或非承重墙。

图1-15 烧结空心砖的形状及砌筑方式

5. 非烧结砖

不经过焙烧而制成的砖称为非烧结砖,建筑工程中常见的有蒸压灰砂砖、蒸压粉煤灰砖和炉渣砖等。

(1) 蒸压灰砂砖 蒸压灰砂砖是以石灰和砂子为主要原料,经坯料制备、压制成型,高压蒸汽养护而成的实心砖,如图 1-16 所示。其外形尺寸与烧结普通砖相同。灰砂砖色泽淡灰,主要用于墙体和基础的砌筑,耐水性好,可用在潮湿、不受冲刷的环境中,但不能用于长期受热 200℃以上,受急冷、急热或有酸性介质侵蚀的部位。

(2) 蒸压粉煤灰砖　蒸压粉煤灰砖是以粉煤灰和石灰为主要原料,配以适量的石膏和炉渣,加水拌和后压制成型,高压或常压蒸汽养护而成的实心砖,如图 1-17 所示。其颜色为灰色或深灰色,外形尺寸与烧结普通砖相同。粉煤灰砖主要用在建筑物的基础和墙体,但用于基础或易受冻融和干湿交替作用的部位时,必须采用优等品或一等品的砖。用粉煤灰砖砌筑的建筑物,为了减少收缩裂缝的产生,应适当增设圈梁及伸缩缝或采取其他措施。蒸压粉煤灰砖不能用于长期受热 200℃以上,受急冷、急热交替作用或有酸性介质侵蚀的部位。

图 1-16　蒸压灰砂砖

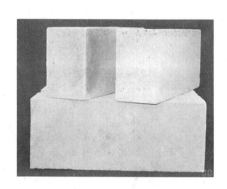

图 1-17　蒸压粉煤灰砖

二、砌块

砌块是指一种比砌筑砖尺寸大的新型砌筑材料,其原材料多选用地方的工业废料,节省黏土资源,改善环境,并且制作简单,砌筑方便,减轻建筑物的自重,改善墙体的功能,应用前景非常广泛。

图 1-18　粉煤灰砌块

砌块按形状分为实心和空心两种。按用途分为承重和非承重砌块。按其尺寸大小分为:小型砌块,高度小于 350mm,主要规格尺寸 390mm×190mm×190mm;中型砌块,高度为 350～900mm;大型砌块,高度大于 900mm。按原材料分为硅酸盐砌块和混凝土砌块。

1. 粉煤灰砌块

粉煤灰砌块又称粉煤灰硅酸盐砌块,如图 1-18 所示,它是用粉煤灰、石灰、石膏和骨料,按照一定比例加水搅拌、振动成型,经蒸汽养护制成的实心块体。

粉煤灰砌块用于工民用建筑的基础和墙体,不适用于有酸性侵蚀、密封性要求高及有较大振动的建筑物,也不适用于经常处于高温和潮湿环境的承重墙。

2. 蒸压加气混凝土砌块

蒸压加气混凝土砌块简称加气混凝土砌块,如图 1-19 所示,它是由水泥、石灰、砂、粉煤灰和矿渣,经过磨细,并用铝粉为发气剂,按一定比例配合,经过料浆浇筑,再经过发气成型、坯体切割、蒸压养护等工艺而制成的一种轻质、多孔建筑墙体材料。

加气混凝土砌块由于体积密度小、保温和耐火性好、抗震性强、易于加工等优点，适应于砌筑低层建筑物的承重墙、高层建筑的填充墙和维护墙及加气混凝土刚性屋面等。在没有可靠的防护措施时，不得用在建筑物的基础、长期浸水或经常受干湿交替的部位，也不得用在经常受碱化学物质侵蚀和表面温度超过80℃的部位。

图1-19 蒸压加气混凝土砌块

图1-20 混凝土小型空心砌块

3. 混凝土小型空心砌块

混凝土小型空心砌块简称混凝土小砌块，如图1-20所示，它是由水泥、砂、石等混凝土拌和物，经搅拌、成型、养护而制成的一种空心率不小于25%的轻质墙体材料。

混凝土小砌块适用于地震设计烈度8度及以上的建筑物墙体，包括高层建筑和大跨度的建筑，也可用在围墙、挡土墙、桥梁、花坛等市政设施，应用十分广泛。但要注意：砌筑前，小砌块不允许浇水预湿。

三、瓦

瓦是一种屋面防水材料。我国使用小青瓦、琉璃瓦的历史悠久。随着科学技术水平的提高，又发展出现了混凝土瓦和沥青瓦等。

1. 黏土瓦

黏土瓦是以黏土为主要原料，加适量水搅拌均匀，经模压成型或挤出成型，再经干燥、焙烧而制成的。制瓦的黏土要求杂质含量少、塑性较好。

黏土瓦按颜色分为红瓦和青瓦；按用途分为平瓦和脊瓦，其中平瓦用于屋面，脊瓦用于屋脊。

2. 琉璃瓦

琉璃瓦是在素烧的瓦坯表面涂上琉璃釉料后再经烧制而成的制品。这种瓦表面光滑，质地坚硬，色彩艳丽，耐久性好，但成本较高，只限于古建筑修复、纪念性建筑及园林建筑中的亭、台、楼、阁上使用。

3. 混凝土瓦

混凝土瓦是由水泥、骨料和水为主要原料，经拌和、挤压等方法成型后养护而成的。混凝土瓦耐久性好、成本低，自重较大。根据标准《混凝土瓦》（JC 746—1999），混凝土瓦外观质量要求为：瓦型清楚、瓦面平整、边角整齐。屋面瓦还要求瓦爪齐全，彩色混凝土瓦应无明显色差。变化不允许瓦面有裂缝、裂纹、孔洞、夹杂物，以及正面有大于5mm的突出料渣，一般要求每块瓦质量不超过2kg。

4. 沥青瓦

沥青瓦是以玻璃纤维薄毡为胎料，以改性沥青为涂敷材料制成的片状屋面材料。沥青瓦质量轻、施工方便、抗风能力强，具有互相黏结的功能。在沥青瓦表面上如果撒以不同颜色的矿物粒料，可制成彩色沥青瓦，用于乡村别墅、园林宅院、斜坡屋面等工程。

第五节 建筑钢材

建筑钢材主要是指用于钢结构中的各种型钢（如角钢、工字钢、槽钢等）、钢板和钢筋混凝土中的各种钢筋、钢丝等。

建筑钢材质地均匀，强度高，有良好的塑性和韧性，能承受冲击和振动荷载，易于加工和装配，广泛应用在建筑工程和桥梁工程中，是一种重要的建筑结构材料。但钢材也存在易锈蚀和耐火性差等缺点。

一、建筑钢材的分类

建筑钢材的种类繁多，性质各异，为了便于选用，先了解钢材的几种分类。

1. 按化学成分分类

钢材是以铁为主要元素，含碳量仅为 $0.02\% \sim 2.06\%$，并含有其他元素的合金材料。按化学成分分为碳素钢和合金钢。

（1）碳素钢　根据含碳量多少，碳素钢可分为三种。

① 低碳钢：含碳量 0.25% 以下。

② 中碳钢：含碳量 $0.25\% \sim 0.6\%$。

③ 高碳钢：含碳量大于 0.6%。

（2）合金钢　根据合金元素的总含量，合金钢也可分为三种。

① 低合金钢：合金元素总含量小于 5%。

② 中合金钢：合金元素总含量在 $5\% \sim 10\%$ 之间。

③ 高合金钢：合金元素总含量大于 10%。

2. 按用途分类

钢材按用途可分为结构钢、工具钢和特殊性能钢三类。

（1）结构钢　结构钢包括工程结构构件用钢、机械制造用钢。

（2）工具钢　工具钢根据化学成分不同分为碳素工具钢、合金工具钢和高速工具钢，广泛用于各种刃具、模具、量具等。

（3）特殊性能钢　特殊性能钢指具有特殊物理、化学或力学性能的钢，多为高合金钢，如不锈钢、耐热钢、耐酸钢、耐磨钢、磁性钢等。

3. 按钢材中所含有害介质的多少分类

根据钢材中所含有害杂质的多少工业用钢可分为普通钢、优质钢、高级优质钢、特级优质钢。

在土木工程中常用的钢种是普通碳素结构钢和普通低合金结构钢。

二、建筑钢材的牌号

1. 普通碳素结构钢的牌号

国家标准《碳素结构钢》(GB/T 700—2006)规定，碳素结构钢的牌号由代表屈服点的字母、屈服点数值、质量等级符号、脱氧程度四个部分按顺序组成。其中，以 Q 代表屈服点，屈服点数值共分 195 MPa、215 MPa、235 MPa、255 MPa 和 275 MPa 五种；质量等级以硫、磷等杂质含量由多到少，分别以 A、B、C、D 表示，质量按顺序逐级提高；脱氧程度以 F 表示沸腾钢，b 表示半镇静钢，Z、TZ 表示镇静钢和特殊镇静钢，Z 和 TZ 在钢的牌号中可以省略。

例如：Q235AF 表示屈服点为 235 MPa 的 A 级沸腾钢。

Q195、Q215：含碳量低，强度不高，塑性、韧性、加工性能和焊接性能好，主要用于轧制薄板和盘条，制造铆钉、地脚螺栓等。

Q235：含碳量适中，综合性能好，强度、塑性和焊接等性能得到很好配合，用途最广泛。常轧制成盘条或钢筋以及圆钢、方钢、扁钢、角钢、工字钢、槽钢等型钢，广泛地应用于建筑工程中。

Q255、Q275：强度、硬度较高，耐磨性较好，塑性和可焊性能有所降低。主要用作铆接与螺栓连接的结构及加工机械零件。

按照标准 GB/T 700—2006 规定，碳素结构钢的技术要求包括化学成分、力学性能、冶炼方法、交货状态、表面质量五个方面。各牌号碳素结构钢的化学成分及力学性能应分别符合表 1-5、表 1-6 的要求。

表 1-5 碳素结构钢的化学成分(GB/T 700—2006)

牌号	等级	化学成分/%					脱氧方法
		C	Mn	Si	S	P	
					≤		
Q195	—	0.06~0.12	0.25~0.50	0.30	0.050	0.045	F、b、Z
Q215	A	0.09~0.15	0.25~0.55	0.30	0.500	0.045	F、b、Z
	B				0.045		
Q235	A	0.14~0.22	0.30~0.65	0.30	0.050	0.045	F、b、Z
	B	0.12~0.20	0.30~0.70		0.045		
	C	≤0.18	0.35~0.80		0.040	0.040	Z
	D	≤0.17			0.035	0.035	TZ
Q255	A	0.18~0.28	0.40~0.70	0.30	0.050	0.045	Z
	B				0.045		
Q275	—	0.20~0.38	0.50~0.80	0.35	0.050	0.045	Z

2. 低合金高强度结构钢的牌号

低合金高强度结构钢是在碳素钢结构钢的基础上，添加少量的一种或多种合金元素（总含量小于 5%）的一种结构钢。其目的是提高钢的屈服强度、抗拉强度、耐磨性、耐蚀性与耐低温性等。因而它是综合性能较为理想的建筑钢材，在大跨度、承重动荷载和冲击荷载的结构中更适用。此外，与使用碳素钢相比，可以节约钢材 20%~30%，而成本并不很高。

低合金结构钢主要用于轧制各种型钢（角钢、槽钢、工字钢）、钢板、钢管及钢筋，广泛用于钢结构和钢筋混凝土结构中，特别适用于各种重型结构、大跨度结构、高层结构及桥梁工程等，尤其对用于大跨度和大柱网的结构，其技术经济效果更为显著。

表 1-6 碳素结构钢的力学性能（GB/T 700—2006）

牌号	等级	拉伸试验													冲击试验	
		屈服点 σ_s/MPa						抗拉强度 σ_s/MPa	伸长率 δ_5/%						温度/℃	V形冲击功（纵向）/J
		钢筋厚度（直径）/mm							钢材厚度（直径）/mm							
		≤16	>16~40	>40~60	>60~100	>100~150	>150		≤16	>16~40	>40~60	>60~100	>100~150	>150		
		≥							≥							≥
Q195	—	(195)	(185)	—	—	—	—	315~390	33	32	—	—	—	—	—	—
Q215	A	215	205	195	185	175	165	335~410	31	30	29	28	27	26		
	B														20	27
Q235	A	235	225	215	205	195	185	375~460	26	25	24	23	22	21		
	B														20	27
	C														0	
	D														−20	
Q255	A	255	245	235	225	215	205	410~510	24	23	22	21	20	19		
	B														20	27
Q275	—	275	265	255	245	235	225	490~610	20	19	18	17	16	15	—	—

根据国家标准《低合金高强度结构钢》（GB/T 1591—1994）规定，共有 5 个牌号，即 Q295、Q345、Q390、Q420、Q460。所加入的元素主要有锰、硅、钒、钛、铌、铬、镍及稀土元素。其牌号由屈服点字母 Q、屈服点数值、质量等级（A、B、C、D、E）三个部分组成，其中质量按顺序逐级提高。

例如，Q390A，Q——钢材屈服点的"屈"字汉语拼音的首位字母；390——屈服点数值，单位 MPa；A——质量等级符号。

Q295：钢中只含有极少量合金元素，强度不高，但有良好的塑性、冷弯、焊接及耐蚀性能。主要用于建筑工程中对强度要求不高的一般工程结构。

Q345、Q390：综合力学性能好，焊接性能、冷热加工性能和耐蚀性能均好，C、D、E 级钢具有良好的低温韧性。主要用于工程中承受较高荷载的焊接结构。

Q420、Q460：强度高，特别是在热处理后有较高的综合力学性能。主要用于大型工程结构及要求强度高、荷载大的轻型结构。

三、建筑钢材技术性质和应用

建筑钢材的性能主要包括力学性能（拉伸性能、冲击韧性、硬度等）、工艺性能（冷弯性能、可焊性等）和耐久性（如锈蚀）。

1. 力学性能

（1）拉伸性能 低碳钢的含碳量低，强度较低，塑性较好，其应力应变图（$\sigma\varepsilon$ 图）如图 1-21 所示。从图中可以看出，低碳钢拉伸过程经历弹性阶段（OA）、屈服阶段（AB）、强化阶段（BC）和颈缩阶段（CD）四个阶段。

① 弹性阶段（OA）。钢材主要表现为弹性。当加荷到 OA 上任意一点 σ，此时产生的变

形为 ε，当荷载 σ 卸掉后，变形 ε 将恢复到零。在 OA 段，钢材的应力与应变成正比，在此阶段应力和应变的比值称为弹性模量，即 $E=\sigma/\varepsilon=\tan\alpha$，单位为 MPa。A 点的应力为应力和应变能保持正比的最大应力，称为比例极限，用 σ_p 表示，单位为 MPa。

② 屈服阶段（AB）。钢材在荷载作用下，开始丧失对变形的抵抗能力，并产生明显的塑性变形。在屈服阶段，锯齿形的最高点所对应的应力称为上屈服点（σ_{SU}）；最低点所对应的应力称为下屈服点（σ_{SL}）。下屈服点的应力为钢材的屈服强度，用 σ_s 表示，单位为 MPa。屈服强度是确定钢材强度的主要依据。

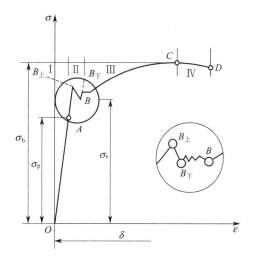

图 1-21　低碳钢拉伸 σ-ε 图

③ 强化阶段（BC）。应变随应力的增加而继续增加。C 点的应力称为强度极限或抗拉强度，用 σ_b 表示，单位为 MPa。屈强比 σ_s/σ_b 在工程中很有意义，此值越小，表明结构的可靠性越高，即防止结构破坏的潜力越大；但此值太小时，钢材强度的有效利用率会降低。故合理的屈强比一般在 0.60～0.75 之间。

④ 颈缩阶段（CD）。钢材的变形速度明显加快，而承载能力明显下降。此时在试件的某一部位，截面急剧缩小，出现颈缩现象，钢材将在此处断裂。

（2）钢材的拉伸性能指标

伸长率 $$\delta=\frac{l_1-l_0}{l_0}\times 100\%$$

式中　l_1——试件断裂后标距的长度，mm；

　　　l_0——试件的原标距（$l_0=5d_0$ 或 $l_0=10d_0$），mm；

　　　δ——伸长率（当 $l_0=5d_0$ 时，为 δ_5；当 $l_0=10d_0$ 时，为 δ_{10}）。

伸长率是衡量钢材塑性的重要指标，δ 越大，则钢材的塑性越好。伸长率大小与标距大小有关，对于同一种钢材，$\delta_5 > \delta_{10}$。钢材具有一定的塑性变形能力，可以保证钢材应力重分布，从而不至于产生突然脆性破坏。

（3）冲击韧性　冲击韧性是指钢材抵抗冲击荷载而不破坏的能力。规范规定以刻槽的标准试件，在冲击试验机的摆锤作用下，以破坏的缺口处单位面积所消耗的功来表示，符号 a_k，单位为 J/cm^2。a_k 值越大，说明钢材的韧性越好，不容易产生脆性断裂。钢材的冲击韧性会随环境温度下降而降低。

（4）硬度　钢材的硬度是指其表面抵抗硬物压入产生塑性变形的能力。测定硬度的常用方法有布氏法。布氏法是用直径为 D(mm) 的淬火钢球，用一定荷载 P(N) 将其压入试件表面，经规定的时间后卸载，得到直径为 d(mm) 的压痕，用压痕表面积 S(mm^2) 除荷载 P，即得布氏硬度值（HB）。

2. 工艺性能

良好的工艺性能可以保证钢材顺利进行各种加工，而使钢材制品的质量不受影响，冷弯及焊接性能是建筑钢材的重要工艺性能。

（1）冷弯性能　冷弯性能是指钢材在常温下，以一定的弯心直径和弯曲角度对钢材进行弯曲，钢材能够承受弯曲变形的能力。

钢材的冷弯，一般以弯曲角度 α、弯心直径 d 与钢材厚度（或直径）a 的比值 d/a 来表示弯曲的程度，如图 1-22 所示。弯曲角度越大，d/a 越小，表示钢材的冷弯性能越好。

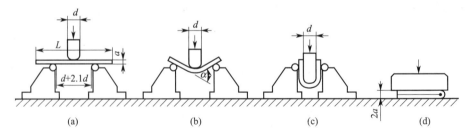

图 1-22　钢材冷弯试验示意

在常温下，以规定弯心直径和弯曲角度（90°或180°）对钢材进行弯曲，在弯曲处外表面即受拉区或侧面无裂纹、起层或断裂等现象，则钢材冷弯合格。如有一种及以上的现象出现，则钢材的冷弯性能不合格。

冷弯试验是对钢材塑性更严格的检验，有利于暴露钢材内部存在的缺陷，如气孔、杂质、裂纹、严重偏析等；同时在焊接时，局部脆性及焊接接头质量的缺陷也可通过冷弯试验而发现。故钢材的冷弯性能也是评定焊接质量的重要指标。钢材的冷弯性能必须合格。

(2) 焊接性能　焊接性能又称可焊性，焊接是各种型钢、钢板和钢筋的主要连接方式。可焊性是指钢材适应一定焊接工艺的能力。可焊性好的钢材在一定的工艺条件下，焊缝及附近过热区不会产生裂缝及硬脆倾向，焊接后的力学性能如强度不会低于原材料。

可焊性主要受化学成分及其含量的影响。含碳量高、含硫量高、合金元素含量高等因素，均会降低可焊性。含碳量小于 0.25% 的非合金钢具有良好的可焊性。

焊接结构应选择含碳量较低的镇静钢。当采用高碳钢及合金钢时，为了改善焊接后的硬脆性，实际工程中焊接时一般要采用焊前预热及焊后热处理等措施。

(3) 冷加工强化及时效

① 冷加工强化。冷加工强化是钢材在常温下，以超过其屈服点但不超过抗拉强度的应力对其进行的加工。建筑钢材常用的冷加工有冷拉、冷拔、冷轧、刻痕等。对钢材进行冷加工的目的，主要是利用时效提高强度，利用塑性节约钢材，同时也达到调直和除锈的目的。

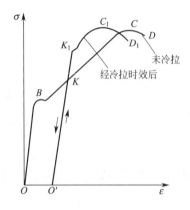

图 1-23　钢材冷拉曲线

钢材在超过弹性范围后，产生明显的塑性变形，使强度和硬度提高，而塑性和韧性下降，即发生了冷加工强化。在一定范围内，冷加工导致的变形程度越大，屈服强度提高越多，塑性和韧性降低得越多。如图 1-23 所示，钢材未经冷拉的应力-应变曲线为 $OBKCD$，经冷拉至 K 点后卸荷，则曲线回到 O' 点，再受拉时其应力应变曲线为 $O'KCD$，此时的屈服强度比未冷拉前的屈服强度高出许多。

② 时效。钢材随时间的延长，其强度、硬度提高，而塑性、冲击韧性降低的现象称为时效。时效分为自然时效和人工时效两种。自然时效是将其冷加工后，在常温下放置 15~20 天；人工时效是将冷加工后的钢材加热至 100~

200℃保持 2h 以上。一般强度较低的钢材采用自然时效，而强度较高的钢材采用人工时效。经过时效处理后的钢材，其屈服强度、抗拉强度及硬度都将提高，而塑性和韧性降低。如图 1-23 所示，经冷加工和时效后，其应力-应变曲线变为 $O'K_1C_1D_1$，此时屈服强度点 K_1 和抗拉强度点 C_1 均较时效前有所提高。

3. 建筑钢材的应用

在建筑工程中应用最广泛的钢材主要有钢筋混凝土结构中的钢材和钢结构中的钢材。

（1）钢筋混凝土结构中的钢材 钢筋是用于钢筋混凝土结构中的线材。按照生产方法、外形、用途等不同，工程中常用的钢筋主要有热轧光圆钢筋、热轧带肋钢筋、低碳钢热轧圆盘条、预应力钢丝、冷轧带肋钢筋、热处理钢筋等品种。钢筋具有强度较高、塑性较好、易于加工等特点，广泛地应用于钢筋混凝土结构中。

① 热轧钢筋。钢筋混凝土用热轧钢筋分为光圆钢筋和带肋钢筋两种。热轧光圆钢筋是横截面通常为圆形，且表面为光滑的配筋用钢材，采用钢锭经热轧成型并自然冷却而成。热扎带肋钢筋是横截面为圆形，且表面通常有两条纵肋和沿长度方向均匀分布的横肋的钢筋。热轧带肋钢筋的外形见图 1-24。

热轧直条光圆钢筋强度等级代号为 HPB235。热轧带肋钢筋的牌号由 HRB 和牌号的屈服点最小值构成。H、R、B 分别为热轧（Hotrolled）、带肋（Ribbed）、钢筋（Bars）三个词的英文首位字母。热轧带肋钢筋有 HRB335、HRB400、HRB500 三个牌号。如牌号 HRB335 为屈服点不小于 335MPa 的热轧带肋钢筋。

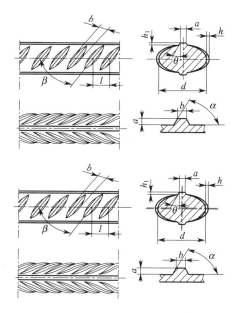

图 1-24 热轧带肋钢筋的外形

热轧光圆钢筋的公称直径范围为 8～20mm，推荐公称直径为 8mm、10mm、12mm、16mm、20mm。钢筋混凝土用热轧带肋钢筋的公称直径范围为 6～50mm，推荐的公称直径为 6mm、8mm、10mm、12mm、16mm、20mm、25mm、32mm、40mm 和 50mm。热轧钢筋的力学性能和工艺性能应符合表 1-7 的规定。冷弯性能必须合格。

表 1-7 热轧钢筋的力学性能、工艺性能

表面形状	强度等级代号	公称直径/mm	屈服点 σ_s/MPa	抗拉强度 σ_b/MPa	伸长率 δ_5/%	冷弯（d——弯心直径，a——钢筋公称直径）
			≥			
光圆	HPB235	8～20	235	370	25	180°,$d=a$
月牙肋	HRB335	6～25 28～50	335	490	16	180°,$d=3a$ 180°,$d=4a$
	HRB400	6～25 28～50	400	570	14	180°,$d=4a$ 180°,$d=5a$
	HRB500	6～25 28～50	500	630	12	180°,$d=6a$ 180°,$d=7a$

热轧带肋钢筋应在其表面轧上牌号标志，还可依次轧上厂名（或商标）和直径（mm）数字。轧上钢筋的牌号以阿拉伯数字表示，HRB335、HRB400、HRB500对应的阿拉伯数字分别为2、3、4。厂名以汉语拼音字头表示；直径数（mm）以阿拉伯数字表示，直径不大于10mm的钢筋，可不轧标志，采用挂牌方法。标志应清晰明了，标志的尺寸由供方按钢筋直径大小作适当规定，与标志相交的横肋可以取消。

带肋钢筋与混凝土有较大的黏结能力，因此能更好地承受外力作用。热轧带肋钢筋广泛地应用于各种建筑结构，特别是大型、重型、轻型薄壁和高层建筑结构。

② 低碳热轧圆盘条。低碳热轧圆盘条的公称直径为5.5～30mm，大多通过卷线机成盘卷供应，因此称为盘条、盘圆或线材。

盘条按用途分为供拉丝用盘条（代号L）、供建筑和其他一般用途用盘条（代号J）两种。低碳热轧圆盘条的牌号表示方法由屈服点符号、屈服点数值、质量等级符号、脱氧方法符号、用途类别符号五个内容表示。具体符号、数值表示的意义见表1-8。低碳热轧圆盘条的力学性能和工艺性能见表1-9。

表1-8 低碳热轧圆盘条牌号中各符号、数值的含义

符号及数值名称	屈服点	屈服点(≥)/MPa	质量等级	脱氧方法	用途类别
符号	Q	195 215 235	A B	沸腾钢：F 半镇静钢：b 镇静钢：Z	供拉丝用：L 供建筑和其他用途：J

如牌号Q235AF-J，表示屈服点不小于235MPa、质量等级为A级的沸腾钢，是供建筑和其他用途用的低碳钢热轧圆盘条钢筋。

表1-9 低碳热轧圆盘条的力学性能和工艺性能

牌号	力学性能			冷弯试验(180°，d为弯心直径，a为试样直径)
	屈服点σ_s/MPa	抗拉强度σ_b/MPa	伸长率δ_5/%	
	≥			
Q215	215	375	27	$d=0$
Q235	235	410	23	$d=0.5a$

低碳热轧圆盘条是由屈服强度较低的碳素结构钢轧制的盘条，是目前用量最大、使用最广的线材，也称普通线材。除大量用作建筑工程中钢筋混凝土的配筋外，还适用于供拉丝、包装及其他用途。

③ 冷轧带肋钢筋。冷轧带肋钢筋由热轧圆盘条经冷轧或冷拔减径后，在表面冷轧成两面或三面有肋的钢筋。钢筋冷轧后允许进行低温回火处理。

根据GB 13788—2000规定，冷轧带肋钢筋按抗拉强度分为CRB550、CRB650、CRB800、CRB970、CRB1170共五个牌号。C、R、B分别为冷轧、带肋、钢筋三个英文单词的首位字母，数字为抗拉强度的最小值。

冷轧带肋钢筋的直径范围为4～12mm，推荐的公称直径为5mm、6mm、7mm、8mm、9mm、10mm。冷轧带肋钢筋的力学性能和工艺性能应符合表1-10的规定；当进行冷弯试验时，受弯曲部位表面不得产生裂纹；强屈比$\sigma_b/\sigma_{0.2}$应不小于1.05。其具体的尺寸规定应符合GB 13788—2000的规定。

表1-10 冷轧带肋钢筋的力学性能和工艺性能

级别代号	抗拉强度 σ_b/MPa	伸长率(≥)/%		弯曲试验(180°)	反复弯曲次数	应力松弛 ($\sigma_{con}=0.7\sigma_b$)/%	
	≥	δ_{10}	δ_{100}			1000h	10h
						≤	
CRB550	550	8	—	$d=3a$	—	—	—
CRB650	650	—	4.0		3	8	5
CRB800	800	—	4.0		3	8	5
CRB970	970	—	4.0		3	8	5
CRB1170	1170	—	4.0		3	8	5

冷轧带肋钢筋用于非预应力构件，与热轧圆盘条相比，强度提高17%左右，可节约钢材30%左右；用于预应力构件，与低碳冷拔丝相比，伸长率高，钢筋与混凝土之间的黏结力较大，适用于中、小预应力混凝土结构构件，也适用于焊接钢筋网。

④ 冷拉钢筋。冷拉钢筋是采用钢筋混凝土用热轧光圆钢筋和带肋钢筋经过冷加工和时效处理而得到的钢筋。在冷拉时可采用控制冷拉应力或控制冷拉率的方法进行，但必须符合《混凝土结构工程施工质量验收规范》（GB 50204—2002）中的有关规定。

冷拉钢筋的力学性能和工艺性能见表1-11。冷弯试验后不得有裂纹、起层现象。

冷拉钢筋的强度比热轧光圆钢筋和热轧带肋钢筋的屈服点有所提高，而塑性、韧性有所降低。冷拉Ⅰ级钢筋适用于钢筋混凝土结构中的受拉钢筋，冷拉Ⅱ、Ⅲ、Ⅳ级钢筋可作为预应力混凝土结构的预应力筋。

表1-11 冷拉钢筋的力学性能和工艺性能

钢筋级别	钢筋直径/mm	屈服点/MPa	抗拉强度/MPa	伸长率 δ_{10}/%	冷弯试验（a 为钢筋直径,mm）	
		≥			弯曲角度	弯曲直径
Ⅰ	≤12	280	370	11	180°	$3a$
Ⅱ	≤25	450	510	10	90°	$3a$
	28~40	430	490	10	90°	$4a$
Ⅲ	8~40	500	570	8	90°	$5a$
Ⅳ	10~28	700	835	6	90°	$5a$

注：表中冷拉钢筋的屈服强度值，是现行国家标准《混凝土结构设计规范》中冷拉钢筋的强度标准值；钢筋直径大于25mm的冷拉Ⅲ、Ⅳ级钢筋，冷弯弯曲直径增加$1a$。

对承受冲击荷载和振动荷载的结构、起重机的吊钩等不得使用冷拉钢筋。由于焊接时局部受热会影响焊口处钢材的性能，因此冷拉钢筋的焊接必须在冷拉之前进行。

⑤ 热处理钢筋。热处理钢筋是经过淬火和回火调质处理的螺纹钢筋，分有纵肋和无纵肋两种，其外形分别见图1-25、图1-26。其代号为RB150。

热处理钢筋规格，有公称直径6mm、8.2mm、10mm三种。钢筋经热处理后应卷成盘。每盘应由一整根钢筋盘成，且每盘钢筋的质量应不小于60kg。每批钢筋中允许有5%的盘数不足60kg，但不得小于25kg。公称直径为6mm和8.2mm热处理钢筋盘的内径不小于1.7m；公称直径为10mm热处理钢筋盘的内径不小于2.0m。

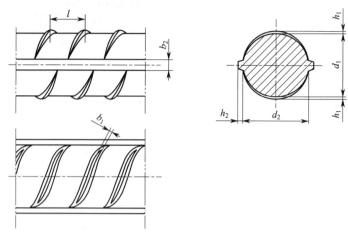

图 1-25 有纵肋热处理钢筋外形

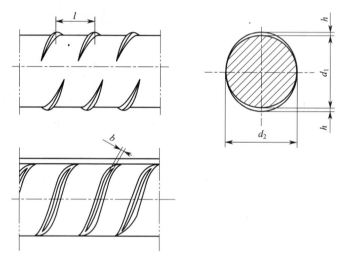

图 1-26 无纵肋热处理钢筋外形

热处理钢筋的牌号有 40Si2Mn、48Si2Mn 和 45Si2Cr 三个，为低合金钢。各牌号钢的化学成分应符合有关标准规定。热处理钢筋的力学性能应符合表 1-12 的规定。

表 1-12 预应力混凝土用热处理钢筋的力学性能

公称直径/mm	牌 号	$\sigma_{0.2}$/MPa	σ_b/MPa	δ_{10}/%
6	40Si2Mn			
8.2	48Si2Mn	≥1325	≥1470	≥6
10	45Si2Cr			

热处理钢筋具有较高的综合力学性能，除具有很高的强度外，还具有较好的塑性和韧性，特别适合于预应力构件。钢筋成盘供应，可省去冷拉、调质和对焊工序，施工方便。但其应力腐蚀及缺陷敏感性强，应防止产生锈蚀及刻痕等现象。热处理钢筋不适用于焊接和点焊。

⑥ 钢丝及钢绞线。

a. 钢丝。预应力混凝土用钢丝简称预应力钢丝，是以优质碳素结构钢盘条为原料，经淬火、酸洗、冷拉制成的用作预应力混凝土骨架的钢丝。

钢丝按交货状态分为冷拉钢丝和消除应力钢丝两种；按外形分为光面钢丝和刻痕钢丝两种；按用途分为桥梁用、电杆及其他水泥制品用两类。

钢丝为成盘供应。每盘由一根组成，其盘重应不小于50kg，最低质量不小于20kg，每个交货批中最低质量的盘数不得多于10%。消除应力钢丝的盘径不小于1700mm；冷拉钢丝的盘径不小于600mm。经供需双方协议，也可供应盘径不小于550mm的钢丝。

钢丝的抗拉强度比低碳钢热轧圆盘条、热轧光圆钢筋、热轧带肋钢筋的强度高1~2倍。在构件中采用钢丝可节约钢材、减小构件截面积和节省混凝土。钢丝主要用作桥梁、吊车梁、电杆、楼板、大口径管道等预应力混凝土构件中的预应力筋。

b. 钢绞线。预应力混凝土用钢绞线简称预应力钢绞线，由7根圆形断面钢丝捻制而成，并经回火处理消除内应力。

钢绞线与其他配筋材料相比，具有强度高、柔性好、质量稳定、成盘供应不需接头等优点。适用于作大型建筑、公路或铁路桥梁、吊车梁等大跨度预应力混凝土构件的预应力钢筋，广泛地应用于大跨度、重荷载的结构工程中。

（2）钢结构中的钢材

① 热轧型钢。常用的热轧型钢有角钢（等边和不等边）、工字钢、槽钢、T形钢、H形钢和Z形钢等。热轧型钢主要采用碳素结构钢和低合金钢。

我国热轧型钢主要采用碳素结构钢Q235A，其强度较适中，塑性和可焊性较好，成本低廉，适合土木工程使用。在低合金钢中主要采用Q345及Q390，可用于大跨度、承受动荷载的钢结构中。

② 冷弯薄壁型钢。冷弯薄壁型钢通常用2~6mm薄钢板冷弯或模压而成，有角钢、槽钢等开口薄壁型钢及方形、矩形等空心薄壁型钢。可用于轻型钢结构。

③ 钢板和压型钢板。用光面轧辊轧制而成的扁平钢材称为钢板。按轧制温度的不同，钢板又可分热轧和冷轧两类。土木工程用钢板的钢种主要是碳素结构钢，某些重型结构、大跨度桥梁等也采用低合金钢。按厚度来分，热轧钢板可分为厚板（厚度大于4mm）和薄板（厚度为0.35~4mm）两种；冷轧钢板只有薄板（厚度0.2~4mm）。厚板可用于型钢的连接与焊接，组成钢结构承力构件；薄板可用作屋面或墙面等围护结构，或作为涂层钢板的原料。

薄钢板经冷压或冷轧成波形、双曲形、V形等形状，称为压型钢板。其特点是：质量轻、强度高、抗震性好、施工快、外形美观等，主要用于围护结构、楼板和屋面等部位。

第六节 木　　材

木材是一种古老的建筑材料，广泛应用在古建筑和装饰工程中。随着新型建筑材料的问世和为了保护生态平衡、维持可持续发展，木材已逐渐由主要承重材料转变为室内的装修材料。

木材质量轻，强度高，有良好的弹性和韧性，耐冲击和振动，由于木质较软，易于加工且木材具有美丽的天然纹理，装饰性好。但木材也存在构造不均匀、各向异性、易变形、易燃烧、易腐朽和虫蛀、天然瑕疵较多等缺点。

一、木材的分类

木材按其树叶外观形状分为阔叶树和针叶树。

阔叶树由于树干通直部分较短,材质坚硬,较难加工,又称为硬木材。常见的阔叶树有水曲柳、榆木、柞木等,它们纹理美观,适于作室内装修和家具等。阔叶树虽然强度较大,但是湿胀干缩明显,易变形,这一点,使用时必须注意。

针叶树由于树干通直高大,纹理平顺,材质均匀,木质较软易于加工,又称为软木材。常见的针叶树有松木、柏木、杉木等,它们的表观密度和胀缩变形较小,耐腐朽性强,多用于建筑工程中的承重构件。

二、木材的技术性质

1. 木材的强度

在建筑工程中,通常利用木材的抗压、抗拉、抗剪和抗弯等强度。由于木材是一种非匀质的材料,具有各向异性,故其抗压、抗拉强度还有顺纹和横纹之分。当作用力的方向与木材纤维方向平行时,称为顺纹;反之,当作用力的方向与木材纤维方向垂直时,称为横纹。

木材的顺纹强度比横纹强度大很多,故工程上多利用木材的顺纹强度。

当设木材的顺纹抗压强度为1个单位时,木材理论上各强度的关系见表1-13。

表1-13 木材各种强度的关系

抗 压		抗 拉		抗 弯	抗 剪	
顺 纹	横 纹	顺 纹	横 纹		顺 纹	横 纹
1	1/10~1/3	2~3	1/20~1/3	3/2~2	1/7~1/3	1/2~1

由此可见,木材的强度也表现为各向异性,顺纹抗拉强度为最大,抗弯、顺纹抗压、顺纹抗剪强度依此递减,横纹抗拉强度最小。

2. 木材的含水率

木材的含水率是指木材中所含水的质量占干燥木材质量的百分比。

木材中的水分,分为自由水、吸附水和化合水。自由水是存在于细胞腔和细胞间隙内的水分;吸附水是存在于细胞壁内细纤维之间的水分;化合水是木材化学成分中的结合水。其中,自由水与木材的表观密度、抗腐蚀性、燃烧性等有关,吸附水则与强度和胀缩变形有关,而化合水对木材的性质无影响。

木材含水率随着环境的湿度不同而变化。当木材晾干时,自由水先蒸发,然后吸附水才蒸发;当木材吸水时,先吸收成为吸附水,然后才吸收成为自由水。木材细胞壁中吸附水达到饱和状态,而细胞腔和细胞间隙无自由水时的含水率称为纤维饱和点。它是影响木材强度和湿胀干缩的临界值。不同的树种其纤维饱和点也不同,通常在25%~35%之间。

木材的含水率与周围空气相对湿度达到平衡时,称为木材的平衡含水率。平衡含水率也是一个变量,随着大气湿度的改变而改变。

3. 湿胀干缩

当木材中的水分继续蒸发,蒸发的自由水不影响木材的体积,当含水率降到纤维饱和点以下时,此时木材发生变形,随着含水量的减小,体积随之减小。反之,体积膨胀。

由于木材的各向异性，其各方向的收缩程度也不同。其中以弦向最大，径向次之，纵向最小。为了避免木材在使用过程中由于含水率的变化而产生湿胀干缩，在施工前，将木材干燥到使用环境长年平均的平衡含水率。

4. 影响木材强度的主要因素

（1）含水率的影响　木材含水量在饱和纤维点以下时，含水率降低，吸附水减少，细胞壁紧密，木材强度增加，反之，强度降低。当含水量超过纤维饱和点时，只是自由水变化，木材强度不变。木材含水率对其各种强度的影响程度是不同的。受影响最大的是顺纹抗压强度，其次是抗弯强度，对顺纹抗剪强度影响小，影响最小的是顺纹抗拉强度。

（2）负荷时间　木材对长期荷载的抵抗能力与对暂时荷载不同。木材在长期荷载作用下不致引起破坏的最大强度，称为持久强度。木材的持久强度比其极限强度小得多，一般为极限强度的50%～60%。这是由于木材在较大外力作用下产生等速蠕滑，经过长时间以后，最后达到急剧产生大量连续变形而导致破坏。故在设计木结构时，应考虑负荷时间对木材强度的影响。

（3）温度的影响　温度对木材强度有直接影响，当温度由25℃升高到50℃时，将因木纤维和其间的胶体软化等一些原因，使木材抗压强度降低20%～40%，抗拉强度和抗剪强度降低12%～20%；当温度升高到100℃以上时，木材中的部分组织会分解、挥发、木材变黑，强度大大下降。故当环境温度长期超过50℃时，不应采用木结构。

（4）缺陷　木材在生长、采伐、保存过程中会产生一些缺陷，如木节、裂纹、腐朽和虫蛀等。这些缺陷会破坏木材的构造，造成材质不连续性和不均匀性，从而使木材强度明显下降，甚至可失去使用价值。

三、木材的综合利用

综合利用是将木材加工过程中的大量碎料和废屑进行再加工，制成各种人造板材。这样既可以提高木材的利用率，又可以弥补木材资源严重不足的弊端。

1. 胶合板

胶合板是用原木旋切成薄片，经干燥处理后，用胶黏剂按奇数层数及各纤维互相垂直的方向，黏合热压而成的人造板材。

胶合板一般为3～13层，具有材质均匀、强度高、不易翘曲、装饰性好和幅面大等优点，广泛用在室内隔墙板、顶棚和各种家具中。

2. 细工木板

细工木板又称复合木板，它由三层木板黏压而成。上下两层为旋切木质单板，芯板是用短小木板拼接而成的，厚度为20mm，长度为2000mm，宽度为1000mm，表面平整，幅面较大，可代替实木板，节约森林资源，用作建筑物室内隔墙、隔断等的装修。

3. 纤维板

纤维板是将板皮、刨花、树枝等木材经破碎、浸泡、研磨成为木浆，再加入一定的胶料，经热压成型，干燥而成。

纤维板构造均匀，湿胀干缩小，不易开裂、耐磨、绝热性好，用于室内墙壁、地板和家具中。

4. 刨花板

刨花板是以木材加工时产生的刨花木渣、木屑或碎木片等为原料，经干燥后与胶黏剂混合,再经热压制成的人造板材。刨花板表观密度较小,强度较低,主要用做绝热和吸声材料,也可用做吊顶、隔墙、家具等。

第七节 防 水 材 料

防水材料是保证房屋建筑中能够防止雨水、地下水和其他水分渗透的重要组成部分,是建筑工程中不可缺少的建筑材料。

防水材料质量的好坏直接影响着建筑物的耐久性,故建筑工程中的防水材料,要求抗水性能好、黏结能力强、有良好的韧性。

一、沥青

沥青是一种有机胶凝材料,其不透水性、黏结性和塑性较好,耐化学腐蚀,并能抵抗大气的风化作用,在常温下呈固体、半固体或液体,颜色呈亮褐色至黑色。

我国很早就使用沥青作为防水材料,因为沥青与许多材料表面有良好的黏结力,构造密实,不溶于水,且资源丰富,价格低廉,使用方便。故广泛应用在屋面及地下建筑防水或道路路面等,也可用于制造防水卷材、防水涂料、嵌缝油膏等。沥青一般分为地沥青和焦油沥青两大类,而地沥青按其产源又分为天然沥青和石油沥青。

石油沥青是石油原油经蒸馏提取各种产品后的副产物,再经加工处理而成。由于石油沥青的化学成分很复杂,为了便于研究,通常将其中的化合物按化学成分和物理性质比较接近的,划分为若干组分。

(1) 石油沥青的组分

① 油分。油分为无色至浅黄色的黏性液体,赋予沥青以流动性,油分含量的多少直接影响沥青的柔软性、抗裂性及施工难度。

② 树脂。树脂为红褐色至黑褐色的黏稠状半固体,它使石油沥青具有良好的塑性和黏结性,其含量增加,沥青的黏结力和延伸性增加。

③ 地沥青质。地沥青质是深褐色至黑色的不溶性固体,决定着沥青的黏结力、黏度和温度稳定性,以及沥青的硬度、软化点等。

④ 此外,石油沥青中含有约 2%~3% 的沥青碳和似碳物,相对分子质量最大,能降低石油沥青的黏结力。石油沥青中还含有蜡,它会降低石油沥青的黏结性和塑性,同时对温度特别敏感(即温度稳定性差)。

石油沥青的性质与各组分之间的比例有关系(具体见石油沥青的技术性质),且这几个组分的比例,并不是固定不变的。在热、阳光、空气和水等外界因素作用下,组分在不断改变。

(2) 石油沥青的技术性质

① 黏性。石油沥青的黏性是反映沥青材料内部阻碍其相对流动的一种特性,即反映了石油沥青抵抗其本身相对变形的能力。

地沥青质含量较高,同时又有适量树脂,而油分含量较少时,则黏滞性较大。在一定温度范围内,当温度升高时,黏性随之降低。反之则随之增大。

石油沥青的黏性是用针入度仪测定的针入度来表示的。针入度是在规定温度 25℃ 条件下,以规定质量 100g 的标准针,经历规定时间 5s 深入试样中的深度,以 1/10 mm 为单位表示。针入度值越小,表明黏性越大。

② 塑性。塑性是指石油沥青在外力作用下产生变形而不破坏(裂缝或断开),除去外力后仍保持变形后形状不变的性质。

影响沥青塑性的因素有沥青的组分、温度和沥青膜层厚度,当沥青中树脂含量较多且其他组分含量适当时,塑性较大。温度升高,则塑性增大,膜层愈厚,则塑性愈高。石油沥青的塑性通常是用延伸度作为塑性指标。将标准试件的沥青在温度25℃时,以每分钟5cm的速度拉伸,直到试件被拉断时的延伸长度,称为延伸度。延伸度越大,则表明塑性越好。

③ 温度敏感性。温度敏感性是指石油沥青的黏滞性和塑性随温度升降而变化的性能。建筑工程中宜选用温度敏感性较小的沥青。通常石油沥青中地沥青质含多,在一定程度上能够减小其温度敏感性。故在工程使用时往往加入滑石粉、石灰石粉或其他矿物填料来减小其温度敏感性。当沥青中含蜡量较多时,则会增大温度敏感性,故多蜡沥青不能用于土木工程。评价沥青温度敏感性的指标很多,常用的是软化点。由于沥青材料从固态至液态有一定的间隔,故规定其中某一状态作为从固态转到具有一定流动性的膏体,相应的温度称为沥青软化点。它是将沥青试样装入规定尺寸的铜环内,在试样上放置一标准钢球,浸入水中,用规定的升温速度加热,使沥青软化下垂,当下垂到规定距离时的温度,用℃为单位来表示。软化点数值愈大,表示沥青的感温性愈低,稳定性愈好。

④ 大气稳定性。大气稳定性是指石油沥青在热、阳光、氧气和潮湿等因素的长期综合作用下抵抗老化的性能。当沥青的流动性和塑性降低,黏性变差,容易发生脆裂。这种变化称为石油沥青的老化。石油沥青的老化是一个不可逆的过程,并决定了沥青的使用寿命。

沥青抗老化性是反映其大气稳定性的主要指标,其评定方法是利用沥青试样在加热蒸发前后的蒸发损失百分率、蒸发后针入度来评定。石油沥青经蒸发老化后的质量损失百分率愈小,蒸发后针入度愈大,表明其抗老化性能愈强,大气稳定性愈好。

二、防水卷材

防水卷材是一种具有一定宽度和厚度的可卷曲的片状防水材料,它是建筑工程防水材料的重要品种。其必须具备的性能有:①耐水性;②温度稳定性;③机械强度、延伸性和抗断裂性;④柔韧性;⑤大气稳定性。

各种防水卷材的选用应充分考虑建筑的特点、地区环境条件、使用条件等多种因素,结合材料的特性和性能指标来选择。

1. 石油沥青纸胎油毡

石油沥青纸胎油毡(简称油毡)是采用低软化点沥青涂盖油纸的两面,并涂撒防粘隔离材料所制成的一种纸胎防水卷材。涂撒粉状材料(滑石粉)的称"粉毡";涂敷片状材料的(云母片)称"片毡"。

2. 其他胎体材料的油毡

为了克服纸胎抗拉能力低、易腐烂、耐久性差的缺点,通过改进胎体材料,使沥青防水卷材的性能得到了改善,并发展成玻璃布沥青油毡、玻纤沥青油毡、黄麻织物沥青油毡、铝箔胎沥青油毡等一系列沥青防水卷材。其中玻璃布胎油毡的抗拉强度、耐久性等均优于纸胎油毡,柔韧性好、耐腐蚀性强,适用于耐久性、耐蚀性、耐水性要求高的工程。

3. SBS改性沥青防水卷材

传统的沥青油毡存在易老化、使用寿命短、须热加工、污染环境等缺点，目前我国大城市已经禁止使用。取而代之的是改性沥青防水卷材。

SBS改性沥青防水卷材属弹性体沥青防水卷材中的一种，是当今建筑防水材料应用最广泛的一种中档新型防水材料。

图1-27 SBS改性沥青防水卷材

SBS改性沥青防水卷材见图1-27，是用聚酯纤维无纺布为胎体，两面涂以弹性体改性沥青涂盖层，上下表面撒以细砂或覆盖聚乙烯膜所制成的一类防水卷材。该类卷材有较高的弹性、延伸率、耐疲劳性和低温柔性，主要用于屋面和地下室防水。

4. 合成高分子防水卷材

合成高分子防水卷材是以合成橡胶、合成树脂或两者的共混体为基料，加入适量的化学助剂和填充料等，经特定工序制成的。

合成高分子防水卷材具有拉伸强度和抗撕裂强度高、断裂伸长率大、耐热性和低温柔性好、耐腐蚀、耐老化等一系列优异的性能，是新型高档防水材料。常见的有三元乙丙橡胶防水卷材、聚氯乙烯防水卷材、氯化聚乙烯防水卷材、氯化聚乙烯-橡胶共混防水卷材等（图1-28）。

三、防水涂料

建筑防水涂料是以高分子合成材料、沥青等为主体，在常温下呈液态或无固定形状的黏稠体，涂刷在建筑物表面形成坚韧防水膜，使建筑物表面与水隔绝起到防水密封的作用。

防水涂料大都有以下几个特点：整体防水性好、温度适应性强、操作方便、施工速度快、易于维修等。

图1-28 氯化聚乙烯-橡胶共混防水卷材

防水涂料按成膜物质的主要成分分为沥青类、高聚物改性沥青类和合成高分子类。

1. 冷底子油

冷底子油是用建筑石油沥青加入汽油、煤油等有机溶剂互相溶合而成的沥青涂料。由于它一般在常温下用于防水工程的底层，故称为冷底子油。它具有既能和沥青黏结，又容易渗入水泥砂浆表层的作用，故常把冷底子油涂刷在混凝土砂浆或木材等基层上，为黏结同类防水材料创造条件。在建筑工地中，冷底子油应随用随配。

2. 水乳型再生橡胶防水涂料

该涂料呈黑色，是一种无光泽黏稠液体，略有橡胶味，无毒。经涂刷后形成防水薄膜，具有橡胶的弹性，温度稳定性和耐老化性能好，适用于屋面、墙体、地面等防水防潮的

四、防水嵌缝油膏

防水嵌缝油膏是一种非定型的建筑密封材料，具有良好的水密性和气密性、良好的耐高低温性和耐老化性能，有一定的弹塑性和拉伸性能。目前，常用的油膏有沥青嵌缝油膏、塑料油膏等。

1. 改性沥青嵌缝油膏

改性沥青嵌缝油膏是以石油沥青为基料，加入改性材料、稀释剂及填充料混合制成的冷用膏状材料，简称油膏。它具有优良的防水防潮性能，黏结力好，延伸率高，能适用结构的适当伸缩变形，能自动结皮封膜。此油膏适用于预制屋面板的接缝及大型墙板拼缝的防水处理。

2. 硅酮密封膏

根据《硅酮建筑密封膏》（GB/T 14683—93）的规定，硅酮（学名聚硅氧烷）建筑密封膏可分为两类：一类是建筑接缝用密封膏，适于预制混凝土墙板、水泥板、大理板的外墙接缝，混凝土与金属框架的黏结；另一类用于镶嵌玻璃和建筑门、窗的密封等。

第八节 保温隔热材料和吸声绝声材料

随着建筑节能呼声的逐步加大和我国建筑节能法的出台，保温隔热材料的种类逐渐在扩展。同时为了改善生活的质量，人们对建筑物的使用功能要求也越来越多，对吸声绝声材料的性能要求也逐渐严格。

一、保温隔热材料

在建筑工程中，人们习惯把用来限制室内热量向外散失的材料称为保温材料；而把防止室外热量流向室内的材料称为隔热材料。合理科学地使用保温隔热材料，是解决能源危机的一大措施，也是未来建筑发展的趋势。

1. 保温隔热材料的性能要求

建筑工程上使用的保温隔热材料，其热导率低于 $0.175W/(m·K)$，表观密度在 $600kg/m^3$ 以下，抗压强度不小于 $0.3MPa$。

一般，孔隙率较大的多孔材料，保温隔热性能较好。但材料受潮后，会使热导率增大，故使用保温隔热材料时一定要注意防水防潮，需在表层设置防水层或隔汽层。

2. 常用的保温隔热材料

（1）纤维状保温隔热材料　这类材料有石棉（图1-29）、玻璃棉（图1-30）、矿棉及其制品等，广泛用于住宅建筑和热工设备、管道等的保温。石棉是一种天然矿物纤维，具有耐火、耐热、耐酸碱、绝热、防腐、绝缘等优点；玻璃棉是用玻璃原料或碎玻璃经过熔融后制成的纤维状材料，可用于温度较低的热力设备和房屋建筑中的保温；矿棉是由工业废料矿渣经熔融而成的细纤维，具有质轻、不燃烧、耐腐蚀等特点，可用于屋顶、墙壁等处的保温材料。

（2）散粒状保温隔热材料　散粒状多孔保温隔热材料主要包括膨胀蛭石（图1-31）、膨胀珍珠岩（图1-32）及其制品等。蛭石是一种天然矿物，高温煅烧后，体积急剧膨胀成为松散颗粒，用于填充墙壁、楼板及平屋顶，保温效果较好；膨胀珍珠岩是由天然珍珠岩经煅烧体积急剧膨胀成蜂窝状的白色或灰白色松散材料。具有吸湿小、无毒、耐腐蚀、施工方便等优点。

图 1-29　石棉管

图 1-30　玻璃棉

图 1-31　膨胀蛭石板材

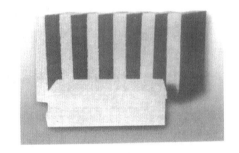

图 1-32　膨胀珍珠岩板材

（3）多孔状保温隔热材料　这类材料有加气混凝土和泡沫混凝土等。其中加气混凝土是由水泥、石灰、粉煤灰和发气剂配制而成的。其优点是质轻、保温隔热性能好、耐火性好等，大量用于建筑物的墙体和屋面工程中；泡沫混凝土是借助机械将泡沫剂水溶液制备成泡沫，再加入砂、粉煤灰、石灰、水泥、水和外加剂配成的料浆，加工后，根据需要制成不同形状的制品，用作屋面保温层。

二、吸声绝声材料

1. 吸声材料

当声波传播到材料表面时，一部分被反射，另一部分穿透材料，其余的则传递给材料，在材料的孔隙中引起空气分子与孔壁的摩擦和黏滞阻力，其间相当一部分声能转化为热能被材料吸收掉。从上述吸声的原理可以看出，材料的孔隙率越大，则吸声效果越好。比如石膏板和矿物棉等轻质多孔的材料用在墙面、顶棚等部位，能够改善声波的传播质量，调解室内的音响效果。

2. 隔声材料

把能够减弱或隔绝声波传播的材料称为隔声材料。隔声又分为隔绝空气声和隔绝固体声两种。隔绝空气声，应选用密度大的材料，比如空心砖、混凝土等；隔绝固体声，应采用不连续的结构处理，即在墙壁和承重梁之间加以弹性衬垫，或在楼板之间加弹性地毯等。需要特别说明的是，吸声和隔声原理是不同的，吸声效果好的材料其隔声效果不一定好。

材料的表观密度越大，质量越大，隔声效果越好。故可选用密度大的材料作为隔声材料，如混凝土、钢板等。如果采用轻质材料，需辅以多孔材料或采用夹层结构作为隔声材料。

隔绝固体声最有效的措施是采用不连续的结构处理，即在墙壁和承重梁之间、房屋的框架和墙壁及楼板之间加入具有一定弹性的衬垫材料，如软木、橡胶或设置空气隔离层，以阻止固体声波的继续传播。

第九节 建筑塑料

塑料是指以合成树脂或天然树脂为主要原料，加入或不加入添加剂，在一定温度、压力下，经混炼、塑化、成型，且在常温下保持制品形状不变的材料。

塑料具有质轻、绝缘、耐磨、绝热、隔声等优良性能，其化学稳定性和加工特性好，在建筑工程中应用相当广泛，可作为室内装饰装修材料、保温隔热材料、防水材料等。塑料还存在着易老化、易燃、耐热性差和刚度小的缺陷，使用时一定要注意。

一、建筑塑料常用品种

1. 聚氯乙烯（PVC）

聚氯乙烯（图 1-33）是一种无色、半透明的聚合物，遇到高温（100℃以上）会分解变质破坏。其机械强度较高，电性能优良，耐酸碱，化学稳定性好，但耐热性差。聚氯乙烯是家具与室内装饰中用量最大的塑料品种，软质材料用于装饰膜及封边材料，硬质材料用于各种板材、管材、异型材和门窗。半硬质、发泡和复合材料用于地板、天花板、壁纸等。

2. 聚苯乙烯（PS）

聚苯乙烯具有一定的机械强度和化学稳定性，电性能优良，透光性好，着色性佳，并易成型。缺点是耐热性太低，只有 80℃；脆性不耐冲击，制品易老化出现裂纹；易燃烧，燃烧时会冒出大量黑烟，有特殊气味。

图 1-33 聚氯乙烯

聚苯乙烯的透光性仅次于有机玻璃，大量用于照明配件、灯格板及各种透明、半透明装饰件。硬质聚苯乙烯泡沫塑料大量用于轻质板材芯层和泡沫包装材料。

3. 聚乙烯（PE）

聚乙烯（图 1-34）由乙烯单体聚合而成。根据合成方法不同，可分为高压、中压和低压三种。聚乙烯塑料具有优良的耐化学稳定性，强度较高，耐低温性能良好，工作温度可低达 －70℃，但耐热性较差。在建筑上使用聚

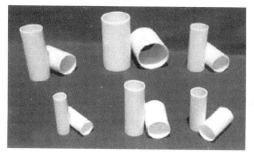

图 1-34 聚乙烯管材

乙烯塑料制成各种冷水管子，储存冷水的水箱以及耐腐蚀管道，防潮防水工程上用的薄膜等。

4. ABS 塑料

ABS 塑料是由丙烯腈、丁二烯和苯乙烯三种单体共聚而成的。ABS 为不透明的塑料，呈浅象牙色，具有良好的综合力学性能：硬而不脆，尺寸稳定，易于成型和机械加工，表面能镀铬，耐化学腐蚀。缺点是不耐高温，耐热温度为 96～116℃，易燃，耐候性差。

ABS 塑料可用于制作压有美丽花纹图案的塑料装饰板材及室内装饰用的构配件；可制作电冰箱、洗衣机、食品箱、文具架等现代日用品；ABS 树脂泡沫塑料还能代替木材，制作高雅而耐用的家具等。

5. 聚甲基丙烯酸甲酯（PMMA）

PMMA 俗称"有机玻璃"，是透光率最高的一种塑料，透光率达 92%，但它的表面硬度比无机玻璃差得多，容易划伤。PMMA 具有优良的耐候性，处于热带气候下暴晒多年，它的透明度和色泽变化很小，易溶于有机溶剂中。

PMMA 塑料在建筑中大量用作窗玻璃的代用品，用在容易破碎的场合。此外，PMMA 还可以用作室内墙板，中、高档灯具等。

二、常用塑料制品

塑料在建筑工程中常用于制作塑料门窗、管材、板材和型材等。

1. 塑料门窗

塑料门窗分为全塑门窗及复合塑料门窗两类，全塑门窗多采用改性聚氯乙烯树脂制造。复合塑料门窗常用的种类为塑钢门窗。其中塑钢门窗外形美观，不易褪色，耐腐蚀性好，水密、气密性好，是近几年来大量用于门窗的主要材料。

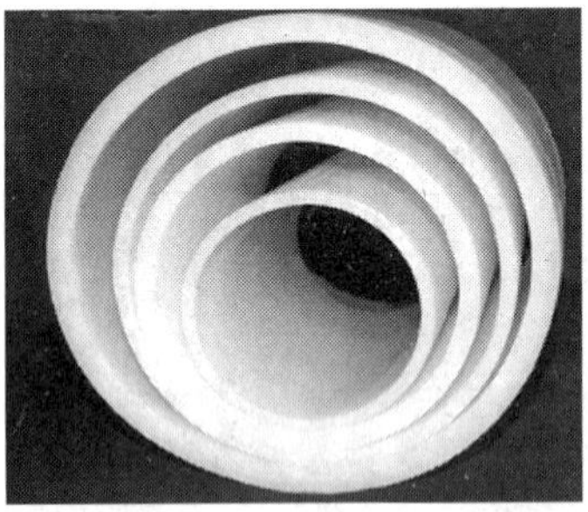

2. 塑料管材

塑料管材（图 1-35）主要用于给排水等管道系统，常用的有硬质聚氯乙烯（UPVC）塑料管、聚乙烯（PE）塑料管、聚丙烯（PP）塑料管和 PPR 塑料管和聚丁烯（PB）塑料管等。

图 1-35 塑料管材

3. 塑料板材

常用的塑料板材有塑料贴面板、塑料金属复合板和 PVC 塑料装饰板等。这些板面图案多样、色彩丰富、表面光亮、不变形、易清洁，大量用在建筑物内外墙的装饰、隔断、家具饰面等。

4. 玻璃钢

玻璃钢在建筑上主要用于制作透明波形板、半透明中空夹层板、整体采光罩、各种薄板、复合板、门窗等。还可制作给排水工程材料（如管道、便池、浴盆等）和土木工程材料（如混凝土模板、临时挡土板、各种道路用材）等，见图 1-36。

图 1-36 聚酯玻璃钢采光板

第十节 建 筑 玻 璃

玻璃是一种较为传统的建筑材料,过去主要用作建筑物的采光和装饰。随着建筑技术的发展,建筑玻璃逐渐向多品种、多功能、环保节能等方面发展。

一、玻璃的基本性质

玻璃是均质的无定型非结晶体,具有良好的光学性质,表现出一般材料难于具备的透明性和透光性。当光线入射玻璃时,表现有反射、吸收和透射三种性质,由此可制成吸热玻璃、热反射玻璃和有色玻璃等。

玻璃传热很慢,普通玻璃耐急冷急热性很差,抗压强度很大,而抗拉强度很小,是典型的脆性材料。玻璃具有较高的化学稳定性,在通常情况下对水、酸、碱及化学试剂或气体具有较强的抵抗能力。

二、玻璃制品及应用

(1) 钢化玻璃 钢化玻璃是将玻璃加热到接近软化温度后,迅速冷却使其骤冷而制成的。其机械强度高,韧性和弹性好,热稳定性高,主要用在高层建筑的门、窗、幕墙及商场橱窗等。钢化玻璃不能切割、磨削,使用时需按现成尺寸选用或提出设计图纸加工定制。

(2) 中空玻璃 中空玻璃(图1-37)是由两片或多片平板玻璃,相互隔开,镶于边框中,四周密封而成的。中空玻璃具有较好的绝热性能,夏天隔热,冬天保温,是一种节能型绿色材料;中空玻璃隔声性能好,可避免噪声污染;同时中空玻璃还可防止结露,可用于需要采暖、空调、防噪声的建筑物中。

(3) 磨砂玻璃 磨砂玻璃又称毛玻璃,是经机械喷砂或手工研磨或用酸溶蚀等方法,使其表面粗糙的平板玻璃。磨砂玻璃透光不透视,使光线柔和,用于浴室、卫生间、办公室的门窗及公共场所的隔断等。安装时应将毛面朝向室内。

(4) 夹层玻璃 夹层玻璃(图1-38)是在两片或多片玻璃之间嵌夹透明塑料

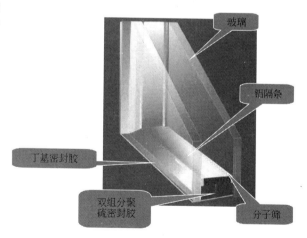

图 1-37 中空玻璃的构造

薄片,经加热、加压黏合而成的。这种玻璃受到剧烈振动或撞击破坏时,由于衬片的黏合作用,玻璃裂而不碎,具有防弹防震、防爆性能,可用于有特殊要求的建筑物的门窗、隔墙、工业厂房的天窗等。

(5) 夹丝玻璃 夹丝玻璃(图1-39)是将平板玻璃加热到红热软化状态,再将预热的铁丝或铁丝网压入玻璃中间而成的。这种玻璃强度大、不易破碎,碎片附着在金属丝网上,不易脱落,使用比较安全,可用于阳台、楼梯、电梯间等处。

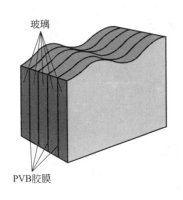

图 1-38　夹层玻璃的构造

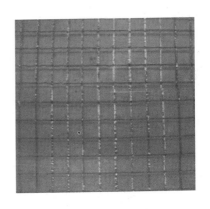

图 1-39　夹丝玻璃

第十一节　建筑装饰材料

建筑物本身是一件艺术品，其艺术性的体现是靠装饰材料来完成的。建筑装饰材料是用来美化建筑及建筑空间的物质，它是建筑的物质功能和精神功能得以实现的关键。任何一个建筑，如果不经过装饰材料的装饰，很难体现建筑所具有的性格特征，更不可能具有情感和艺术感染力。可见装饰材料占有举足轻重的地位。

一、装饰材料的基本性质及选用

1. 装饰材料的基本性质

（1）材料的颜色　颜色是材料对光谱选择吸收的结果。不同颜色能使人产生不同的感觉。幼儿园的建筑应以红、黄等暖色调来表现幼儿活泼可爱的特点；医院的建筑应以绿、白等冷色调使病人感到宁静。故建筑装饰材料的颜色可以营造不同的空间环境，满足不同的使用要求。

（2）材料的光泽　光泽是材料表面方向性反射光线的性质。高光泽的材料具有很高的观赏性，同时在灯光的配合下，能对空间环境的装饰效果起到强化、渲染的作用。

（3）透明性　材料的透明性是光线透过材料的性质。装饰材料按透明性分为透明体、半透明体、不透明体。利用材料的透明度不同，可以用来调节光线的明暗，改善建筑内部的光环境。大型公共建筑广泛采用玻璃幕墙，给人以通透明亮、具有强烈的时代气息。

（4）表面质感　材料表面有许多特征，如粗细、软硬、凹凸不平等。这些表面质感均会对人们的心理产生影响。设计时应根据建筑物的体型、风格等因素综合考虑，合理选用不同质感的材料。

（5）形状尺寸　装饰材料的形状尺寸对装饰效果影响很大。将材料加工成各种不同形状和尺寸，配以建筑物的体型、线条，可构成风格各异的建筑造型，满足各种使用要求，创造出建筑的艺术美。

2. 装饰材料的选用

（1）满足使用功能　装饰材料是为了更好地实现建筑物的使用价值。对于外墙应选用耐腐蚀、不易褪色的材料；地面应选用耐磨性好、耐水性好的材料。

(2) 耐久性　装饰材料不仅要美观，而且要耐久。装饰材料在使用过程中，要受到各种物理化学的破坏作用，故建筑用装饰材料应根据其使用部位及条件不同，提出相应的性能要求，以满足一定的耐久性。

(3) 经济性　装饰工程的造价一般占工程总造价的30%以上，对于高级装修来说，这个比例还要高一些。故在不影响使用功能和装饰效果的前提下，尽量选择物美价廉的材料。

二、常用建筑装饰材料

1. 建筑装饰石材

(1) 天然大理石　大理石是以云南省大理县的大理城而命名的，大理石结构致密，抗压强度高，吸水率小，硬度不大，易于加工。磨光后的大理石，光洁细腻、纹理自然，装饰效果美不胜收。由于大理石抗风化能力较差，故只适于室内装饰。

(2) 天然花岗岩　天然花岗岩质地坚硬、抗压强度高、吸水率小、耐磨、耐腐蚀，加工后的板材呈现出各种斑点状花纹，具有良好的装饰性。但花岗岩硬度大，开采加工较困难，耐火性差。

2. 装饰涂料

(1) 内墙涂料　内墙涂料也可作为顶棚涂料，其色彩丰富、细腻、协调，一般以浅色、明亮为主。内墙涂料应具有一定的耐水、耐洗刷性，并不易粉化和有良好的透气性。

(2) 外墙涂料　外墙涂料直接暴露在大气中，经受风霜雨雪，寒暑交替，要求外墙涂料比内墙涂料具有更好的耐水性、耐候性和耐污染性等。

(3) 地面涂料　地面涂料的作用是装饰与保护地面，使地面清洁美观。故地面涂料应具有良好的耐磨性、耐水性、耐碱性、抗冲击性和方便施工等特点。

3. 建筑装饰金属材料

(1) 不锈钢板　不锈钢板的优点是耐腐蚀，有独特的金属光泽，其薄钢板主要用于内外墙面、幕墙、隔墙、栏杆、扶手等部位。

(2) 彩色压型钢板　彩色压型钢板是以镀锌钢板为基材，经成型机轧制，截面呈V形、U形或梯形，并敷以耐腐蚀的涂层与彩色烤漆而制成。彩色压型钢板耐久性好，易加工、易施工，有较好的装饰作用，可用在外墙板、屋面板等。

(3) 铝合金装饰板　用于装饰工程的铝合金板，品种和规格很多，有铝合金花纹板、铝合金波纹板、铝合金压型板和铝合金穿孔板等。铝合金装饰板具有质量轻、耐腐蚀、立体感强、装饰效果好的特点，主要用于墙面和屋面。

复 习 思 考 题

1. 材料的物理性质的分类与哪些因素有关？
2. 材料的表观密度为什么要注明其含水率的大小？
3. 什么叫孔隙率？其大小及其特征与材料的什么性质有关？
4. 材料的抗渗性通常用什么来表示？抗渗性的影响因素是什么？
5. 什么是材料的脆性和韧性？在建筑工程中，什么情况选用脆性材料，什么情况选用韧性材料？
6. 试说明材料耐久性的概念及提高耐久性的措施。
7. 无机胶凝材料按照其硬化条件不同分为哪几类？它们有何不同？
8. 什么是过火石灰？有何危害？如何消灭其危害，并注意哪些事项？
9. 为什么说石灰是传统的干燥剂？

10. 石灰和建筑石膏在凝结硬化时体积分别怎样变化？
11. 硅酸盐水泥熟料主要包括什么物质？各有什么特性？
12. 简述水泥的凝结时间对建筑工程的施工具有的重大意义。
13. 什么是水泥的安定性？安定性不良的水泥应如何处理？水泥安定性不良的原因有哪些？
14. 简述水泥运输与保管注意事项。
15. 什么是砌筑砂浆？它在砌体中有何作用？
16. 简述抹面砂浆的种类和作用。
17. 简述混凝土的概念，其组成材料各起什么作用？
18. 简述影响混凝土强度的因素及提高强度的措施。
19. 简述混凝土的碳化概念及碳化对混凝土的影响。
20. 砂浆与混凝土的和易性各包括哪些内容？
21. 测定砂浆与混凝土的强度时，它们的标准试件尺寸各是多少？
22. 欠火砖与过火砖有何区别？
23. 什么是烧结普通砖的泛霜和石灰爆裂？
24. 如何区别烧结多孔砖和烧结空心砖。
25. 为什么烧结普通砖被取代？
26. 建筑工程中常用的砌块有哪些，各适用在什么情况？
27. 普通碳素结构钢的牌号如何表示？其中Q195、Q215、Q235、Q255、Q275各有何特点和用途？
28. 低合金高强度结构钢的牌号如何表示？其中Q295、Q345、Q390、Q420、Q460各有何特点和用途？
29. 试用低碳钢拉伸的应力-应变曲线来描述低碳钢的变化过程。
30. 简述屈强比的大小对工程的意义。
31. 什么是钢材的冷弯性能？如何判断钢材的冷弯性能？
32. 什么是钢材的时效、自然时效和人工时效？时效有何优点？
33. 常用钢筋混凝土结构中的钢材有哪些？
34. 常用钢结构中的钢材有哪些？
35. 如何区别阔叶树和针叶树？
36. 简述含水率、平衡含水率和纤维饱和点的概念，并说明它们的重要意义。
37. 影响木材强度的主要因素是什么？
38. 何谓木材的综合利用？其有几种形式？
39. 石油沥青有哪些组分？各组分有何作用？
40. 简述石油沥青的技术性质及其指标。
41. 防水卷材应具备的性能是什么？常用的防水卷材有哪些？
42. 与传统的沥青防水卷材相比，SBS改性沥青防水卷材有何优点？
43. 什么是保温材料，什么是隔热材料？在工程中对保温隔热材料的性能有何要求？
44. 常用的保温隔热材料有哪些？
45. 隔绝固体声最有效的措施是什么？
46. 什么是塑料？它有哪些优点和缺点？在工程中有何用途？
47. 常用建筑塑料品种有哪些？
48. 常用塑料制品有哪些？
49. 玻璃有什么性质？
50. 什么是钢化玻璃、中空玻璃、磨砂玻璃和夹丝玻璃？它们各自的特点是什么？
51. 装饰材料的基本性质是什么？
52. 常用建筑装饰材料有哪些？

第二章

投 影 原 理

【学习目标】 掌握投影的概念、投影的分类、性质以及三视图的形成，理解点、线、面以及体的投影，掌握剖面图与截面图，了解轴测投影。

第一节 投影的基本知识

一、投影的概念

从日常生活中可以看到，在灯或者太阳的照射下，自然界中的物体如树木、建筑或者家具等都会在地面上或者墙上投下它的影子，如图 2-1 所示。如果假定光线从规定的方向投射出来，同时假定能够透过物体而不能透过物体的各个棱点和棱线，则物体的各个棱点和棱线都会在投影面上投下影子，这样形成的影子称为投影，如图 2-2 所示。这种用平面图形表示物体的形状和大小的方法称为投影法。

图 2-1 桌子的影子

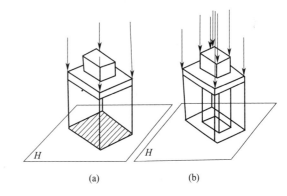

图 2-2 影子和投影

二、投影的分类

由投射线（光线）投射方式的不同，投影法可分为中心投影法和平行投影法两大类。

1. 中心投影法

投射线交汇于一点的投影法，称为中心投影法。用中心投影法绘制的形体，可度量性较差，如图 2-3 所示。

2. 平行投影法

投射线相互平行的投影方法，称为平行投影法。依据投射线与投影面之间相对位置的不同，平行投影法又分为正投影和斜投影。

（1）斜投影 当投射线倾斜于投影面时，所形成的平行投影为斜投影，如图 2-4 所示。

（2）正投影 当投射线垂直于投影面时，所形成的平行投影为正投影，如图 2-5 所示。

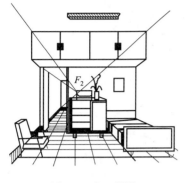

图 2-3 中心投影

由于正投影能真实地反映物体的大小和形状，形成的投影图具有可度量性，作图方便，因此在工程图样的绘制中得到了最广泛的使用。

三、平行投影的基本性质

1. 类似性

在一般情况下，点的投影仍为点，直线的投影仍是直线，平面图形的投影仍为原图形的类似形，如图 2-6 所示。

2. 从属性不变

点在一条直线上，点的投影必然在这条直线的同面投影上，如图 2-7 所示。

3. 简单比不变

直线 AB 上点 C 分 AB 为两段 AC、CB，$AC:CB=ac:cb$，如图 2-7 所示。

4. 平行性不变

空间两直线平行，则两直线上的投影平行，如图 2-8 所示。

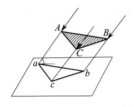

图 2-4 斜投影图

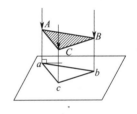

图 2-5 正投影

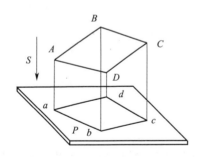

图 2-6 平行投影的类似性

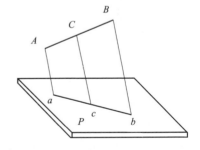

图 2-7 平行投影的从属性和简比性

5. 实形性

平行于投影面的直线，其投影反映直线的实长。平行于投影面的平面，其投影反映平面的实际大小，如图 2-9 所示。

6. 积聚性

直线与投影面垂直时，直线在该投影面上的投影积聚为一点。平面与投影面垂直时，其在该投影面上的投影积聚为一条直线，如图 2-10 所示。

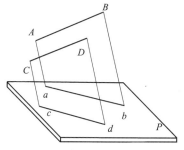
图 2-8 平行投影的平行性

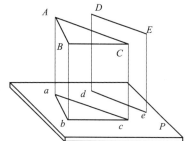
图 2-9 平行投影的实形性

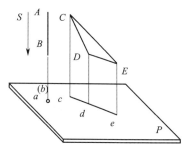
图 2-10 平行投影的积聚性

四、三视图的形成和特性

所有空间形体都有长、宽、高三个向度，而一个投影只反映其中两个向度，如图 2-11 所示。因此，只有一个投影一般尚不能确切、完整地表达物体的形状。

工程中常采用多面投影图来表达物体。多面投影图又称为视图。在建筑工程图中最常用的是三视图。

国家标准规定，绘制图样所使用的三个互相垂直的投影面，称为三面投影体系，如图 2-12 所示。其中，H 面称为水平投影面，简称水平面；V 面称为正立投影面，简称正面；W 面称为侧立投影面，简称侧面。

三个投影面两两相交，形成三条相互垂直的交线 OX、OY、OZ，这三条交线称为投影轴。三条交线的交点 O 称为原点。

图 2-11 空间形体投影

将形体放在三面投影体系中，形体的三个表面分别与三个投影面平行。然后分别向三个投影面投射，得到该形体在三个投影面上的三个投影，如图 2-13 所示。

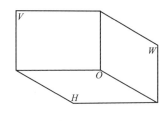
图 2-12 三面投影体系

那么如何将三个投影图画在一平面上呢？将三面投影体系中的 V 面固定不动，H 面绕 OX 轴向下旋转 90°，W 面绕 OZ 向右旋转 90°，此时，OY 轴被分为两条，H 面上的 OY 轴标记为 OY_H，W 面上的 OY 轴标记为 OY_W。展开后即为该形体的三面投影图（三视图），如图 2-14 所示。

通过观察三视图可以看到：H 面投影反映了形体的长度和宽度，以及形体前后、左右的相互关系；V 面投影反映了形体的高度和长度，以及形体左右、上下的相互关系；W 面投影反映了形体的高度和宽度，以及形体前后、上下的相互关系。

特别要引起注意的是，经过旋转变化后的 H 面和 W 面的投影图中形体前后相互关系的表达，与人们平时看图习惯不同，学习时应重视，并反复练习，熟练掌握。

三视图是用三个相互关联的二维图来表示一个三维的形体。所以，用来表示一个形体的三视图具有"长对正"（H 面和 V 面）、"高平齐"（V 面和 W 面）、"宽相等"（H 面和 W 面）的投影规律。

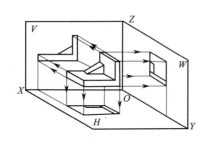
图 2-13 三面投影体系中的投影

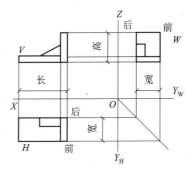
图 2-14 三面投影图

第二节　点、直线、平面的投影

一、点的投影

过空间点分别作垂直三个投影面的投射线，分别与 H 面相交于 a，与 V 面相交于 a'，与 W 面相交于 a''。此三交点 a、a'、a'' 即为空间点 A 在三面投影体系中的投影。

过三个投影点作垂直于三条投影轴的垂线，垂足分别是 a_x、a_y、a_z，如图 2-15 所示。

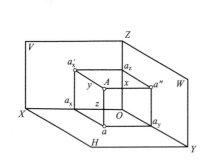
图 2-15 点的投影

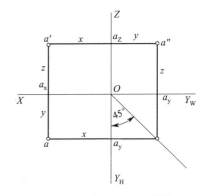
图 2-16 点的三面投影图

按规定旋转 H 面、V 面，即得点的三面投影图，如图 2-16 所示。

从图 2-16 中可见，直线 aa'、$a'a''$ 分别是 a 和 a'、a' 和 a'' 之间的投影连线；而通过 a 点的一段水平线和通过 a'' 的一段铅垂线共同组成 a 和 a'' 之间的投影连线，它们相交于过原点 O 的 45°辅助线。

1. 点的投影特性

根据正面投影的投影规律可知点的投影特性如下。

① 点的投影连线垂直于投影轴。

即 $aa' \perp OX$；$a'a'' \perp OZ$；$aa_y \perp OY_H$；$a''a_y \perp OY_W$。

② 点的投影到投影轴的距离，都反映空间点（A）到投影面的距离。

即 $a''a_z = aa_x = Aa' = y$

$a''a_y = a'a_x = Aa = z$

$aa_y = a'a_z = Aa'' = x$（长对正、高平齐、宽相等）

③ 点的投影到投影轴的距离，反映该点的坐标。

例 2-1 已知点 A 在 H 面、V 面的投影 a、a'，如图 2-17 所示，求其 W 面的投影。

解：

① 过 a' 点作 OZ 的垂线，垂足为 a_z。

② 在 $a'a_z$ 的延长线上取 $a''a_z = aa_x$ 得 a''，如图 2-18 所示。

2. 点与投影面的相对位置

① 空间点：不在任一投影面上的点（A），如图 2-19 所示。

② 投影面上的点：只在一个投影面上的点。如 V 面上的点 B、H 面上的点 C 和 W 面上的点 D，如图 2-20 所示。

③ 投影轴上的点：在两个投影面相交的投影轴上，如 OX 轴上的点 E、OY 轴上的点 F 和 OZ 轴上的点 G，如图 2-21 所示。

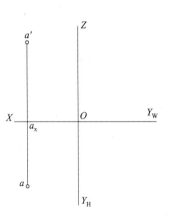

图 2-17 点 A 在 H 面、V 面的投影图

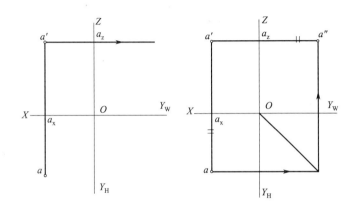

图 2-18 解题步骤

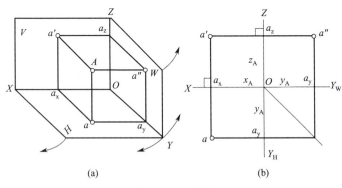

(a)   (b)

图 2-19 空间点

④ 与原点 O 重合的点：在三个投影面上的点，必与原点 O 重合。即是原点上的点 H，如图 2-22 所示。

3. 两点的相对位置

(1) 空间两点的相对位置 在三投影面体系中，点的每一个投影，只能反映左右、前后、上下之中的两对方向。V 面投影只能反映左右、上下；H 面投影只能反映左右、前后；

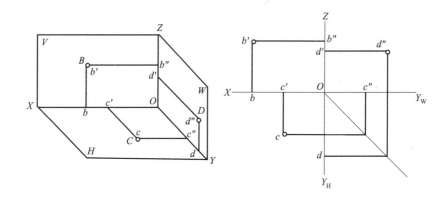

图 2-20 投影面上的点

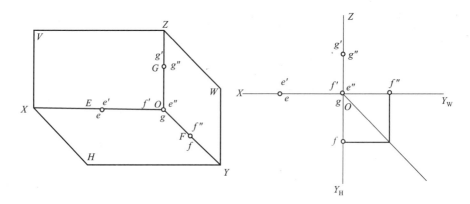

图 2-21 投影轴上的点

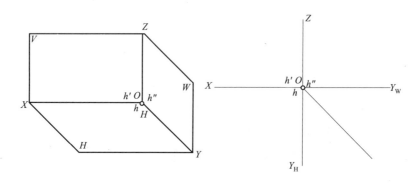

图 2-22 原点上的点

W 面投影只能反映前后、上下，如图 2-23 所示。

在投影图中，空间两点的相对位置，常用两点在投影面中的坐标差来判定。如图 2-23 中，B 点在 A 点之左（$x_A - x_B < 0$）、前（$y_A - y_B < 0$）、上（$z_A - z_B < 0$）。反之，B 点在 A 点之右（$x_A - x_B > 0$）、后（$y_A - y_B > 0$）、下（$z_A - z_B > 0$）。

（2）重影点　若两个点处于某一投影面的同一投射线上，则这两个点在这个投影面上的投影重合，称为这个投影面的重影点，如图 2-24 所示。

重影点有两个坐标值相同，一个坐标值不同。假如两点在 H 面重影，则该两点的 X、Y 坐标值相同，Z 坐标值不同。假如两点在 V 面重影，则该两点的 X、Z 坐标值相同，Y 坐

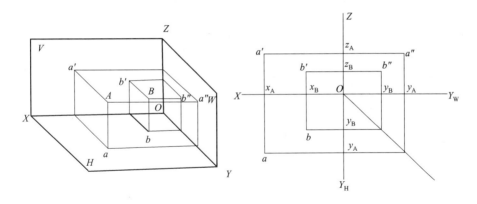

图 2-23 空间两点的相对位置

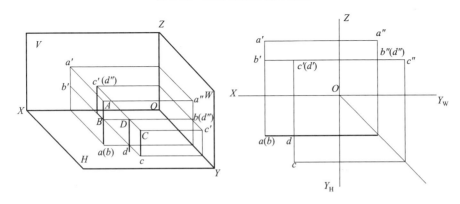

图 2-24 重影点

标值不同。假如两点在 W 面重影，则该两点的 Y、Z 坐标值相同，X 坐标值不同。

二、直线的投影

空间内的两点决定一条直线，直线的投影就是直线上两个点在同一投影面上投影的连线。

1. 直线的投影

直线的投影特性是由直线对投影面的相对位置决定的。直线对投影面的相对位置有以下三种情况。

（1）投影面平行线　仅平行于某一个投影面的直线，称为该投影面的平行线。

与 H 面平行的直线，称为水平线，如图 2-25 所示。

与 V 面平行的直线，称为正平线，如图 2-26 所示。

与 W 面平行的直线，称为侧平线，如图 2-27 所示。

从平行投影的特性可知，投影面平行线必具有下列投影规律。

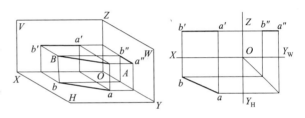

图 2-25 水平线的投影

① 直线在其平行的投影面上的投影反映线段的实长，该投影与投影轴的夹角，反映直

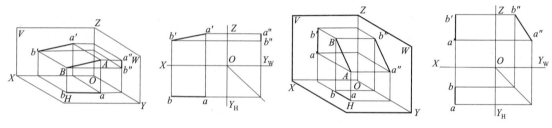

图 2-26 正平线的投影　　　　　　图 2-27 侧平线的投影

线与相应投影面的倾角。

② 其他投影均平行于相应的投影轴，但不反映实长。

（2）投影面垂直线　仅垂直于一个投影面的直线，称为投影面垂直线。

与 H 面垂直的直线，称为铅垂线，如图 2-28 所示。

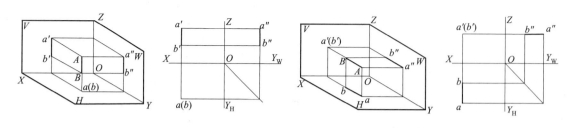

图 2-28 铅垂线的投影　　　　　　图 2-29 正垂线的投影

与 V 面垂直的直线，称为正垂线，如图 2-29 所示。

与 W 面垂直的直线，称为侧垂线，如图 2-30 所示。

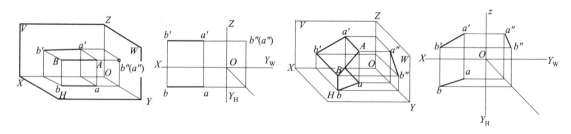

图 2-30 侧垂线的投影　　　　　　图 2-31 一般位置直线的投影

从投影的特性可知，投影面垂直线必具有下列投影规律。

① 直线在其垂直的投影面上的投影积聚为一点（投影的这种性质称为积聚性）。

② 其他两投影均垂直于相应的投影轴，且反映线段的实长。

（3）一般位置直线　与三个投影面都处于倾斜位置的直线，称为一般位置直线，如图 2-31 所示。

它具有下列投影特性。

① 直线的三个投影与各投影轴既不平行，也不垂直；任何投影与投影轴的夹角，均不反映直线与任何投影面的倾角。

② 直线的三个投影均小于实长，且无积聚性。

2. 直线上的点

直线 AB 上点 K 的投影一定在直线 AB 的投影上，如图 2-32 所示。

直线上点的投影具有以下投影特性。

(1) 从属性　点在直线上,则点的投影一定在直线的同面投影上。反之,如果点的各投影均在直线的同面投影上,则点必在直线上。

(2) 定比性　将直线分为两段成一定比例的点,其投影亦将此直线分为同一比例的两段。

3. 两直线的相对位置

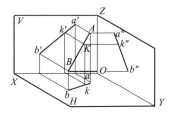

图 2-32　直线上点的投影

(1) 两直线平行　若空间两直线相互平行,则它们的同面投影也一定相互平行,如图 2-33 所示。

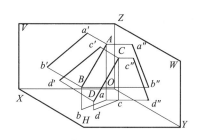 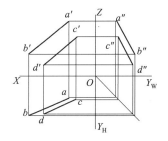

图 2-33　平行直线的投影

对两条一般位置直线来说,只要有任意两个同面投影相互平行,就可判定这两条直线在空间一定平行。但对两条同为某一投影面的平行线来说,则需从两直线在该投影面上的投影来进行判定。

例如判断图 2-34 中两直线 AB、CD 是否平行。

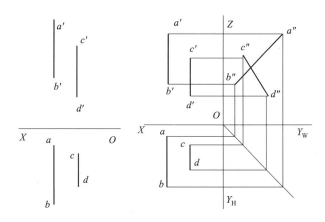

图 2-34　判断平行直线的投影

作这两直线的 W 面投影可知这两直线相互不平行。

(2) 两直线相交　如果两直线相交,则它们的同面投影必定相交,而且两直线各同面投影上交点的投影,符合点的投影规律,如图 2-35 所示。

反之,如果两直线各同面投影都相交,而且各投影的交点符合点的投影规律,则这两条直线在空间必定相交。

(3) 两直线交叉　既不平行,也不相交的两直线,称为两直线交叉。因此,两交叉直线的投影,既不具备两直线平行的投影特性,也不具备两直线相交的投影特性。

57

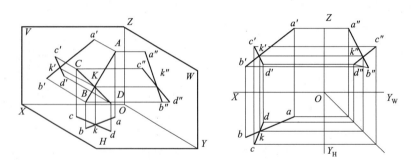

图 2-35 相交直线的投影

如图 2-36 所示,直线 AB 与 CD 在 H 面和 V 面上的投影 ab 与 cd、$a'b'$ 与 $c'd'$ 在投影面上都有交点,但这两点的连线与 OX 轴不垂直,即不符合点的投影规律。由此可判定 AB 和 CD 两直线为交叉。

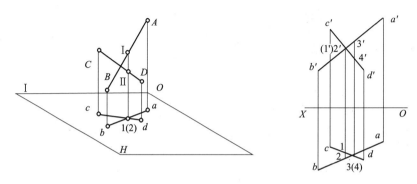

图 2-36 交叉直线的投影

(4)两直线垂直的投影 两直线相交(或交叉)垂直,在一般情况下,它们的投影均不反映直角。只有当一条直线平行于某一投影面时,它们在该投影面上的投影才反映直角。

如果空间两直线垂直相交,其中一直线平行于某一投影面,则这两条直线在该投影面上的投影,仍相互垂直,如图 2-37 所示。

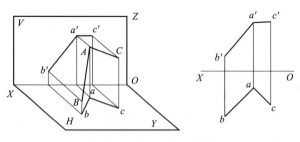

图 2-37 垂直直线的投影

三、平面的投影

1. 平面的表示法

(1)几何元素表示法 由初等几何可知,确定一个平面可以用下列任一组几何元素的投

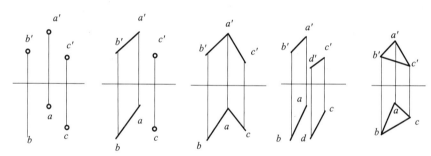

(a) 不在同一直线上的三点　(b) 一直线和线外一点　(c) 两相交直线　(d) 两平行直线　(e) 平面图形

图 2-38　几何元素表示法

影来表示，如图 2-38 所示。

① 不在同一直线上的三点。

② 一直线和线外一点。

③ 两相交直线。

④ 两平行直线。

⑤ 平面图形。

（2）迹线表示法　平面 P 与投影面 H、V、W 的交线 P_H、P_V、P_W 称为平面的迹线。与 H 面的交线 P_H，称为水平迹线；与 V 面的交线 P_V，称为正面迹线；与 W 面的交线 P_W，称为侧面迹线。

这三条迹线中的任意两条都可以确定一平面的空间位置。因为平面的任意两条迹线都相交于相应的投影轴，所以用两条迹线表示平面，也可以看成是用两条相交直线表示平面。两者的区别在于，用迹线表示平面省去了迹线在投影轴上的投影，如图 2-39 所示。

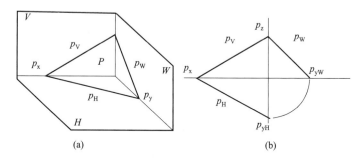

图 2-39　迹线表示法

2. 平面与投影面的相对位置

平面与投影面的相对位置可以分为三种情况：投影面平行面、投影面垂直面和一般位置平面。

（1）投影面平行面　凡与一个投影面平行的平面，统称投影面平行面。平行于 H 面的平面，称为水平面；平行于 V 面的平面，称为正平面；平行于 W 面的平面，称为侧平面。

其投影特性如下。

① 在其所平行的投影面上的投影反映该图形实形，与该投影面的夹角为 0°。与其他两个投影面的夹角分别 90°。

② 在其他两个投影面上的投影，积聚成直线且平行于相应的投影轴。

(2) 投影面垂直面　凡只与一个投影面垂直的平面，统称为投影面垂直面。垂直于 H 面的平面，称为铅垂面；垂直于 V 面的平面，称为正垂面；垂直于 W 面的平面，称为侧垂面。

其投影特性如下。

① 在其所垂直的投影面上的投影积聚成一条直线，与该投影面的夹角为 $90°$，该积聚直线与投影轴的夹角反映该平面与其他两个投影面的夹角。

② 在其他两个投影面上的投影，为与该图形相类似的图形，简称类似形。

(3) 一般位置平面　凡与三个投影面均处于倾斜位置的平面，统称为一般位置平面。

因为一般位置平面与各投影面均处于倾斜位置，所以平面图形的三个投影均不反映实形，也无积聚性，而是原图形的类似形。

3. 平面上的点、直线和图形

(1) 特殊位置平面上的点、直线和图形　从上面已讲述的特殊位置平面的投影特性可知：特殊位置平面上的点、直线和图形，在该平面的有积聚性的投影所在的投影面上的投影，必定积聚在该平面的有积聚性的投影上。利用这个投影特性，可以求作特殊位置平面上的点、直线和图形的投影。

(2) 一般位置平面上的点、直线和图形　点和直线在平面上的几何条件是：平面上的点，必在该平面的直线上；平面上的直线必通过平面上的两点；或通过平面上的一点，且平行于平面上的另一直线。

在投影图中作平面上的点和直线，以及检验点和直线是否在平面上的作图方法，都是以上述几何条件为依据的。

第三节　体　的　投　影

一、基本形体三视图

基本形体按其表面的组成通常分成两大类：平面立体和曲面立体。

平面立体是指其表面皆为平面的立体，如棱柱体和棱锥体；曲面立体是指其表面是曲面的立体，如圆柱、圆锥、球以及圆环等。

构成平面体的所有表面投影的总和称为平面体的投影。作平面立体的投影就是画出各个表面的投影，或者说是绘制其各表面的交线（棱线）及各顶点（棱线交点）的投影。

1. 棱柱

图 2-40 所示是一个六棱柱，它是由上下两正六边形和六个矩形的侧面所围成的。上面、下面均为水平面，它们的 H 面投影反映实形，V 面及 W 面投影积聚为一直线。棱柱有六个侧棱面，前后棱面为正平面，它们的 V 面投影反映实形，H 面投影及 W 面投影积聚为一直线。棱柱的其他四个侧棱面均为铅垂面，H 面投影积聚为直线，V 面投影和 W 面投影为类似形。

作投影图时，先画出中心对称线，再画出六棱柱的水平投影即正六边形，再根据投影关系画其正面投影和侧面投影，最后按投影规律画六条棱线的正面投影和侧面投影，并区分线面的可见性。

在平面立体表面上取点，其原理和方法与平面上取点相同。

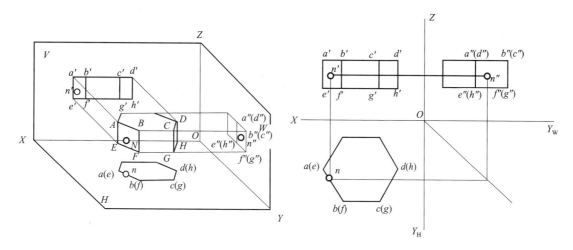

图 2-40 六棱柱的投影

① 棱柱表面都处于特殊位置,其表面上的点可利用平面的积聚性求得。
② 求解时,注意水平投影和侧面投影的 y 值要相等。
③ 点的可见性的判断,面可见,点则可见,反之不可见。

2. 棱锥

棱锥表面由底面和侧棱面构成。棱锥的棱线汇交于一点,该点称为锥顶。图 2-41 所示为一正三棱锥,锥顶 S,其底面为 $\triangle ABC$,呈水平位置,H 面投影 $\triangle abc$ 反映实形。棱面 $\triangle SAB$、$\triangle SBC$ 是倾斜面,它们的各个投影均为类似形,棱面 $\triangle SAC$ 为侧垂面,其 W 面投影 $s''a''(c'')$ 积聚为一直线。底边 AB、BC 为水平线,AC 为侧垂线,棱线 SB 为侧平线,SA、SC 为倾斜线,它们的投影可根据不同位置直线的投影特性进行分析。作投影图时先画反映实形的底面的水平投影,再画底面的正面投影和侧面投影,然后画锥顶的三面投影,最后画棱线的三面投影。

棱锥表面上点的投影可在平面上作辅助线进行求解,如图 2-42。

3. 圆柱

圆柱表面由圆柱面和顶面、底面所组成。圆柱面是由一直母线绕与之平行的轴线回转而成的。如图 2-43 所示,圆柱的轴线垂直于 H 面,其上下底圆为水平面,水平投影反映实形,其

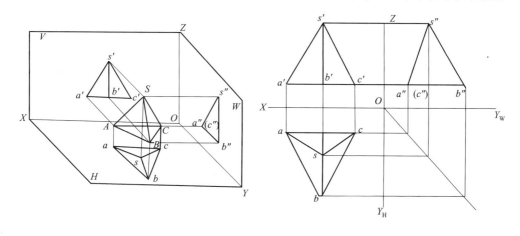

图 2-41 棱锥的投影

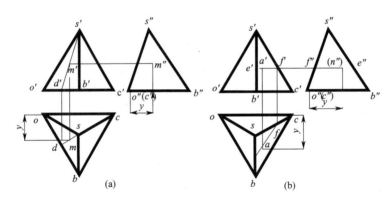

图 2-42 棱锥表面上取点

正面和侧面投影重影为一直线。而圆柱面则用曲面投影的转向轮廓线表示。在圆柱的 V 面投影中，前、后两半圆柱面的投影重合为一矩形，矩形的两条竖线分别是圆柱的最左、最右素线的投影，也是前、后两半圆柱面分界的转向线的投影。在圆柱的 W 面投影中，左、右两半圆柱面的投影重合为一矩形，矩形的两条竖线分别是圆柱的最前、最后素线的投影，也是左、右两半圆柱面分界的转向线的投影。矩形的上、下两条水平线则分别是圆柱顶面和底面的积聚性投影。

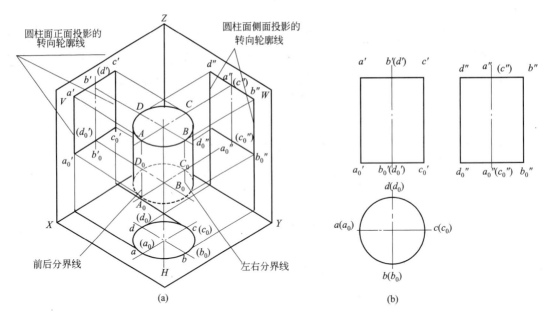

图 2-43 圆柱的投影

轴线处于特殊位置的圆柱，其圆柱面在轴线所垂直的投影面上的投影有积聚性，其顶、底圆平面的另两投影有积聚性。因此，在圆柱面上取点、线，均可利用积聚性作图，如图 2-44 所示。

4. 圆锥

圆锥表面由圆锥面和底圆组成。它是一母线绕与它相交的轴线回转而成的。将圆锥置于三投影面体系中，使轴线垂直于 H 面，如图 2-45 所示。用正投影法将圆锥分别向 H、V、W 面投射：圆锥的 H 面投影为圆，它既是底面的投影（反映实形），也是圆锥面的投影（注意：圆锥面的投影没有积聚性）；圆锥的 V、W 面投影均为等腰三角形。

轴线处于特殊位置的圆锥，只有底面的两投影有积聚性。因此，在圆锥表面取点、线，除处于圆锥转向轮廓线上的特殊点或底圆平面上的点，可以直接求出外，而其余处于圆锥表面上一般位置的点，则必须用辅助线（素线法或纬圆法）作图，并表明可见性，如图 2-45 所示。

5. 球

圆球的表面是圆球面，它是由圆母线绕其直径旋转形成的。圆球表面没有直线。

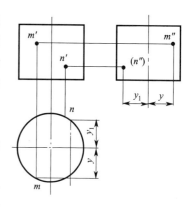

图 2-44　圆柱表面上取点

圆球的投影是与圆球直径相同的三个圆，这三个圆分别是三个不同方向球的轮廓的素线圆投影，不能认为是球面上同一圆的三个投影。由于圆球的三个投影均无积聚性，所以在圆球表面上取点，除属于转向轮廓线上的特殊点可直接求出外，其余处于一般位置的点，都需要辅助线（纬线）作图，并表明可见性，如图 2-46 所示。

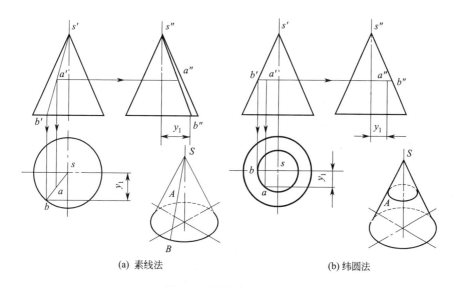

(a) 素线法　　　　　　　(b) 纬圆法

图 2-45　圆锥表面上取点

6. 圆环

圆环可看成是以圆为母线，绕与它在同一平面上的轴线旋转而形成的。将圆环置于三投影面体系中，使轴线垂直于 H 面，用正投影法将圆环分别向 H、V、W 面投射：圆锥的 H 面投影为圆环（母线圆的轮廓线），圆环的 V、W 面投影也均为转向轮廓线，圆环表面上取点利用辅助圆求点的投影，如图 2-47 所示。

二、组合体三视图

由两个或两个以上的基本体按一定的方式所组成的物体称为组合体。组合体是由基本体组合而成的，常见的组合方式有叠加、挖切和综合三类。

1. 组合体的组合形式

（1）叠加型　由几个简单形体叠加而形成的组合体称为叠加型组合体。

（2）切割型　一个基本体被切去某些部分后形成的组合体称为切割型组合体。

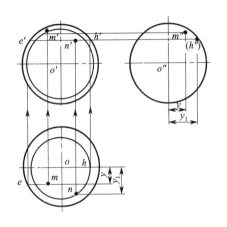
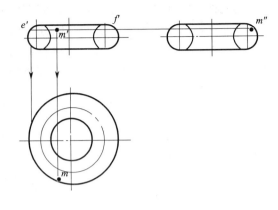

图 2-46 球表面上取点　　　　　图 2-47 圆环表面上取点

（3）综合型　既有叠加，又有切割而形成的组合体称为综合型组合体。它是组合体最常见的组合形式。

2. 组合体表面连接关系

（1）不平齐　两形体表面不平齐时，两表面投影的分界处应用粗实线隔开。

（2）平齐　两形体表面平齐时，构成一个完整的平面，画图时不可用线隔开。

（3）相切　相切的两个形体表面光滑连接，相切处无分界线，视图上不应该画线。

（4）相交　两形体表面相交时，相交处有分界线，视图上应画出表面交线的投影。

3. 组合体三视图的识读

（1）形体分析法　形体分析法的实质是：分部分想形状，合起来想整体，由整体到局部，由局部到整体。具体使用的分析方法有以下几种。

① 几个视图对照起来看。如图 2-48 所示。

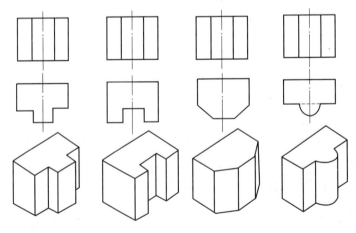

图 2-48 几个视图对照起来看

② 对组合体拆分后进行读图。如图 2-49 所示。

例 2-2　对支架进行读图的步骤和过程。

解：具体分析如图 2-50 所示。

在看懂图 2-50 所示的支架各部分的基础上，归纳后得出该支架的实际结构如图 2-51 所示。

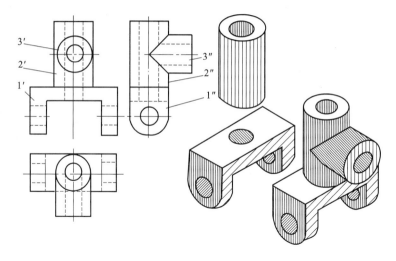

图 2-49　组合体拆分读图

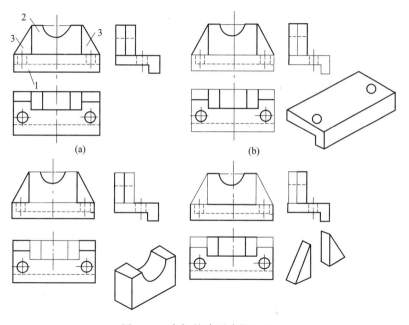

图 2-50　支架的读图步骤和过程

（2）基础形体法　基础形体法就是根据视图的形状，先想大的整体，先不考虑孔槽和局部结构，看懂大的形体结构各部分组合的情况。在想象出基础形体的情况下，再深入到局部细节。

具体来讲，基础形体法就是"先大后小，先粗后细。"

例 2-3　图 2-52 中，已知主视图和俯视图，补画左视图。

解：根据图 2-52 所示主视图、俯视图的情况，先大致想象出组成该形体的形状。

在图 2-52 的基础上，进一步考虑细节，得出图 2-53 所示补画出的三视图。

（3）线面分析法　在读图时，对于采用切割法形成的组合体，一般采用线面分析法。在利用线面分析法读、画图时，要注意视图中线条、线框的含义。

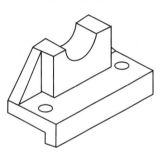

图 2-51　支架的实际结构

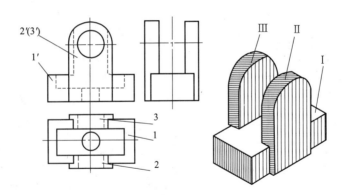

图 2-52 采用基础形体法分析

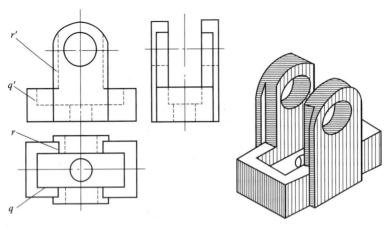

图 2-53 想象细节

① 视图中线条的含义。视图中线条的含义如图 2-54 所示。
② 视图中线框的含义。视图中线框的含义如图 2-55 所示。
③ 用线面分析法读图的步骤。

a. 如图 2-56(a) 所示，该组合体基本属于切割式立体，在读图时可以想象该立体由一个长方体切割而成。

b. 如图 2-56(b) 所示，P 是一个水平面。

c. 如图 2-56(c) 所示，Q 是一个侧垂面。

d. 如图 2-56(d) 所示，R 是一个正垂面。

e. 如图 2-56(e) 所示，AB 是一条侧垂线。

依照上述几个面和一条线的分析方法，可以逐一地对该组合体的各个部分

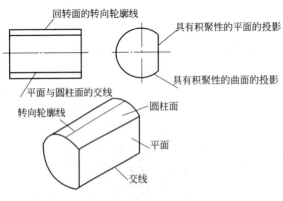

图 2-54 视图中线条的含义

进行分析，构思立体的整体形状如图 2-56(f) 所示。

④ 根据以上的读图过程，可以得出用线面分析法读图的步骤如下。

第二章 投影原理

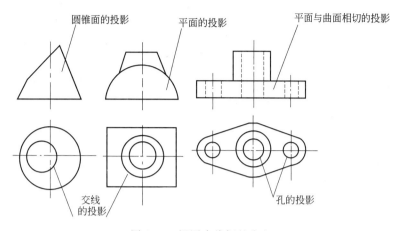

图 2-55 视图中线框的含义

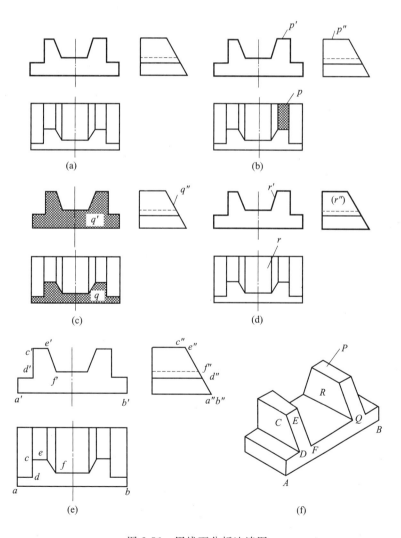

图 2-56 用线面分析法读图

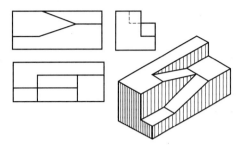

a. 分线框，对投影（根据三等关系找出线、面的各投影）。

b. 按照投影想象形状，定位置（想象出线、面的形状及其对投影面的相对位置）。

c. 综合起来想出整体。

（4）利用立体图帮助看图　具体情况如图 2-57 所示。

图 2-57　利用立体图帮助看图

（5）读图时注意形状特征和位置特征　如图 2-58(a) 所示，主视图是形状特征视图，左视图是位置特征视图，只有这样考虑，才能得出在倒 U 形块的上前部叠加了一个圆柱体，下部开挖了一个矩形的通孔。具体形状如图 2-58(b) 所示。

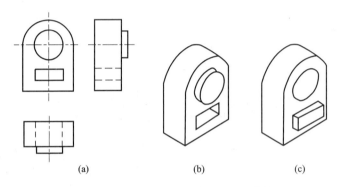

图 2-58　读图时注意形状特征和位置特征

如果不按照形状、位置特征来考虑，很容易得出图 2-58(c) 所示的立体形状，显然，这样是不对的。

（6）读图时注意虚线　如图 2-59 所示，两个主视图的形状一样，所不同的是一个有虚线，一个没有虚线，因此，所得出的具体形状如图中的立体图所示。

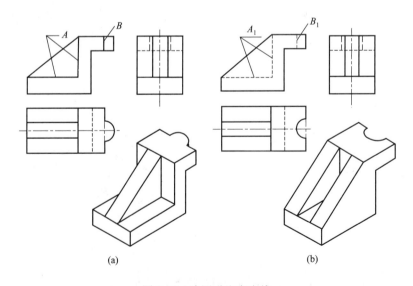

图 2-59　读图时注意虚线

第四节 剖面图与截面图

一、剖面图的概念和种类

1. 剖面图的概念

在形体的视图中，可见的轮廓线绘制成实线，不可见的轮廓线绘制成虚线。因此，对于内部形状或构造比较复杂的形体，势必在投影图上出现较多的虚线，使得实线与虚线相互交错而混淆不清，也不便于标注尺寸。为了解决这一问题，工程上常采用作剖面的办法，即假想用剖切面在形体的适当部位将形体剖开，移去剖切面与观察者之间的部分形体，把原来不可见的内部结构变为可见，将剩余的部分投射到投影面上，这样得到的投影图称为剖面图，简称剖面，如图 2-60 所示。

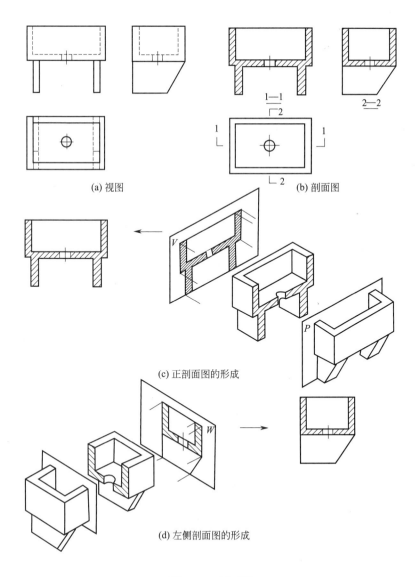

图 2-60 剖面图

2. 剖面图的标注

（1）剖切位置　形体的剖切平面位置应根据表达的需要来确定。为了完整清晰地表达内部形状，一般来说，剖切平面通过门、窗或孔、槽等不可见部分的中心线，且应平行于剖面图所在的投影面。如果形体具有对称平面，则剖切平面应通过形体的对称平面。

（2）剖面的剖切符号与剖面图的名称　剖面图中的剖切符号由剖切位置线和投射方向线两部分组成，剖切位置线用 6～10mm 长的粗短画线表示，投射方向线用 4～6mm 长的粗短画线表示。

剖面剖切符号的编号宜采用阿拉伯数字，并水平地注写在投射方向线的端部。

剖面图的名称应用相应的编号，水平注写在相应剖面图的下方，并在图名下画一条粗实线，其长度以图名所占长度为准，如图 2-60(b) 所示。

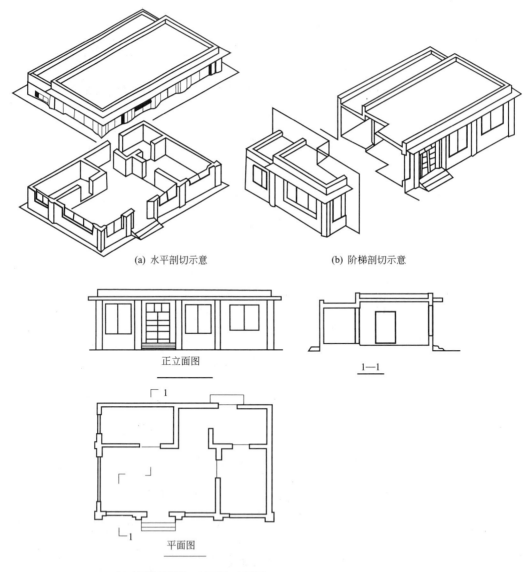

(a) 水平剖切示意　　(b) 阶梯剖切示意

(c) 房屋的平面图、立面图、剖面图

图 2-61　房屋的剖面图

3. 剖面图的种类

（1）全剖面图　用一个平行于基本投影面的剖切平面，将形体全部剖开后画出的图形称为全剖面图。显然，全剖面图适用于外形简单、内部结构复杂的形体。

全剖面图一般应标注出剖切位置线、投射方向线和剖面编号，如图 2-61 所示。

（2）阶梯剖面　用两个或两个以上平行的剖切面将形体剖切后投影得到剖面图的方法称为阶梯剖切方法。如图 2-61 所示的 1—1，即为阶梯剖。

（3）半剖面图　当形体具有对称平面时，在垂直于该对称平面的投影面上投射所得到的图形，可以对称中心线为界，一半画成剖面图，另一半画成外形视图，这样组合而成的图形称为半剖面图，如图 2-62 中的 1—1 所示。

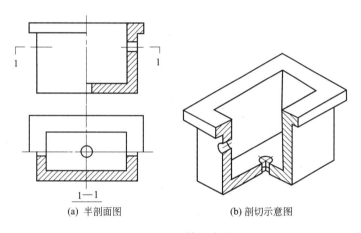

(a) 半剖面图　　　　　(b) 剖切示意图

图 2-62　工程形体的半剖面图

（4）局部剖面图　将形体局部地剖开后投射所得的图形称为局部剖面图。显然，局部剖面图适用于内外结构都需要表达，且又不具备对称条件或仅局部需要剖切的形体。局部剖面图一般不需标注。

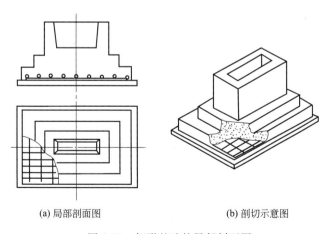

(a) 局部剖面图　　　　　(b) 剖切示意图

图 2-63　杯形基础的局部剖面图

（5）分层局部剖面图　对建筑物结构层的多层构造可用一组平行的剖切面按构造层次逐层局部剖开。这种方法常用来表达房屋的地面、墙面、屋面等处的构造，如图 2-64 所示。

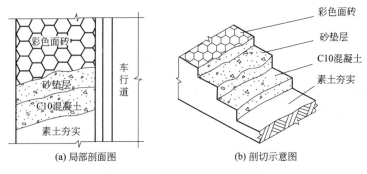

(a) 局部剖面图　　　　　　(b) 剖切示意图

图 2-64　人行道分层局部剖面图

二、截面图的概念和种类

1. 截面图的概念

假想用剖切平面将机构的某处剖断，移去观察者之间的部分，将剩下的部分向投影面作投影，但只画出剖面部分，得到的视图称为截面图。一般用剖切符号表示剖切位置，并注上字母，在剖面图上方应用相同的字母标出相应的名称"X—X"。截面图与剖视图的区别，如图 2-65 所示。

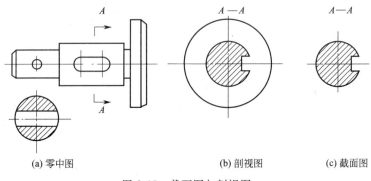

(a) 零中图　　　　　　(b) 剖视图　　　　　　(c) 截面图

图 2-65　截面图与剖视图

2. 截面图的种类

截面图分为移出截面图和重合截面图两类。

(1) 移出截面图　画在视图外的剖面，称为移出截面图，如图 2-66 所示。

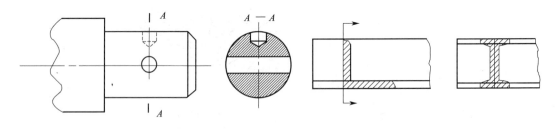

图 2-66　移出截面图　　　　　　图 2-67　重合截面图

(2) 重合截面图　画在视图内的剖面，称为重合截面图。重合剖面的轮廓线用细实线绘制。当视图中的轮廓线与重合断面的轮廓线重叠时，视图中的轮廓线应完整地画出，不可间断，如图 2-67 所示。

第五节 轴测投影

多面正投影图如图 2-68(a) 所示，其优点是作图较简单和度量性好，它可以完全确定物体的形状和大小，根据这种图样制造出所表示的物体。因此，工程上广泛采用。但缺点是立体感差，缺乏看图基础的人难以看懂。

因此，工程上有时也采用富有立体感、但作图较繁和度量性差的单面投影图（即轴测图）作为辅助图样，帮助人们看懂多面正投影图，以弥补多面正投影的不足，如图 2-68(b) 所示。

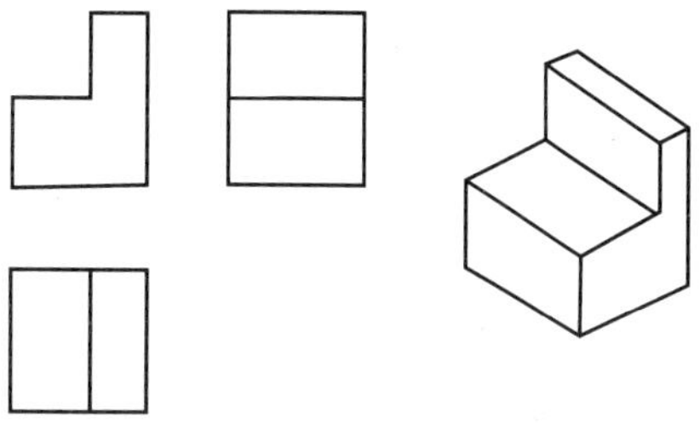

(a) 多面正投影　　(b) 轴测投影

图 2-68　轴测投影与多面正投影比较

一、轴测投影的概念和种类

轴测投影属于一种单面平行投影，用轴测投影法绘出的图称为轴测投影图。其突出的优点是具有较强的直观性。

1. 轴测投影的形成

用平行投影法将物体连同确定该物体的直角坐标系一起沿不平行于任一坐标平面的方向投射到一个投影面上，所得到的图形称为轴测投影，简称轴测图。图 2-69 所示为物体在平面上的投影。

投影面 P 称为轴测投影面；投射线 S 的方向称为投射方向；空间坐标轴 OX、OY、OZ 在轴测投影面上的投影 O_1X_1、O_1Y_1、O_1Z_1 称为轴测投影轴，简称轴测轴。

2. 轴测投影的基本性质

① 空间平行两直线，其投影仍保持平行。

② 空间平行于某坐标轴的线段，其投影长度等于该坐标轴的轴向伸缩系数与线段长度的乘积。

3. 轴测投影的种类

① 正轴测投影：投射方向垂直于轴测投影面。

② 斜轴测投影：投射方向倾斜于轴测投影面。

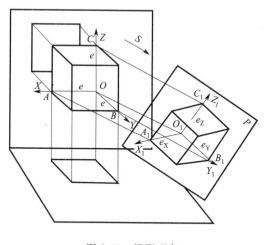

图 2-69　投影现象

4. 轴测轴的位置和轴向变形系数

如图 2-69 所示，O_1X_1、O_1Y_1、O_1Z 为轴测轴。轴测轴之间的夹角称为轴间角。轴测单位长度与空间坐标单位长度之比，称为轴向变形系数。

沿 O_1X_1 轴的轴向变形系数 $p=O_1A_1/OA$

沿 O_1Y_1 轴的轴向变形系数 $q=O_1B_1/OB$

沿 O_1Z_1 轴的轴向变形系数 $r=O_1C_1/OC$

显然，轴间角的大小和轴向变形系数，随坐标轴 OX、OY、OZ 对平面 P 的倾斜程度及轴测投影的方向 S 的不同而有所不同。

二、正轴测图

正轴测投影根据变形系数的不同分为以下三种。

① 正等轴测投影：$p=q=r$

② 正二等轴测投影：$p=r\neq q$

③ 正三轴测投影：$p\neq q\neq r$

1. 正等轴测投影

正等轴测投影轴向变形系数 $p=q=r\approx 0.82$，如图 2-70(a) 所示。实际作图常采用简化轴向变形系数：$p=q=r=1$。用简化系数画出的正等轴测图约放大了 $1/0.82\approx 1.22$ 倍，如图 2-70(b) 所示。

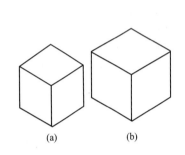

图 2-70　正等轴测投影与轴向变形系数

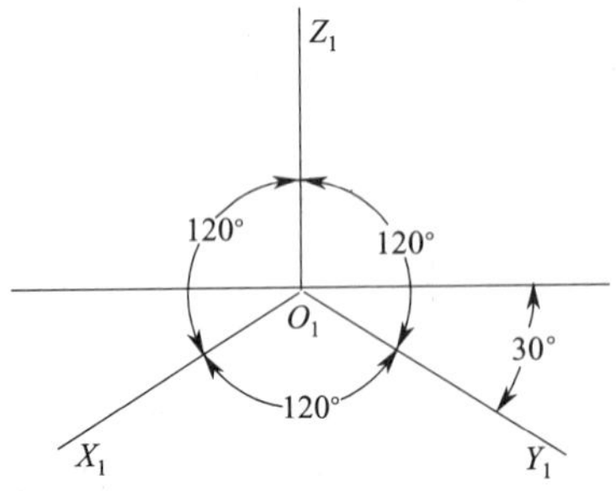

图 2-71　正等轴测投影的轴间角

正等轴测投影的轴间角均为 $120°$，如图 2-71 所示。

2. 正二等轴测投影

正二等轴测图比正等轴测图较符合视觉习惯，图形逼真，但作图较为繁琐。轴向变形系数 $p=r=2q$，即 $p=r=0.94$，$q=0.47$。

实际作图常采用简化轴向变形系数：$p=r=1$，$q=0.5$。

用简化轴向变形系数画出的正二等轴测图较准确，画法略有放大，即增大 $1/0.94=1.06$ 倍，轴间角 $\angle X_1O_1Z_1=97°10'$，$\angle X_1O_1Y_1=131°25'$。

3. 正轴测投影图的基本画法

由投影图绘制轴测图时，应注意以下几点。

① 看懂投影图，并进行形体分析。

② 确定坐标原点位置。一般定在物体的对称轴上且放在顶面或底面比较有利，然后画出轴测轴。

③ 优先确定物体在轴测轴上的点和线的位置，并运用平行投影特性作图，非投影轴平行线，不可直接测量。一般由上而下逐步完成，不可见部分，一般省略不画。

三、斜轴测图

1. 斜轴测投影的基本概念

用斜投影法得到的轴测投影称为斜轴测投影，特点如下。

① 轴测投影面 P 平行于 XOZ 坐标面。

② 投影方向不应平行于任何坐标面。

③ 凡是平行于 XOZ 坐标面的平面，其斜轴测投影均反映实形。

2．斜轴测投影分类

① 斜等轴测投影：$p=q=r$。

② 斜二等轴测投影：$p=r\neq q$。

③ 斜三轴测投影：$p\neq q\neq r$。

3．斜二等轴测投影

斜二等轴测投影的变形系数为 $p=r=1$，$q=0.5$；轴间角 $\angle XOZ=90°$、$\angle XOY=\angle YOZ=135°$，如图 2-72 所示。

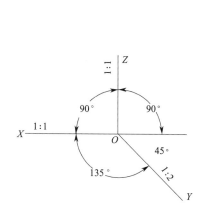

图 2-72 斜二等轴测投影轴间角

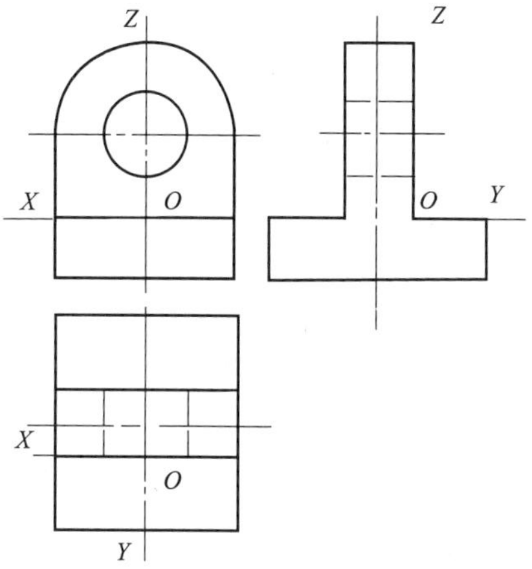

图 2-73 组合体的三视图

例 2-4 画出图 2-73 所示物体的斜二等轴测图。

解：作图过程如图 2-74 所示。

① 在正投影图上选定坐标轴。

② 画出轴测轴的位置，定出圆孔的圆心 O，并画出前表面。

③ 画出与前表面相同的后表面。画半圆柱的轮廓线时应作前后两个半圆的公切线。

④ 画物体的下半部分，擦去多余线，加深后即为所求斜二等轴测图。

⑤ 该物体的斜二等轴测图也可画成图 2-74(c) 的形式。

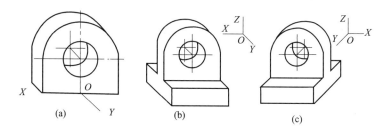

图 2-74 组合体的斜轴测图

复 习 思 考 题

1．投影的概念？

2．什么是正投影、斜投影？

3. 平行投影的性质?
4. 三视图是怎么形成的?
5. 剖面图的概念和种类?
6. 截面图的概念和种类?
7. 轴测投影的概念和种类?

第三章 建筑工程图识读

【学习目标】 掌握建筑图的分类以及图纸中常用的符号和记号,能够识读总平面图、建筑平面图、建筑立面图、建筑剖面图以及建筑详图,了解结构施工图内容,并且能够进行识读。

第一节 识读工程图的一般知识

一、建筑图的分类

房屋建筑工程图是表达房屋的造型和构造情况的图样,简称房屋建筑图。房屋建筑图的内容很多,专业性很强。房屋建筑工程大致分为设计与施工两大基本程序,房屋建筑设计按初步设计和施工图设计两阶段进行。初步设计的图样是上级批准基建投资的重要依据,施工图设计的图样(简称施工图)则是组织、指导施工及编制施工图预算、进行各项经济技术管理的主要依据。施工图设计经审定签发后,具有法律效力,任何人不得随意更改。

一套施工图,根据内容和作用的不同,一般分为下列三类。

① 建筑施工图(简称建施)。包括首页图、总平面图、平面图、立面图、剖面图和构造详图。

② 结构施工图(简称结施)。包括结构布置平面图和结构构件详图。

③ 设备施工图(简称设施)。包括给排水、采暖通风、电气照明等设备的布置平面图和详图。

一般整套施工图样按图样目录、设计总说明、建施、结施、设施的次序编排。各专业工种施工图样的排列次序一般是:全局性图样(表明全局性内容的平面图、立面图、剖面图等)在前,局部性图样(表明工程中某一局部或某一配件的图样,如楼梯图、门窗图等)在后。

二、图纸中常用的符号与记号

1. 比例

图样的比例是指图形与实物相对应的线性尺寸之比。比例的大小,系指比值的大小,如 1∶50 大于 1∶100。比例应以阿拉伯数字表示,写在图名右侧或图样标题栏内,如"平面图 1∶100"。

2. 图例

图例是一种图形符号,用来表明建筑物、建筑材料、建筑配件及设备等。图例所表示的内容,就是图样的语言,只有熟悉图例,才能顺利地阅读图样。

① 常用建筑总平面图的图例见表 3-1。

表 3-1　总平面图图例

名　称	图　例	说　明
新设计建筑物	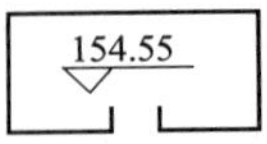 154.55	①比例＜1∶2000 时，可以不画出入口 ②需要时可在右上角以点数或数字表示层数
原有的建筑物	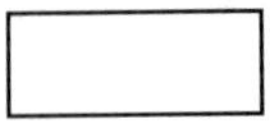	在设计中拟利用者，均应编号说明
计划扩建的预留地或建筑物		用细虚线表示
拆除的建筑物	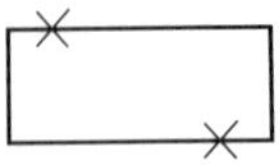	
地下建筑物或构筑物		
围墙	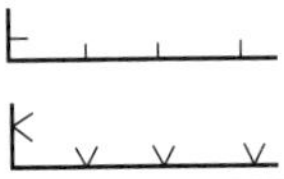	上图表示砖石、混凝土、金属材料围墙 下图表示镀锌铁丝网、篱笆围墙
坐标	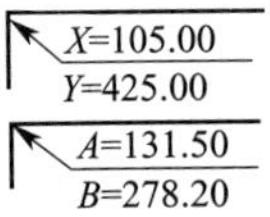 X=105.00 Y=425.00 A=131.50 B=278.20	上图表示测量坐标 下图表示建筑坐标
道路	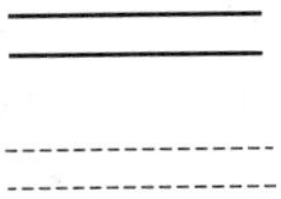	上图表示原有道路 下图表示计划道路
桥梁	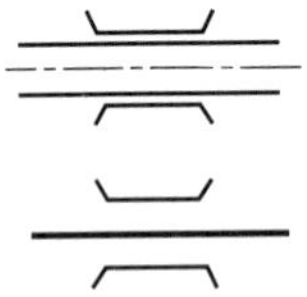	上图表示公路桥 下图表示铁路桥
室外整平标高	▼140.00	
挡土墙		被挡土在"突出"的一侧
烟囱	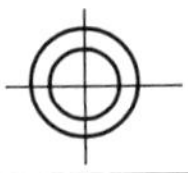	必要时，可注写烟囱高度和用细虚线表示烟囱基础
台阶	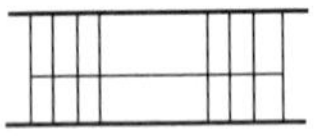	箭头方向表示下坡
设计的填挖边坡	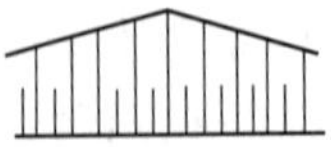	边坡较长时，可在一端或两端局部表示
护坡	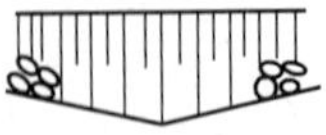	
河流	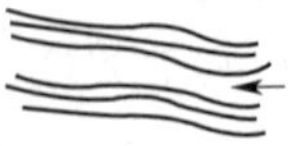	

续表

名　　称	图　例	说　明
等高线	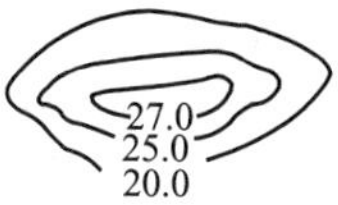	
风向频率玫瑰图	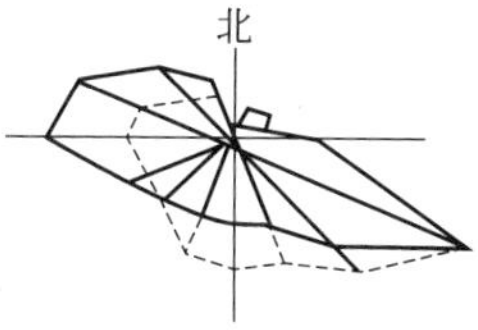	图中实线表示全年的风向及频率,虚线表示夏季的风向与频率。对外工程图中,"北"字写成"N"。

② 常用建筑材料图例见表 3-2。

表 3-2　常用建筑材料图例（部分）

名　　称	图　例	备　注
自然土壤		包括各种自然土壤
夯实土壤	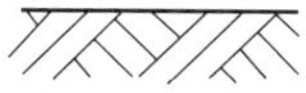	
砂、灰土		靠近轮廓线绘较密的点
砂砾石、碎砖三合土	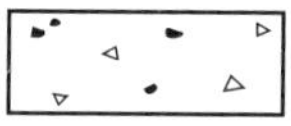	
石材	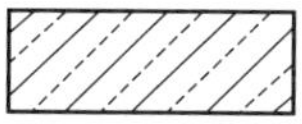	
毛石		
普通砖	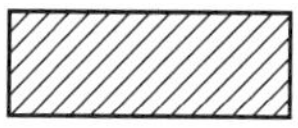	包括实心砖、多孔砖、砌块等砌体。断面较窄不易绘出图例线时,可涂红
耐火砖	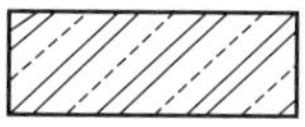	包括耐酸砖等砌体
空心砖		指非承重砖砌体
饰面砖	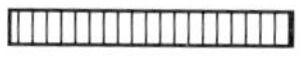	包括铺地砖、马赛克砖、陶瓷锦砖、人造大理石等
焦渣、矿渣	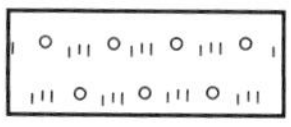	包括与水泥、石灰等混合而成的材料
混凝土		①本图例指能承重的混凝土及钢筋混凝土 ②包括各种强度等级、骨料、添加剂的混凝土 ③在剖面图上画出钢筋时,不画图例线 ④断面图形小,不易画出图例线时,可涂黑
钢筋混凝土	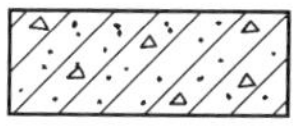	
多孔材料	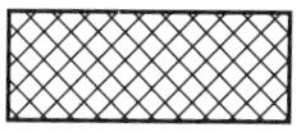	包括水泥珍珠岩、沥青珍珠岩、泡沫混凝土、非承重加气混凝土、软木、蛭石制品等

续表

名 称	图 例	备 注
纤维材料	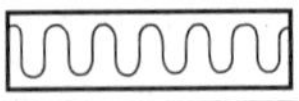	包括矿棉、岩棉、玻璃棉、麻丝、木丝板、纤维板等
泡沫塑料材料	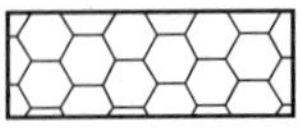	包括聚苯乙烯、聚乙烯、聚氨酯等多孔聚合物类材料
木材	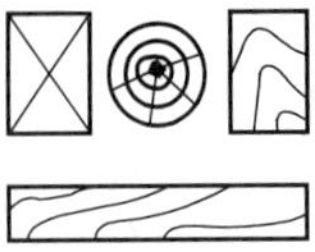	①上图为横断面,上左图为垫木、木砖或木龙骨 ②下图为纵断面
胶合板	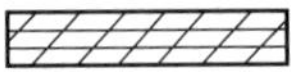	应注明为×层胶合板
石膏板	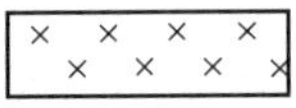	包括圆孔、方孔石膏板、防水石膏板等
金属	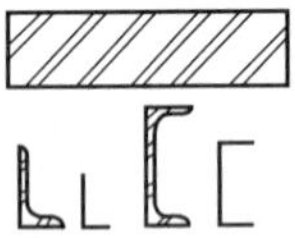	①包括各种多种 ②图形小时,可涂黑
玻璃	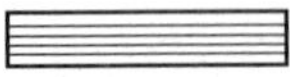	包括平板玻璃、磨砂玻璃、夹丝玻璃、钢化玻璃、中空玻璃、加层玻璃、镀膜玻璃等
防水材料		构造层次多或比例大时,采用上面图例

③ 常用构造及配件图例见表3-3。

表3-3 常用构造及配件图例(部分)

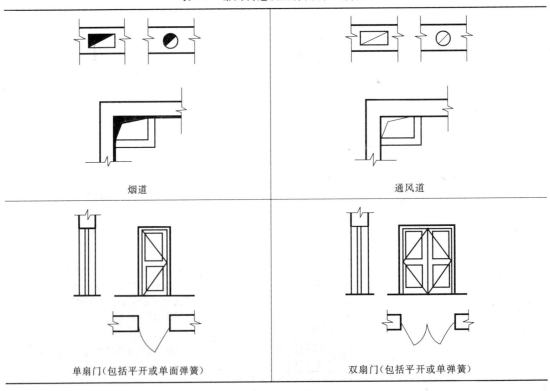

续表

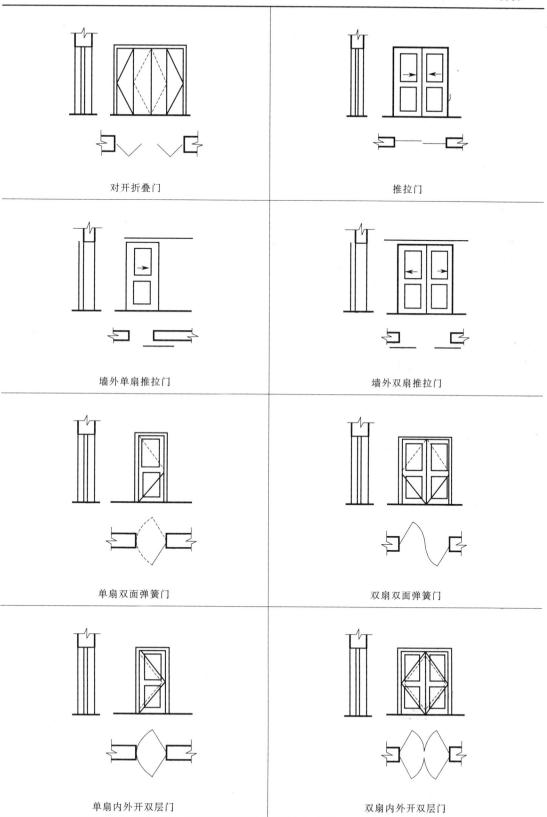

续表

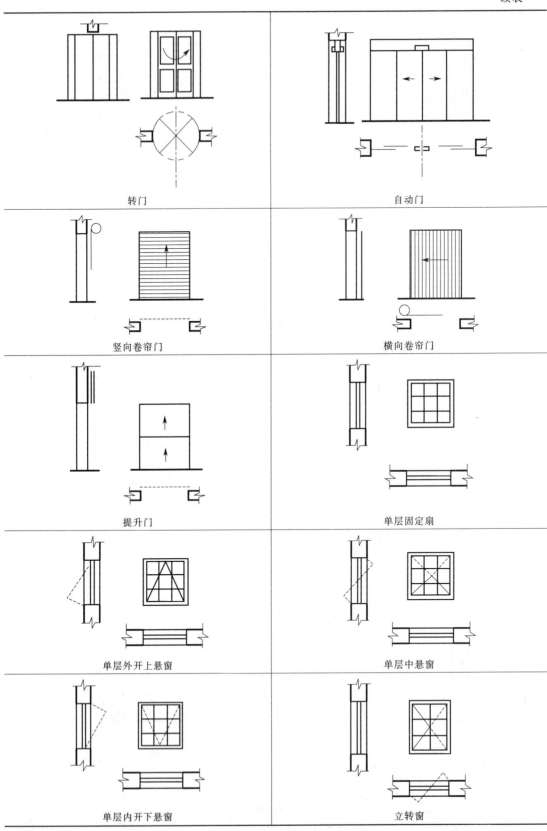

续表

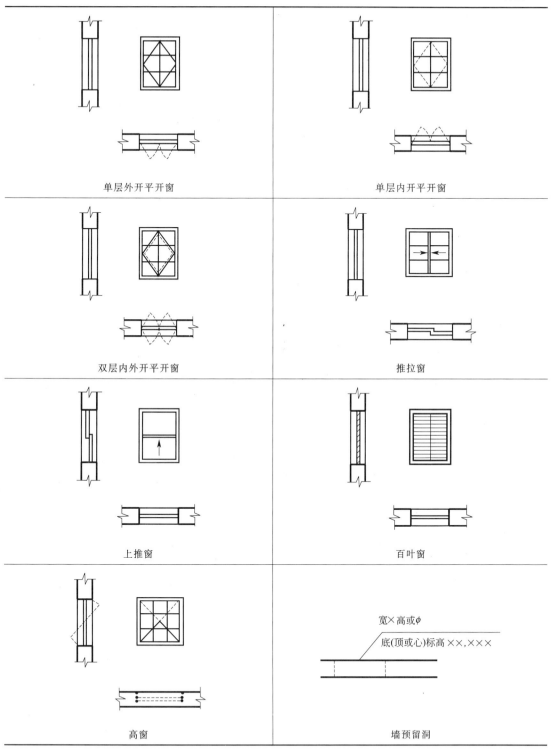

④ 常用结构施工图图例。由于结构构件的种类繁多，为了便于绘图和读图，在结构施工图中常用图例以及代号来表示构件，见表3-4。

⑤ 常用钢筋图例见表3-5。

表 3-4 常用构件代号

序号	名称	代号	序号	名称	代号	序号	名称	代号
1	板	B	15	吊车板	DL	29	基础	J
2	屋面板	WB	16	圈梁	QL	30	设备基础	SJ
3	空心板	KB	17	过梁	GL	31	桩	ZH
4	槽形板	CB	18	连系梁	LL	32	柱间支撑	ZC
5	折板	ZB	19	基础梁	JL	33	垂直支撑	CC
6	密肋板	MB	20	楼梯梁	TL	34	水平支撑	SC
7	楼梯板	TB	21	檩条	LT	35	梯	T
8	盖板或沟盖板	GB	22	屋架	WJ	36	雨篷	YP
9	挡雨板或檐口板	YB	23	托架	TJ	37	阳台	YT
10	吊车安全走道板	DB	24	天窗架	CJ	38	梁垫	LD
11	墙板	QB	25	框架	KJ	39	预埋件	M
12	天沟板	TGB	26	刚架	GJ	40	天窗端壁	TD
13	梁	L	27	支架	ZJ	41	钢筋网	W
14	屋面板	WL	28	柱	Z	42	钢筋骨架	G

注：预制钢筋混凝土构件代号，应在构件代号前加注"Y-"，如 Y-KB 表示预应力空心板。

表 3-5 钢筋图例

名称	图例	说明
钢筋横断面	●	
无弯钩的钢筋端部	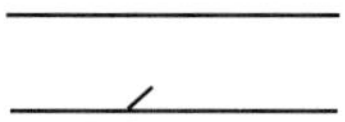	下图表示长、短钢筋影重叠时，短钢筋的端部用 40 度斜划线表示
带半圆形弯钩的钢筋端部		
带直钩的钢筋端部		
带丝扣的钢筋端部		
无弯钩的钢筋搭接		
带半圆弯钩的钢筋搭接		
带直钩的钢筋搭接		
花篮螺丝的钢筋接头	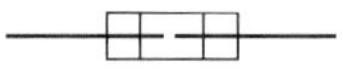	
机械连接的钢筋接头		用文字说明机械连接的方式（冷挤压或锥螺纹等）
预应力钢筋或钢绞线		
后张法预应力钢筋黏结预应力钢筋断面		
单根预应力钢筋断面		
张拉端锚具	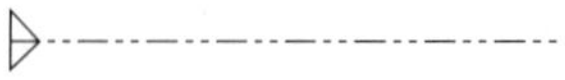	
固定端锚具		

3. 索引符号与详图符号

在平、立、剖图中某一部分或某一构件另有详图时，必须画出索引符号，而在详图下面则必须画出详图符号

（1）索引符号　用细实线画一直径为 10mm 的圆，并在圆内画一水平直径来表示，如图 3-1 所示。

图 3-1　索引符号的画法

所索引的详图若是局部剖面（或断面）详图时，索引符号在引出线的一侧加画一剖面位置线，引出线在剖面位置线的哪一侧，表示该剖面（或断面）向那个方向作的剖视，如图 3-2 所示。

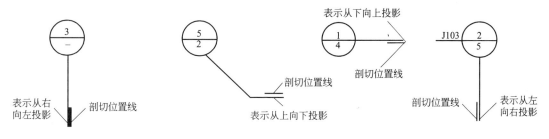

图 3-2　局部剖面的索引符号

（2）详图符号　详图符号用来表示详图的位置和编号，用直径为 14mm 的圆表示，如图 3-3 所示。

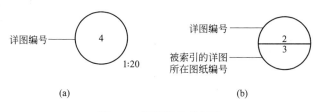

图 3-3　详图符号的画法

4. 引出线

图样中某些部位由于图样比例较小，其具体内容或要求无法标注时，常采用引出线将所要说明的内容引出标注在外。引出线以细实线绘制，文字说明标注在横线上方或横线端部。

5. 对称符号、等距符号

当图形对称时，可在图形对称中心处画上对称符号，这样，对称部分的图形可省略绘制。对称符号用细点画线及两端各两根平行线段表示，见图 3-4。

等距符号为"@"，它一般用于中心距离相等的尺寸标注，以省略重复尺寸的标注。如 4φ6@200 表示直径为 6mm 的若干Ⅰ级钢筋，其中心距均为 200mm。

6. 定位轴线

定位轴线用细点画线绘制，并进行编号，编号注写在轴线端部的圆内，见图 3-5。

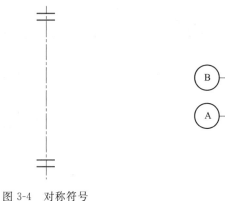

图 3-4 对称符号　　　　　图 3-5 轴线的编号

7. 标高

建筑物各部分的竖向高度用标高来表示。标高符号用细实线画出。在标高符号中，其尖端表示所注标高的位置，在横线处注明标高值。标高的值，以"米（m）"为单位，一般图中其值取至小数点后三位，总平面图中取至小数点后两位。具体做法如图 3-6 所示。

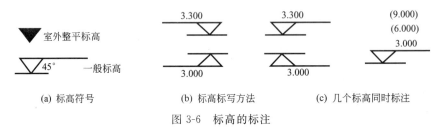

(a) 标高符号　　　(b) 标高标写方法　　　(c) 几个标高同时标注

图 3-6 标高的标注

标高按其基准面的选定情况分为下列两类。

① 绝对标高。根据我国的规定，凡标高的基准面是以青岛的黄海平均海平面为依据，而引出的标高称为绝对标高。

② 相对标高。凡标高的基准面（即 ±0.000 水平面）是根据工程需要而各自选定的，这类标高称为相对标高。在房屋建筑中，一般是取底层室内地面作为相对标高的基准面。

按标高所注的部位分为下列两类。

① 建筑标高。标注在建筑物装饰面层处的标高。

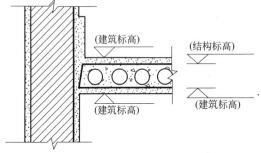

图 3-7 建筑标高和结构标高

② 结构标高。标注在建筑物结构部位（如注在梁底、板底处）的标高，如图 3-7 所示。

8. 常用钢筋代号

常用钢筋代号见表 3-6。

表 3-6　常用钢筋代号

钢 筋 种 类	代号	钢 筋 种 类	代号
Ⅰ级钢筋（即 3 号光圆钢筋）	ϕ	冷拉Ⅰ级钢筋	ϕ'
Ⅱ级钢筋（如 20MnSi 螺纹筋）	ϕ	冷拉Ⅱ级钢筋	ϕ'
Ⅲ级钢筋（如 25MnSi 筋）	ϕ	冷拉Ⅲ级钢筋	ϕ'
Ⅳ级钢筋（45Si2MnTi、40Si2MnV）	ϕ	冷拉Ⅳ级钢筋	ϕ'

第二节　建筑施工图的识读

一幢房屋从施工到建成,需要有全套房屋施工图作指导。阅读这些施工图时应按图纸目录顺序即总说明、建施、结施、设施,要先从大的方面看,然后再依次阅读细小部分,即先粗看后细看。

简单地说,先整体后局部;先文字说明后图样;先基本图样后详图,先图形后尺寸等依次仔细阅读,并应注意各专业图样之间的关系。

我国 2001 年颁布了《房屋建筑制图统一标准》、《建筑制图标准》、《总图制图标准》等国家制图标准,在绘制和阅读建筑施工图时,应严格遵守国家标准中的有关规定。

一、总平面图的识读

1. 总平面图图示方法和用途

建筑总平面图是采用俯视投影的图示方法,绘制新建房屋所在基地范围内的地形、地貌、道路、建筑物、构筑物等的水平投影图。其用途有以下两个。

① 反映新建、拟建工程的总体布局以及原有建筑物和构筑物的情况。

② 根据总平面图可进行房屋定位、施工放线、填挖土方等的主要依据。

2. 建筑总平面图的基本内容

① 表明新建建筑物、原有房屋、构筑物等的具体位置。

② 图例、名称和绘图比例。建筑物、构筑物等均采用图例来表示,并注明建筑物、构筑物的名称。建筑总平面图的绘制比例一般采用 1∶500、1∶1000、1∶2000。

③ 表明标高。建筑物首层地面标高、室外地坪标高。复杂地形应绘制等高线。

④ 表示总平面图范围的整体朝向。

3. 阅读总平面图时应注意的事项

① 总平面图中的内容,多数使用符号表示。首先应熟悉图例符号的意义。

② 看清用地范围内新建、原有、拟建、拆除建筑物或构筑物的位置。

③ 查看新建建筑物的室内、外地面高差、道路标高和地面坡度及排水方向。

④ 根据风向频率玫瑰图看清建筑物朝向。

⑤ 看清新建建筑物或构筑物自身占地尺寸以及与周边建筑物相对距离。

4. 施工总说明

施工总说明一般包括:工程概况,如工程名称、位置、建筑规模、建筑技术经济指标以及绝对标高与相对标高间的关系等;结构类型,主要结构的施工方法,以及对图纸上未能详细注写的用料、做法或需统一说明的问题进行详细说明,构件使用或套用标准图的图集代号等。

5. 总平面图识读举例

图 3-8 是某单位生活区的总平面图,绘图比例是 1∶500。图中用粗实线画出新建的住宅楼,图形右上角的四个黑点表示该住宅楼为四层,总长和总宽分别为 21.24m 和 10.74m。通过风玫瑰图可以看出,该住宅楼坐北朝南,位于生活区的东边,其南墙面和西墙面与原有住宅的距离分别为 9m 和 6m,可据此对房屋进行定位。室外地面和室内地面的绝对标高分别为 13.50m 和 13.80m,室内外高差为 0.3m。

生活区四周设有围墙，两面临路。生活区的前边为车库，大门设在东边，而锅炉房和配电室分别位于西南角和西北角。

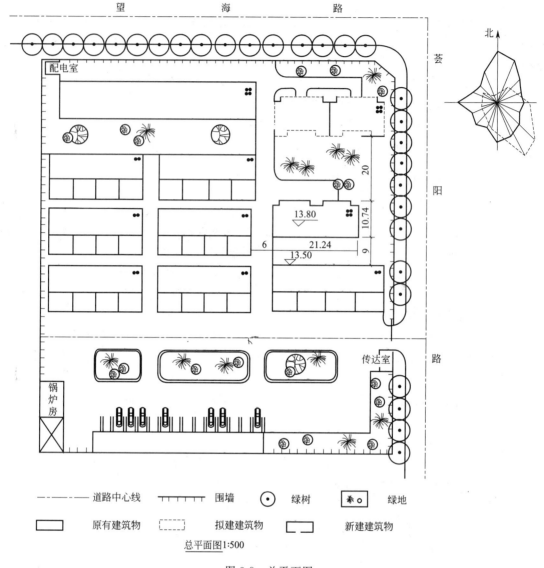

图 3-8 总平面图

二、建筑平面图的识读

1. 建筑平面图的图示方法和用途

建筑平面图是假想用一个水平的剖切平面，在房屋窗台略高一点位置水平剖开整幢房屋，移去剖切平面上方的部分，对留下部分所作的水平剖视图，简称平面图。

对多层楼房，原则上每一楼层均要绘制一个平面图，并在平面图下方注写图名（如底层平面图、二层平面图等）；若房屋某几层平面布置相同，可将其作为标准层，并在图样下方注写适用的楼层图名（如三、四、五层平面图）。若房屋对称，可利用其对称性，在对称符号的两侧各画半个不同楼层平面图。

建筑平面图主要用于表达建筑物的平面形状、平面布置、墙深厚度、门窗的位置及尺寸大小以及其他建筑构配件的布置。

建筑平面图是作为施工时放线、砌筑墙体、门窗安装、室内装修、编制预算、施工备料等的重要依据。

2. 建筑平面图的基本内容

建筑平面图包括以下基本内容。

① 建筑物的平面形状，房屋内各房间的名称、平面布置情况以及房屋朝向。

② 房屋内、外部尺寸和定位轴线。定位轴线是各构件在长宽方向的定位依据。

③ 门窗的代号与编号，门的开启方向。

④ 需用详图表达部位，应标注索引符号。

⑤ 内部装修做法和必要的文字说明。

⑥ 底层平面图应注明剖面图的剖切位置。

⑦ 注写图名和绘图比例。

3. 有关图线、绘图比例的规定

被剖切到的墙体、柱用粗实线绘制；可见部分轮廓线、门扇、窗台的图例线用中粗实线绘制；较小的构配件图例线、尺寸线等用细实线绘制，如图3-9所示。

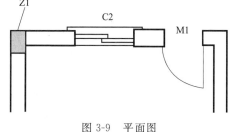

图3-9　平面图

一般采用1∶50、1∶100、1∶200绘制平面图。

4. 建筑平面图的读图注意事项

① 看清图名和绘图比例，了解该平面图属于哪一层。

② 阅读平面图时，应由低向高逐层阅读平面图。首先从定位轴线开始，根据所注尺寸看房间的开间和进深，再看墙的厚度或柱子的尺寸，看清楚定位轴线是处于墙体的中央位置还是偏心位置，看清楚门窗的位置和尺寸。尤其应注意各层平面图变化之处。

③ 在平面图中，被剖切到的砖墙断面上，按规定应绘制砖墙材料图例，若绘图比例小于或等于1∶50，则不绘制砖墙材料图例。

④ 平面图中的剖切位置与详图索引标志也是不可忽视的问题，它涉及朝向与所表达的详尽内容。

⑤ 房屋的朝向可通过底层平面图中的指北针来了解。

5. 屋顶平面图

屋顶平面图是屋面的水平投影图，不管是平屋顶还是坡屋顶，主要应表示出屋面排水情况和突出屋面的全部构造位置。

(1) 屋顶平面图的基本内容

① 表明屋顶形状和尺寸，女儿墙的位置和墙厚，以及突出屋面的楼梯间、水箱、烟道、通风道、检查孔等具体位置。

② 表示出屋面排水分区情况、屋脊、天沟、屋面坡度及排水方向和下水口位置等。

③ 屋顶构造复杂的还要加注详图索引符号，画出详图。

(2) 屋顶平面图的读图注意事项

屋顶平面图虽然比较简单，但应与外墙详图和索引屋面细部构造详图对照才能读懂，尤其是外楼梯、检查孔、檐口等部位和做法、屋面材料防水做法。

6. 建筑平面图识读举例

图 3-10 为图 3-8 所示住宅楼的底层平面图，是用 1∶100 的比例绘制的。现阶段设计的住宅楼一般都将底层作为储藏间，按居民户数分配，用于存放物品、自行车等交通工具，并可以改善一层居民的居住条件。

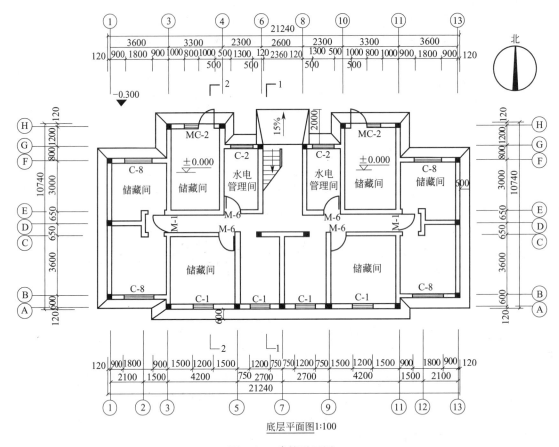

图 3-10 建筑平面图

通过底层平面图，可以了解该住宅楼的平面形状及底层的平面布置，由于该住宅楼共有六户居住，故将一层也分隔成六部分。该住宅楼为砖混结构，主要靠砖墙承重，承重墙厚均为 240mm，并在墙体中间及转角处设置构造柱，以加强墙体的稳定性。柱断面尺寸为 240mm×240mm，由于断面尺寸太小，所以涂黑表示。室内地面标高为±0.000，室外地面标高为−0.300，室内外高差为 0.3m。水泥散水沿外墙四周布置，宽为 600mm，并设置沉降缝。大门入口处设置坡道，坡度为 15%，其做法参见标准图集 LJ105。房屋的定位轴线均通过墙体中心线，横向定位轴线从①～⑬，纵向定位轴线从Ⓐ～Ⓗ由于底层平面图是剖切底层窗台以上而得到的水平投影图，所以在楼梯中间只画出梯段的一小部分，其折断线应画成约 45°的倾斜方向。

三、建筑立面图的识读

建筑立面图是房屋的外墙面在与其平行的投影面上所作的外墙正投影图，简称为立面图。

1. 建筑立面图的图示方法和命名

建筑立面图有两种命名方法：按朝向命名和按定位轴线命名。建筑立面图是外墙面装饰、安装门窗的主要依据。

2. 建筑立面图的图示内容

① 表达房屋外墙面上可见的全部内容，如散水、台阶、雨水管、花池、勒脚、门头、门窗、雨罩、阳台、檐口等，以及屋顶的构造形式。

② 表明外墙上门窗的形状、位置和开启方向。

③ 表明外墙面上各种构配件、装饰物的形状、用料和具体做法。

④ 表明各个部位的标高尺寸和局部必要尺寸。

⑤ 标注详图索引符号和必要的文字说明。

⑥ 标注两端外墙定位轴线，书写图名与比例。

3. 建筑立面图识图举例

图 3-11 是图 3-8 所示住宅楼的正立面图，绘图比例 1∶100。正立面图也可称南立面图或①～⑬立面图，主要表示建筑物的外貌特征及装饰要求。该住宅楼包括储藏间在内只有四层，总高度为 11.800m。窗子全部为塑钢推拉窗，外形如图 3-11 所示，各层窗台标高分别为 0.900m、3.100m、5.900m、8.700m。有两道雨水管进行排水。外墙装饰做法为弹瓷，但不同部位的装饰颜色有差别。该立面图只标注了标高尺寸，并用尺寸线标注了局部构件的尺寸，在弧顶窗绘有详图索引符号，表示另有详图说明做法。

四、建筑剖面图的识读

建筑剖面图是假想用一个垂直于横向或纵向轴线的铅垂剖切平面剖切房屋所作的剖视

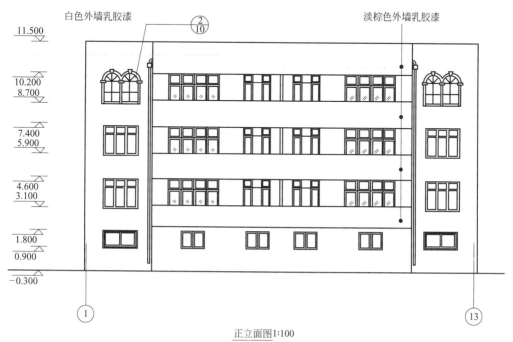

图 3-11　正立面图

图，简称剖面图。建筑剖面图主要用于表达房屋内部高度方向构件布置、上下分层情况、层高、门窗洞口高度以及房屋内部的结构形式。

1. 建筑剖面图的基本内容

① 表明房屋被剖切到的建筑构配件，在竖向方向上的布置情况，如各层梁板的具体位置以及与墙柱的关系，屋顶的结构形式。

② 表明房屋内未剖切到而可见的建筑构配件位置和形状。如可见的墙体、梁柱、阳台、雨篷、门窗、楼梯段以及各种装饰物和装饰线等。

③ 在垂直方向上室内、外各部位构造尺寸，室外要注三道尺寸，水平方向标注定位轴线尺寸。标高尺寸应标注室外地坪、楼面、地面、阳台、台阶等处的建筑标高。

④ 表明室内地面、楼面、顶棚、踢脚板、墙裙、屋面等内装修用料及做法，需用详图表示处加标注详图索引符号。

⑤ 标注定位轴线及编号，书写图名和比例。

2. 建筑剖面图的读图注意事项

① 阅读剖面图时，首先弄清该剖视图的剖切位置，然后逐层分析剖到哪些内容，投影看到哪些内容。

② 剖面图中的尺寸重点表明室内外高度尺寸，应校核这些细部尺寸是否与平面图、立面图中的尺寸完全一致。内外装修做法与材料是否也同平面图、立面图一致。

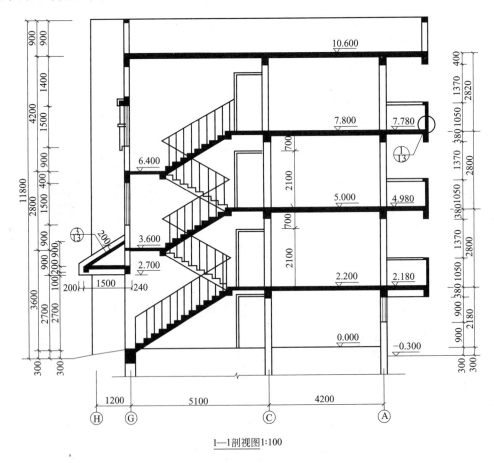

图 3-12　1—1 剖视图

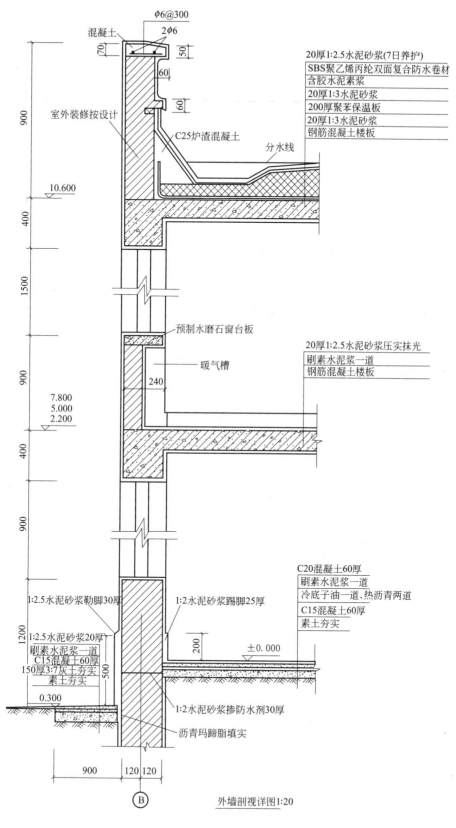

图 3-13 外墙剖面详图

3. 建筑剖面图识读举例

图 3-12 是图 3-8 所示住宅楼的 1—1 剖视图，是按照地层平面图中 1—1 剖切位置绘制的，此剖切位置通过房屋的楼梯、卧室、雨篷、门窗及阳台，具有较好的代表性。

1—1 剖视图的比例为 1∶100，室外地坪线画加粗线，基础上部的墙体用折断线断开而不必画出基础。剖切到的楼面、屋面、楼梯、平台等用两条粗实线表示，剖切到的钢筋混凝土梁、楼梯均涂黑表示。当采用 1∶100 比例时，剖切到的墙体、构配件等的断面一般不画材料图例，而采用 1∶50 等较大比例时则应画上材料图例。底层高为 2.2m，其他各层层高均为 2.8m。底层楼梯为直跑式，用一个较长的梯段连接底层和二层的垂直交通。二至三层为双跑楼梯，用两个梯段连接上下两层的交通，两个梯段之间设置中间平台，以缓解上楼的疲劳，两个中间平台的标高分别为 3.6m 和 6.4m。在雨篷和阳台部位绘有索引符号，表明另外绘有详图说明或套用标准图集。图中还用中粗实线画出了可见的外墙轮廓线、门窗洞等。

五、建筑详图的识读

建筑详图是建筑细部的施工图。因为建筑平面图、立面图、剖面图一般采用较小比例，因而房屋的某些细部或构配件无法表达清楚。根据施工需要，对房屋的细部或构配件用较大的比例（1∶30、1∶20、1∶10、1∶5、1∶2、1∶1）将其形状、大小、材料和做法，按正投影图的画法详细地画出来的图样，称为建筑详图，简称详图。因此，建筑详图是建筑平面图、立面图、剖面图的补充。对于套用标准图或通用详图的建筑细部和构配件，只要注明所套用图集的名称、编号或页数，可以不再画出详图。

详图是施工的重要依据，详图的数量和图示内容要根据房屋构造的复杂程度而定。一幢房屋的施工图一般包括以下几种详图：外墙剖面详图、门窗详图、楼梯详图、阳台详图、台阶详图、厕浴详图、厨房详图以及装修详图等。

如图 3-13 所示墙体轴线编号为 Ⓑ，且轴线位于墙体中心。水泥砂浆勒脚高 500mm，水泥砂浆踢脚高 200mm，防水砂浆砌砖做墙身防潮层，室内地面和散水的构造做法如图 3-13 所示。现浇钢筋混凝土圈梁在洞口位置兼作过梁并和楼板浇筑在一起，梁高 400mm。窗洞口下方砖墙凹进，作为暖气槽，墙厚为 120mm。采用预制水磨石窗台板。女儿墙高度为 900mm，墙顶做现浇钢筋混凝土压顶，尺寸及钢筋配置如图 3-13 所示。为了做好防水卷材收头的固定和防水，墙体挑出一皮砖做泛水，楼层及屋面的构造做法如图 3-13 所示。

第三节　结构施工图的识读

一、结构施工图的含义

房屋建筑是供人们生活居住、生产及其他活动的场所，房屋在使用的过程中除了要承受自身的荷载之外，还要承受外来荷载的作用。承受这些荷载的构件包括梁、板、柱、墙和基础等，这些构件相互支撑，连成整体，构成了房屋的承重结构体系。房屋的承重结构体系称为"建筑结构"，或简称"结构"，而组成这个系统的各个构件称为"结构构件"。

在进行房屋的设计过程中，除了进行建筑设计外，还要进行结构设计，按建筑的设计要求进行结构计算，确定房屋各结构构件的布置、形状、尺寸、材料等级以及内部构造，把结构设计的结果绘制成图样，就称为"结构施工图"，简称"结施"。

二、结构施工图的主要内容

建筑结构按其主要承重构件所采用的材料不同，一般可分为钢筋混凝土结构、混合结构、钢结构、木结构等不同的结构类型，其结构施工图的具体内容及编排方式也各有不同，包括以下内容。

（1）结构设计说明　主要说明结构设计所遵循的规范、主要设计依据（如地质条件，风、雪荷载，抗震设防要求等）、统一的技术措施、对材料和施工的要求等。

（2）结构布置平面图　结构布置平面图与建筑平面图一样，属于全局性图样，包括的内容如下。

① 基础平面图。

② 楼层结构布置平面图。

③ 屋面结构平面图。

（3）构件详图　属于局部性图纸，表示构件的大小、形状、选材的等级以及制作安装方法等。主要内容包括如下。

① 基础结构详图，梁、板、柱结构详图。

② 楼梯结构详图。

③ 其他构件详图。

三、结构施工图识读举例

（1）基础平面图　基础平面图是将建筑物底层地面以下，在回填土之前的状态进行水平投影所得到的图样，如图3-14所示。

整栋房屋的基础有条形基础，如TJ1、TJ2、TJ3；也有薄壁柱下的独立基础，如DJ1。轴线两侧的粗实线（中粗线）为基础的边线，细线是基坑边线（即垫层宽度线），大放脚台阶轮廓线一般不在图中显示。

（2）楼层结构布置平面图　楼层（屋面）结构布置图是反映每层楼面（或屋面）上板、梁及楼面（或屋面）下层的门窗过梁布置以及现浇楼面（或屋面）板的构造及配筋情况的图样，如图3-15和图3-16所示。

图3-15为二层梁的布置及配筋图，图3-16为板的结构布置平面图。图中中粗线为未被楼面构件挡住的墙（柱），中粗虚线为被楼面构件挡住的墙，粗实线为梁，细实线为下层的门窗洞及雨篷。

从图3-15可以看出：沿内外墙上布置有过梁GL1081、GL4082、GL4101、GL4122、GL4151、GL4152、GL4181、GL4184等；在Ⓐ轴与Ⓑ轴之间，①轴与②轴之间的范围和⑧轴与⑨轴之间的范围，布置有现浇梁XL1和XL2；还布置有L27，连系梁LL1、LL2、LL4，楼梯梁TL24等。

图中符号的具体含义为：

LL1——梁编号为LL1；

$200×350$——梁的断面尺寸，梁宽200mm，梁高350mm；

$\phi 6.5$-100——梁内箍筋直径为6.5mm，间距为100mm；

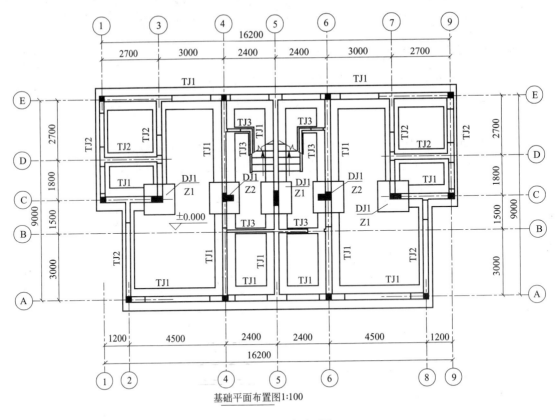

图 3-14 基础平面图

2φ16，3φ18——梁内上部两根直径为 16mm 的 Ⅱ 级钢筋体架力筋，下部三根直径为 18mm 的 Ⅱ 级钢筋体主筋。

从图 3-16 可以看出：预制板平面布置的图示方法是在预制板布置的某一范围内用细实线由左下至右上画一对角线（该对角线是结构单元铺板的外轮廓线的对角线），在对角线的一侧（或两侧）注写铺板的数量、代号和编号；也可用细实线分块画出全部或部分预制板的轮廓线，以示铺板方向。本图是以前一种方式表达的。铺板完全相同的结构单元用一代号标明，如⑭、㋡…，不必一一标注，以减少绘图工作量。

钢筋混凝土梁、板、过梁等多采用标准图，构件编号各地有所不同。图 3-15 和图 3-16 中各构件编号的含义如下。

矩形截面过梁的编号（选自 DBJT-13-地区标准建筑图第十三分册，即《钢筋混凝土过梁图集》）

如 GL 4181 表示该过梁宽度（墙厚）为 240mm，过梁净跨度为 1800mm，1 级荷载。

预应力空心板的编号（选自西南 G222《预应力钢筋混凝土空心板图集》）。

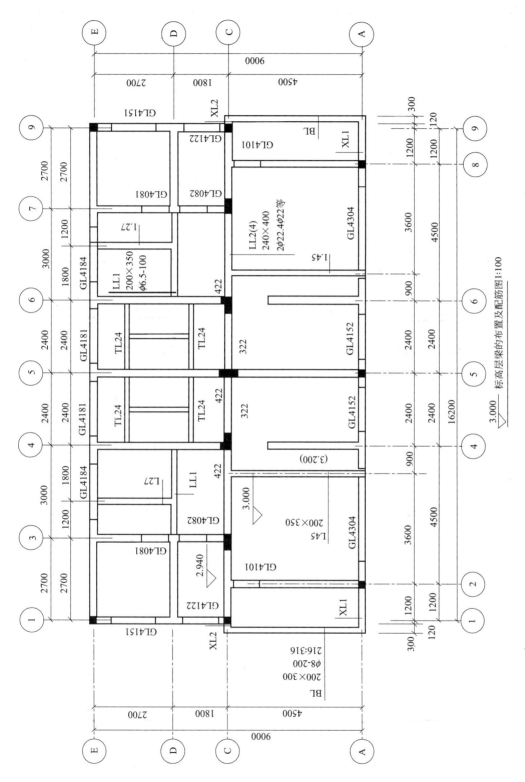

图 3-15 梁的布置及配筋

房屋建筑工程概论

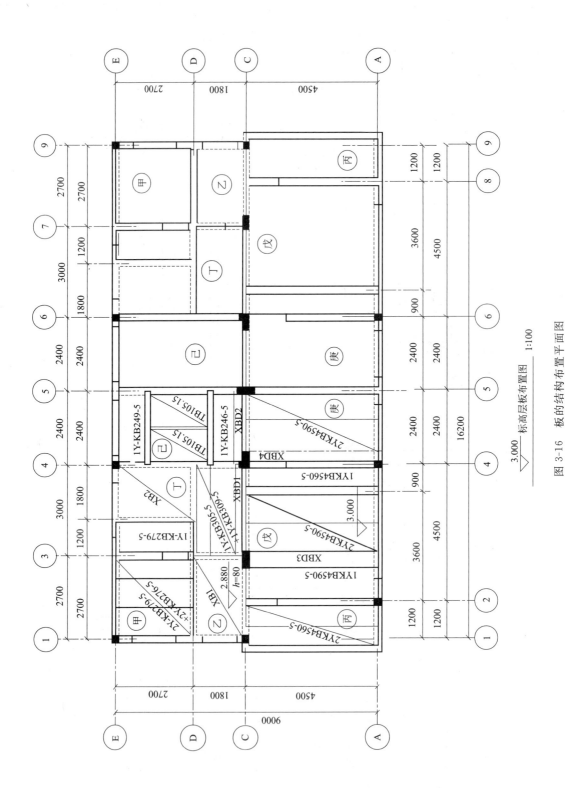

图 3-16 板的结构布置平面图

如 2YKB4590-5 表示两块预应力空心板，此板的板跨 4500mm（实际板长 4480mm），板宽 900mm（实际板宽 890mm），5 级荷载。

在图 3-16 中，Ⓓ、Ⓔ轴线与①、③轴线围合的房间中，开间进深尺寸都为 2700mm，于是便布置了三块长度为 2700mm 的预应力空心板，其中两块宽度为 900mm，一块宽度为 600mm，板的荷载设计等级都为 5 级。

复 习 思 考 题

1. 房屋建筑图是如何分类的？
2. 简述施工图识读的方法和步骤？
3. 总平面图包含哪些内容？
4. 建筑施工图主要包括什么内容？如何识读？
5. 结构施工图主要包括什么内容？如何识读？
6. 楼层结构平面图主要反映哪些基本内容？

第四章 民用建筑构造基本知识

【学习目标】 了解民用建筑物的组成部分，熟悉各组成部分的作用和要求，掌握各组成部分的构造原理和构造方法。

第一节 概 述

自从有了人类的历史便有了建筑，建筑总是伴随着人类共存。建筑是人类智慧和力量的表现形式，人工创造的空间环境，通常认为是建筑物和构筑物的总称。直接供人们使用的建筑称为建筑物，如住宅、学校、办公楼、体育馆等。间接供人们使用的建筑称为构筑物，如水塔、蓄水池、烟囱、储油罐等。

本章只介绍建筑物的基本构造组成、方法与原理。

一、房屋建筑的分类与等级

1. 建筑物的分类

（1）按使用性质分类

① 民用建筑：指供人们工作、学习、生活、居住用的建筑物，包括：居住建筑，如住宅、宿舍、公寓等；公共建筑，如旅馆、商场、展览馆。

② 工业建筑：指为工业生产服务的生产车间及为生产服务的辅助车间、动力用房、仓储等。

③ 农业建筑：指供农（牧）业生产和加工用的建筑，如种子库、温室、畜禽饲养场、农副产品加工厂、农机修理厂（站）等。

（2）按建筑层数分类

① 住宅建筑按层数划分为：1~3层为低层；4~6层为多层；7~9层为中高层；10层以上为高层。

② 公共建筑及综合性建筑总高度超过24m者为高层（不包括总高度超过24m的单层主体建筑）。

③ 建筑物高度超过100m时，不论住宅或公共建筑均为超高层。

（3）按承重结构的材料分类

① 木结构建筑：指以木材作房屋承重骨架的建筑。这种结构多用在古建筑中，现代建筑很少见。

② 砖（或石）结构建筑：指以砖或石材为承重墙柱和楼板的建筑。这种结构便于就地取材，能节约钢材、水泥和降低造价，但抗震性能差，自重大。

③ 钢筋混凝土结构建筑：指以钢筋混凝土作承重结构的建筑。如框架结构、剪力墙结构、框剪结构、筒体结构等，具有坚固耐久、防火和可塑性强等优点，故应用较为广泛。

④ 钢结构建筑：指以型钢等钢材作为房屋承重骨架的建筑。钢结构力学性能好，便于制作和安装，工期短，结构自重轻，适宜在超高层和大跨度建筑中采用。随着我国高层、大跨度建筑的发展，采用钢结构的趋势正在增长。

⑤ 混合结构建筑：指采用两种或两种以上材料作承重结构的建筑。如由砖墙、木楼板构成的砖木结构建筑；由砖墙、钢筋混凝土楼板构成的砖混结构建筑；由钢屋架和混凝土（或柱）构成的钢混结构建筑。其中砖混结构在大量民用建筑中应用最广泛。

2. 建筑物的等级

建筑物的等级一般按耐久性和耐火性进行划分。

（1）按耐久性能划分 《民用建筑设计通则》（GB 50352—2005）中规定民用建筑合理使用年限主要指建筑主体结构设计使用年限，根据新修订的《建筑结构可靠度设计统一标准》（GB 50068—2001），将设计使用年限分为四类（表4-1），本通则与其相适应，具体的应根据工程项目的建筑等级、重要性来确定。

表4-1 设计使用年限分类

类别	设计使用年限/年	示 例
1	5	临时性结构
2	25	易于替换的结构构件
3	50	普通房屋和构筑物
4	100	纪念性建筑和特别重要的建筑结构

（2）按耐火性能划分 耐火等级是衡量建筑物耐火程度的标准，它是由组成建筑物的构件的燃烧性能和耐火极限的最低值所决定的。现行《建筑设计防火规范》（GB 50016—2006）将建筑物的耐火等级划分为四级，见表4-2。

表4-2 建筑物耐火等级

名 称		耐 火 等 级			
	构 件	一级	二级	三级	四级
墙	防火墙	不燃烧体 3.00	不燃烧体 3.00	不燃烧体 3.00	不燃烧体 3.00
	承重墙	不燃烧体 3.00	不燃烧体 2.50	不燃烧体 2.00	难燃烧体 0.50
	非承重外墙	不燃烧体 1.00	不燃烧体 1.00	不燃烧体 0.50	燃烧体
	楼梯间的墙 电梯井的墙 住宅单元之间的墙 住宅分户墙	不燃烧体 2.00	不燃烧体 2.00	不燃烧体 1.50	难燃烧体 0.50
	疏散走道两侧的隔墙	不燃烧体 1.00	不燃烧体 1.00	不燃烧体 0.50	难燃烧体 0.25
	房间隔墙	不燃烧体 0.75	不燃烧体 0.50	难燃烧体 0.50	难燃烧体 0.25
柱		不燃烧体 3.00	不燃烧体 2.50	不燃烧体 2.00	不燃烧体 0.50
梁		不燃烧体 2.00	不燃烧体 1.50	不燃烧体 1.00	难燃烧体 0.50

续表

名称	耐火等级			
构件	一级	二级	三级	四级
楼板	不燃烧体 1.50	不燃烧体 1.00	不燃烧体 0.505	燃烧体
屋顶承重构件	不燃烧体 1.50	不燃烧体 1.00	燃烧体	燃烧体
疏散楼梯	不燃烧体 1.50	不燃烧体 1.00	难燃烧体 0.50	燃烧体
吊顶（包括吊顶搁栅）	不燃烧体 0.25	难燃烧体 0.25	难燃烧体 0.15	燃烧体

注：1. 除本规范另有规定者外，以支柱承重且以不燃烧材料作为墙体的建筑物，其耐火等级应按四级确定。
2. 二级耐火等级建筑的吊顶采用不燃烧体时，其耐火极限不限。
3. 在二级耐火等级的建筑中，面积不超过 $100m^2$ 的房间隔墙，如执行本表的规定确有困难时，可采用耐火极限不低于 0.3h 的不燃烧体。
4. 一、二级耐火等级建筑疏散走道两侧的隔墙，按本表规定执行确有困难时，可采用 0.75h 不燃烧体。
5. 本注数值后单位为 h。

① 建筑构件的燃烧性能可分为以下三类。
a. 非燃烧体：指用非燃烧材料做成的建筑构件，如天然石材、人工石材、金属材料等。
b. 燃烧体：指用容易燃烧的材料做成的建筑构件，如木材、纸板、胶合板等。
c. 难燃烧体：指用不易燃烧的材料做成的建筑构件，或者用燃烧材料做成，但用非燃烧材料作为保护层的构件，如沥青混凝土构件、木板条抹灰等。

② 建筑构件的耐火极限。耐火极限，是指任一建筑构件在规定的耐火试验条件下，从受到火的作用时起，到失去支持能力或完整性被破坏或失去隔火作用时为止的这段时间，用小时（h）表示。

二、民用建筑的基本构成

建筑是由各部分构件按其使用功能，根据合理的构造原理组成的，包括基础、墙体、楼地面、楼梯、屋顶和门窗等几部分，如图 4-1 所示。

（1）基础　基础是建筑物最下部的承重构件，其作用是承受建筑物的全部荷载，并将这些荷载传给地基。因此，基础必须具有足够的强度，并能抵御地下各种有害因素的侵蚀。

（2）墙（或柱）　它是建筑物的竖向承重构件和围护构件。作为承重构件，其作用是承受屋顶和楼层传来的荷载，同时将

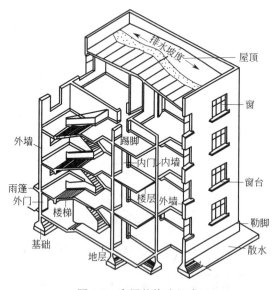

图 4-1　房屋的构造组成

荷载传给基础。作为围护构件，外墙的作用是抵御自然界各种因素对室内的侵袭；内墙主要起分隔空间及保证舒适环境的作用。框架结构的建筑物中，柱起承重作用，墙仅起围护作

用。因此，要求墙体具有足够的强度、稳定性、保温、隔热、防水、防火、耐久及经济等性能。

（3）楼板和地面　楼板是水平方向的承重构件，按房间层高将整幢建筑物沿垂直方向分为若干层。楼板承受家具、设备和人体荷载以及本身的自重，并将这些荷载传给墙或柱，同时对墙体起着水平支撑的作用。因此要求楼板应具有足够的强度、刚度和隔声、防潮、防水的性能。

地面是底层房间与地基土层相接的构件，起到承受底层房间荷载的作用。要求地面具有耐磨防潮、防水、防尘和保温的性能。

（4）楼梯　它是楼房建筑的垂直交通设施，供人们上下楼层和紧急疏散之用。故要求楼梯具有足够的通行能力，并且防滑、防火，能保证安全地使用。

（5）屋顶　它是建筑物顶部的围护构件和承重构件，能够抵抗风、雨、雪霜、冰雹等的侵袭和太阳辐射热的影响，又能够承受风雪荷载及施工、检修等屋顶荷载，并将这些荷载传给墙或柱。故屋顶应具有足够的强度、刚度及防水、保温、隔热等性能。

（6）门与窗　门与窗均属非承重构件，也称为配件。门主要供人们出入、内外交通和分隔房间用，窗主要起通风、采光、分隔、眺望等围护作用。处于外墙上的门窗又是围护构件的一部分，要满足热工及防水的要求；某些有特殊要求的房间，门、窗应具有保温、隔声、防火的能力。

一座建筑物除上述六大基本组成部分以外，对不同使用功能的建筑物，还有许多特有的构件和配件，如阳台、雨篷、台阶、排烟道等。

第二节　地基、基础与地下室

一、地基

在建筑工程中，建筑物与土层直接接触的部分称为基础，支承建筑物重量的土层称为地基。基础是建筑物的组成部分，它承受着建筑物的全部荷载，并将其传给地基。而地基则不是建筑物的组成部分，它只是承受建筑物荷载的土壤，见图4-2。其中，直接支承基础的，具有一定承载能力的土层称为持力层；持力层以下的土层称为下卧层。地基是有一定深度和范围的。同一地基上建造不同的建筑物或同一建筑物建造在不同的地基上，地基的范围是不同的。

地基土层在荷载作用下产生的变形，随着土层深度的增加而减少，到了一定深度则可忽略不计。

地基按土层性质不同，分为天然地基和人工地基两大类。凡天然土层具有足够的承载能力，不需经人工改良或加固，可直接在上面建造房屋的称为天然地基。当建筑物

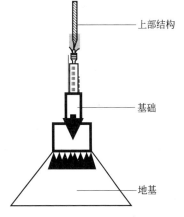

图4-2　地基与基础

上部的荷载较大或地基土层的承载能力较弱，缺乏足够的稳定性，须预先对土壤进行人工加固后才能在上面建造房屋的称为人工地基。人工加固地基通常采用压实法、换土法、化学加固法和打桩法。

二、基础

基础是建筑物的主要承重构件，处在建筑物地面以下，属于隐蔽工程。基础质量的好坏，直接关系着建筑物的安全问题。故建筑设计中合理地选择基础极为重要。

1. 基础的埋置深度

室外设计地面至基础底面的垂直距离称为基础的埋置深度，简称基础的埋深。埋深大于或等于4m的称为深基础；埋深小于4m的称为浅基础；当基础直接做在地表面上时称为不埋基础。在保证安全使用的前提下，应优先选用浅基础，可降低工程造价。但当基础埋深过小时，有可能在地基受到压力后，会把基础四周的土挤出，使基础产生滑移而失去稳定，同时易受到自然界的侵蚀和影响，使基础破坏，故基础的埋深在一般情况下，不能小于0.5m。

2. 影响基础埋深的因素

（1）建筑物上部荷载的大小和性质　多层建筑一般根据地下水位及冻土深度等来确定埋深尺寸。一般高层建筑的基础埋置深度为地面以上建筑物总高度的1/10。

（2）工程地质条件　基础底面应尽量选在常年未经扰动而且坚实平坦的土层或岩石上，俗称"老土层"。

（3）水文地质条件　确定地下水的常年水位和最高水位，以便选择基础的埋深。一般宜将基础落在地下常年水位和最高水位之上，这样可不需进行特殊防水处理，节省造价，还可防止或减轻地基土层的冻胀。

（4）地基土冻胀深度　应根据当地的气候条件了解土层的冻结深度，一般将基础的垫层部分做在土层冻结深度以下。否则，冬天土层的冻胀力会把房屋拱起，产生变形；天气转暖，冻土解冻时又会产生陷落。

（5）相邻建筑物基础的影响　新建建筑物的基础埋深不宜深于相邻的原有建筑物的基础。当新建基础深于原有基础时，要采取一定的措施加以处理，以保证原有建筑的安全和正常使用。

3. 基础的分类

（1）按材料及受力特点分类

① 刚性基础。由刚性材料制作的基础称为刚性基础。刚性材料一般指抗压强度高，而抗拉、抗剪强度较低的材料，常用的有砖、灰土、混凝土、三合土、毛石等。为满足地基容许承载力的要求，基底宽一般大于上部墙宽，为了保证基础不被拉力、剪力破坏，基础必须具有相应的高度。通常按刚性材料的受力状况，基础在传力时只能在材料的允许范围内控制，这个控制范围的夹角称为刚性角，用 α 表示。砖、石基础的刚性角 α 控制在 $26°\sim33°$ 以内，混凝土基础刚性角控制在 $\alpha=45°$ 以内。

② 柔性基础。当建筑物的荷载较大而地基承载能力较小时，基础底面必须加宽，如果仍采用混凝土材料做基础，势必加大基础的深度，这样做非常不经济。如果在混凝土基础的底部配以钢筋，利用钢筋来承受拉应力，使基础底部能够承受较大的弯矩，这时，基础宽度不受刚性角的限制，故称钢筋混凝土基础为柔性基础。

（2）按构造形式分类

① 条形基础。当建筑物上部结构采用墙承重时，基础沿墙身设置，多做成长条形，这类基础称为条形基础或带形基础，是墙承式建筑基础的基本形式。

② 独立式基础。当建筑物上部结构采用框架结构或单层排架结构承重时，基础常采用方形或矩形的独立式基础，这类基础称为独立式基础或柱式基础。独立式基础是柱下基础的基本形式。

当柱采用预制构件时，则基础做成杯口形，然后将柱子插入并嵌固在杯口内，故称杯形基础。

③ 井格式基础。当地基条件较差，为了提高建筑物的整体性，以及防止柱子之间产生不均匀沉降，常将柱下基础沿纵横两个方向扩展连接起来，做成十字交叉的井格式基础。

④ 片筏式基础。当建筑物上部荷载大，而地基又较弱，这时采用简单的条形基础或井格基础已不能适应地基变形的需要，通常将墙或柱下基础连成一片，使建筑物的荷载承受在一块整板上成为片筏式基础（又称满堂基础）。片筏式基础有平板式和梁板式两种。

⑤ 箱形基础。当板式基础做得很深时，常将基础改做成箱形基础。箱形基础是由钢筋混凝土底板、顶板和若干纵、横隔墙组成的整体结构，基础的中空部分可用作地下室（单层或多层）或地下停车库。箱形基础整体空间刚度大，整体性强，能抵抗地基的不均匀沉降，适用于高层建筑或在软弱地基上建造的重型建筑物。

三、地下室

1. 地下室的构造组成

建筑物下部的地下使用空间称为地下室。地下室一般由墙身、底板、顶板、门窗、楼梯等部分组成。

2. 地下室的分类

（1）按埋入地下深度的不同分类　按埋入地下深度的不同，地下室可分为全地下室和半地下室。全地下室是指地下室地面低于室外地坪的高度超过该房间净高的1/2；半地下室是指地下室地面低于室外地坪的高度为该房间净高的1/3～1/2。

（2）按使用功能的不同分类　按使用功能不同，可分为以下两类。

① 普通地下室。一般用作高层建筑的地下停车库、设备用房；根据用途及结构需要可做成一层或二、三层，多层地下室。

② 人防地下室。结合人防要求设置的地下空间，用以应付战时情况下人员的隐蔽和疏散，并具备保障人身安全的各项技术措施。

3. 地下室防潮构造

当地下水的常年水位和最高水位均在地下室地坪标高以下时，须在地下室外墙外面设垂直防潮层。其做法是在墙体外表面先抹一层20mm厚的1∶2.5水泥砂浆找平层，再涂一道冷底子油和两道热沥青；然后在外侧回填低渗透性土壤，如黏土、灰土等，并逐层夯实，土层宽度为500mm左右，以防地面雨水或其他地表水的影响。另外，地下室的所有墙体都应设两道水平防潮层，一道设在地下室地坪附近，另一道设在室外地坪以上150～200mm处，使整个地下室防潮层连成整体，以防地下潮气沿地下墙身或勒脚处侵入室内。

4. 地下室防水构造

当设计最高水位高于地下室地坪时，地下室的外墙和底板都浸泡在水中，应考虑进行防水处理。常采用的防水措施有以下三种。

（1）沥青卷材防水

① 外防水。外防水是将防水层贴在地下室外墙的外表面，这对防水有利，但维修困难。

外防水构造要点是：先在墙外侧抹20mm厚的1∶3水泥砂浆找平层，并刷冷底子油一道，然后选定油毡层数，分层粘贴防水卷材，防水层须高出最高地下水位500～1000mm为宜。油毡防水层以上的地下室侧墙应抹水泥砂浆涂两道热沥青，直至室外散水处。垂直防水层外侧砌半砖厚的保护墙一道。

② 内防水。内防水是将防水层贴在地下室外墙的内表面，这样施工方便，容易维修，但对防水不利，故常用于修缮工程。

地下室地坪的防水构造是先浇混凝土垫层，厚约100mm；再以选定的油毡层数在地坪垫层上作防水层，并在防水层上抹20～30mm厚的水泥砂浆保护层，以便于上面浇筑钢筋混凝土。为了保证水平防水层包向垂直墙面，地坪防水层必须留出足够的长度以便与垂直防水层搭接，同时要做好转折处油毡的保护工作，以免因转折交接处的油毡断裂而影响地下室的防水。

（2）防水混凝土防水　当地下室地坪和墙体均为钢筋混凝土结构时，应采用抗渗性能好的防水混凝土材料。常采用的防水混凝土有普通混凝土和外加剂混凝土。普通混凝土主要是采用不同粒径的骨料进行级配，并提高混凝土中水泥砂浆的含量，使砂浆充满于骨料之间，从而堵塞因骨料间不密实而出现的渗水通路，以达到防水目的。外加剂混凝土是在混凝土中掺入引气剂或密实剂，以提高混凝土的抗渗性能。

（3）涂料防水　涂料防水是指在施工现场用刷涂、刮涂、滚涂等方法将无定型液体涂料在常温下涂敷于地下室结构表面的一种防水做法。常见的有SBS改性沥青防水涂料、聚合物水泥涂料等，适于受侵蚀性介质或受振动作用的地下工程主体迎水面或背水面的涂刷。

第三节　墙　　体

在砌体结构房屋中，墙体是主要的竖向承重构件，在其他类型的建筑中，墙体可能是竖向承重构件，也可能是围护构件。墙体在整个工程中的造价较大，故墙体的布置与构造是建筑设计的重要内容。

一、墙体的构造

1. 墙体的类型

（1）按墙体所在位置分类　按墙体在平面上所处位置不同，可分为外墙和内墙。其中，沿着建筑物宽度方向布置的墙称为横墙，沿着建筑物长度方向布置的墙称为纵墙，横向外墙又称为山墙。对于一面墙来说，窗与窗之间和窗与门之间的墙称为窗间墙，窗台下面的墙称为窗下墙。墙体各部分名称见图4-3。

（2）按墙体受力状况分类　在混合结构建筑中，按墙体受力方式分为两种：承重墙和非承重墙。非承重墙又可分为两种：一是自承重墙，不承受外来荷载，仅承受自身重量并将其传至基础；二是隔墙，起分隔房间的作用，不承受外来荷载，并把自身重量传给梁或楼板。框架结构中的墙即为此类。

（3）按墙体构造和施工方式分类

① 按构造方式墙体可以分为实体墙、空体墙和组合墙三种。实体墙由单一材料组成，如砖墙、砌块等。空体墙也由单一材料组成，可由单一材料砌成内部空腔，也可用具有孔洞的材料建造墙，如空斗砖墙、空心砌块墙等。组合墙由两种以上材料组合而成，例如混凝

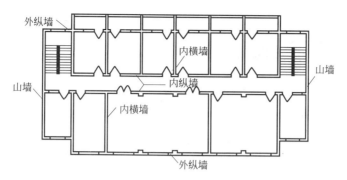

图 4-3 墙体各部分名称

土、加气混凝土复合板材墙。其中混凝土起承重作用，加气混凝土起保温隔热作用。

② 按施工方法墙体可以分为块材墙、板筑墙及板材墙三种。块材墙是用砂浆等胶结材料将砖石块材等组砌而成的，例如砖墙、石墙及各种砌块墙等。板筑墙是在现场立模板，现浇而成的墙体，例如现浇混凝土墙等。板材墙是预先制成墙板，施工时安装而成的墙，例如预制混凝土大板墙、各种轻质条板内隔墙等。

2. 墙体的设计要求

（1）结构要求　对以墙体承重为主的结构，常要求各层的承重墙上下必须对齐；各层的门、窗洞孔也以上下对齐为佳。此外，还需考虑以下两方面的要求。

① 合理选择墙体结构布置方案。墙体结构布置方案有以下四种。

a. 横墙承重方案。凡以横墙承重的称为横墙承重方案。这时，楼板、屋顶上的荷载均由横墙承受，纵向墙只起纵向稳定和拉结的作用。它的主要特点是：横墙间距密，加上纵墙的拉结，使建筑物的整体性好、横向刚度大，对抵抗地震力等水平荷载有利。但横墙承重方案的开间尺寸不够灵活，适用于房间开间尺寸不大的宿舍、住宅及病房楼等小开间建筑，如图 4-4 所示。

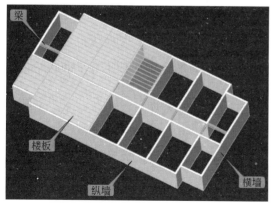

图 4-4　横墙承重体系

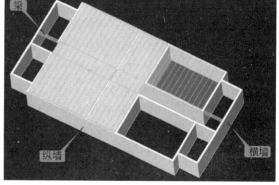

图 4-5　纵墙承重体系

b. 纵墙承重方案。凡以纵墙承重的称为纵墙承重方案。这时，楼板、屋顶上的荷载均由纵墙承受，横墙只起分隔房间的作用，有的起横向稳定作用。纵墙承重可使房间开间的划分灵活，多适用于需要较大房间的办公楼、商店、教学楼等公共建筑，如图 4-5 所示。

c. 纵横墙承重方案。凡由纵墙和横墙共同承受楼板、屋顶荷载的结构布置称为纵横墙

(或双向)承重方案。该方案房间布置较灵活,建筑物的刚度亦较好。混合承重方案多用于开间、进深尺寸较大且房间类型较多的建筑和平面复杂的建筑中,如教学楼、住宅等建筑,如图4-6所示。

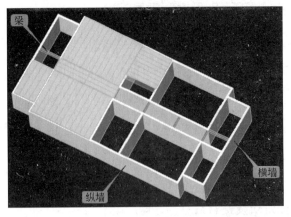

图4-6 双向承重体系

d. 部分框架承重方案。在结构设计中,有时采用墙体和钢筋混凝土梁、柱组成的框架共同承受楼板和屋顶的荷载,这时,梁的一端支承在柱上,而另一端则搁置在墙上,这种结构布置称为部分框架结构方案。它较适合于室内需要较大使用空间的建筑,如商场等。

② 具有足够的强度和稳定性。强度是指墙体承受荷载的能力,它与所采用的材料以及同一材料的强度等级有关。作为承重墙的墙体,必须具有足够的强度,以确保结构的安全。

墙体的稳定性与墙的高度、长度和厚度有关。高而薄的墙稳定性差,矮而厚的墙稳定性好;长而薄的墙稳定性差,短而厚的墙稳定性好。

(2) 热工要求

① 墙体的保温要求。对有保温要求的墙体,须提高其构件的热阻,通常采取以下措施。

a. 增加墙体的厚度。墙体的热阻与其厚度成正比,要提高墙身的热阻,可增加其厚度。

b. 选择热导率小的墙体材料。要增加墙体的热阻,常选用热导率小的保温材料,如泡沫混凝土、加气混凝土、膨胀珍珠岩、膨胀蛭石、矿棉及玻璃棉等。其保温构造有单一材料的保温结构和复合保温结构之分。

c. 采取隔蒸汽措施。为防止墙体产生内部凝结,常在墙体的保温层靠高温一侧,即蒸汽渗入的一侧,设置一道隔蒸汽层。隔蒸汽材料一般采用沥青、卷材、隔汽涂料以及铝箔等防潮、防水材料。

② 墙体的隔热要求。常见的隔热措施如下。

a. 外墙采用浅色而平滑的外饰面,如白色外墙涂料、浅色墙地砖、金属外墙板等,以反射太阳光,减少墙体对太阳辐射的吸收。

b. 在外墙内部设通风间层,利用空气的流动带走热量,降低外墙内表面温度;在窗口外侧设置遮阳设施,以遮挡太阳光直射室内。

c. 在外墙外表面种植攀援植物使之遮盖整个外墙,吸收太阳辐射热,从而起到隔热作用。

(3) 建筑节能要求 为贯彻国家《建筑节能法》,改善严寒地区居住建筑采暖能耗大、热工效率差的状况,必须通过建筑设计和构造措施来节约能耗。

(4) 隔声要求 墙体主要隔离由空气直接传播的噪声。一般可采取以下措施。

① 加强墙体缝隙的填密处理。

② 增加墙厚和墙体的密实性。

③ 采用有空气间层式多孔性材料的夹层墙。

④ 尽量利用垂直绿化降低噪声。

3. 砖墙构造

(1) 砖墙的组砌方式　为了保证墙体的强度,砖砌体的砖缝必须横平竖直,错缝搭接,避免通缝。同时砖缝砂浆必须饱满,厚薄均匀。习惯上将砖的长度方向垂直于墙面砌筑的砖称为丁砖,将砖的长度方向平行于墙面砌筑的砖称为顺砖。常用的错缝方法是将丁砖和顺砖上下皮交错砌筑。每排列一层砖称为一皮。常见的砖墙砌式有全顺式(120 墙)、一顺一丁式、三顺一丁式或多顺一丁式、每皮丁顺相间式(也叫十字式,240 墙)、两平一侧式(180墙)等。砖墙的组砌方式如图 4-7 所示。

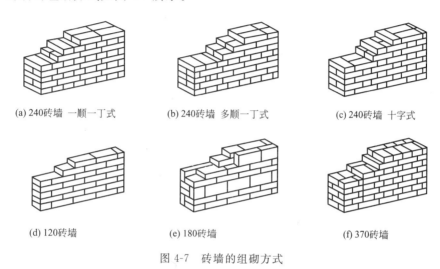

图 4-7　砖墙的组砌方式

(2) 门窗过梁　当墙体上开设门窗洞口时,须在洞口上部设置过梁。过梁用来支承门窗洞口上墙体的荷载,其形式有砖拱过梁、钢筋砖过梁和钢筋混凝土过梁三种。

① 砖拱过梁。砖拱过梁分为平拱和弧拱。由竖砌的砖作拱圈,一般将砂浆灰缝做成上宽下窄,上宽不大于 20mm,下宽不小于 5mm,砖砌平拱过梁净跨宜小于 1.2m,不应超过 1.8m,中部起拱高约为跨度的 1/50。

② 钢筋砖过梁。钢筋砖过梁一般在洞口上方先支木模,砖平砌,下设 3~4 根 φ6 钢筋,要求伸入两端墙内不少于 240mm,梁高砌成 5~7 皮砖或不小于门窗洞口宽度的 1/4,钢筋砖过梁的净跨宜为 1.5~2m,见图 4-8。

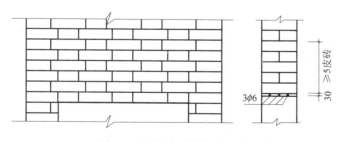

图 4-8　钢筋砖过梁构造示意

③ 钢筋混凝土过梁。钢筋混凝土过梁有现浇和预制两种,梁高及配筋由计算确定。为了施工方便,梁高应与砖的皮数相对应,以方便墙体连续砌筑,故常见梁高为 60mm、120mm、180mm、240mm,即为 60mm 的整倍数。梁宽一般同墙厚,梁两端支承在墙上的长度不小于 240mm,以保证足够的承压面积。

过梁断面形式有矩形和 L 形。为简化构造，节约材料，可将过梁与圈梁、悬挑雨篷、窗楣板或遮阳板等结合起来设计。如在南方炎热多雨地区，常从过梁上挑出 300～500mm 宽的窗楣板，既保护窗户不淋雨，又可遮挡部分直射太阳光，见图 4-9。

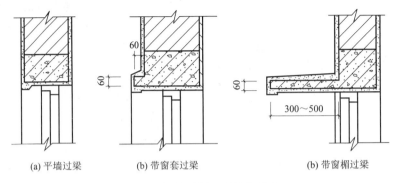

(a) 平墙过梁　　(b) 带窗套过梁　　(b) 带窗楣过梁

图 4-9　钢筋混凝土过梁的形式

(3) 墙脚　底层室内地面以下，基础以上的墙体常称为墙脚。墙脚细部构造包括墙身防潮层、勒脚、散水和明沟等。

① 勒脚。勒脚是指外墙墙身接近室外地面的部分，为防止雨水上溅墙身和机械力等的影响，要求勒脚坚固耐久和防潮。一般采用以下几种构造做法。

a. 抹灰。可采用 20mm 厚 1∶3 水泥砂浆抹面，1∶2 水泥白石子浆水刷石或斩假石抹面。此法多用于一般建筑。

b. 贴面。可采用天然石材或人工石材，如花岗岩、水磨石板等，其耐久性、装饰效果好，用于高标准建筑。

c. 勒脚采用石材砌筑，如条石等。

② 防潮层。为了防止地下潮气对墙体的影响，应该在墙脚处设置防潮层。防潮层的位置见图 4-10。

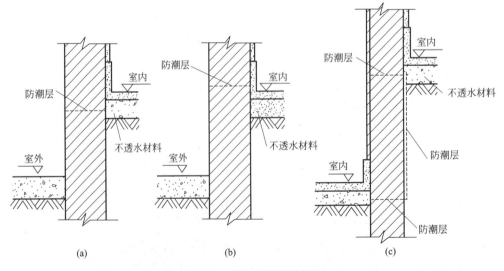

图 4-10　墙身防潮层的位置

墙身水平防潮层的构造做法常用的有以下三种。

a. 防水砂浆防潮层。采用 1：2 水泥砂浆加水泥用量 3%～5%防水剂，厚度为 20～25mm 或用防水砂浆砌三皮砖做防潮层。此种做法构造简单，但砂浆开裂或不饱满时影响防潮效果。

b. 细石混凝土防潮层，采用 60mm 厚的细石混凝土带，内配三根 $\phi 6$ 钢筋，其防潮性能好，适于整体性要求较高或有抗震要求的建筑物。

c. 油毡防潮层，先抹 20mm 厚水泥砂浆找平层，上铺一毡二油，此种做法防水效果好，但有油毡隔离，削弱了砖墙的整体性，不应在刚度要求高或地震地区采用。

如果墙脚采用不透水的材料（如条石或混凝土等），或设有钢筋混凝土地圈梁时，可以不设防潮层。

③ 散水与明沟。房屋四周可采取散水或明沟排除房屋四周地面水。当屋面为有组织排水时一般设散水。屋面为无组织排水时一般设明沟或散水，但应加滴水砖带。散水的做法通常是在素土夯实上铺三合土、混凝土等材料，厚度为 60～70mm。散水应设不小于 3%的排水坡。散水宽度一般为 0.6～1.0m。散水与外墙交接处应设分格缝，分格缝用弹性材料嵌缝，防止外墙下沉时将散水拉裂。散水整体面层纵向距离每隔 6～12m 做一道伸缩缝。

明沟的构造做法可用砖砌、石砌、混凝土现浇，沟底应做纵坡，坡度为 0.5%～1%，宽度为 220～350mm。

二、墙体的加固

1. 壁柱和门垛

当墙体的窗间墙上出现集中荷载，而墙厚又不足以承担其荷载；或当墙体的长度和高度超过一定限度并影响到墙体稳定性时，常在墙身局部适当位置增设凸出墙面的壁柱以提高墙体刚度。壁柱突出墙面的尺寸一般为 120mm×370mm、240mm×370mm、240mm×490mm 或根据结构计算确定。

当在较薄的墙体上开设门洞时，为便于门框的安置和保证墙体的稳定，须在门靠墙转角处或丁字接头墙体的一边设置门垛，门垛凸出墙面不少于 120mm，宽度同墙厚，见图 4-11。

2. 圈梁

（1）圈梁的设置要求 圈梁是沿外墙四周及部分内墙设置在楼板处连续封闭的梁，它可提高建筑物的空间刚度及整体性，增加墙体的稳定性，减少由于地基不均匀沉降而引起的墙身开裂。对于抗震设防地区，利用圈梁加固墙身更加必要。

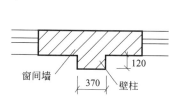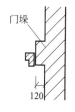

图 4-11 壁柱和门垛

（2）圈梁的构造 圈梁有钢筋砖圈梁和钢筋混凝土圈梁两种。

钢筋砖圈梁就是将前述的钢筋砖过梁沿外墙和部分内墙一周连通砌筑而成。钢筋混凝土圈梁的高度不小于 120mm，宽度与墙厚相同，圈梁的构造见图 4-12。

当圈梁被门窗洞口截断时，应在洞口上部增设相同截面的附加圈梁，其配筋和混凝土强度等级均与圈梁一致，见图 4-13。

3. 构造柱

钢筋混凝土构造柱是从构造角度考虑设置的，是防止房屋倒塌的一种有效措施。构造柱

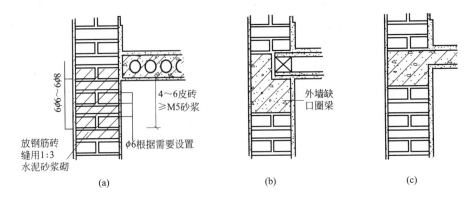

图 4-12 圈梁构造

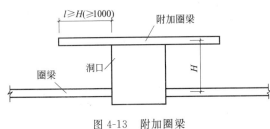

图 4-13 附加圈梁

必须与圈梁及墙体紧密相连,从而加强建筑物的整体刚度,提高墙体抗变形的能力。

(1) 构造柱的设置要求　由于建筑物的层数和地震烈度不同,构造柱的设置要求也不相同。

(2) 构造柱的构造(图 4-14)

① 构造柱最小截面为 180mm×240mm,纵向钢筋宜用 $4\phi12$,箍筋间距不大于 250mm,且在柱上下端宜适当加密;7 度抗震设防时超过六层、8 度抗震设防时超过五层和 9 度抗震设防时,纵向钢筋宜用 $4\phi14$,箍筋

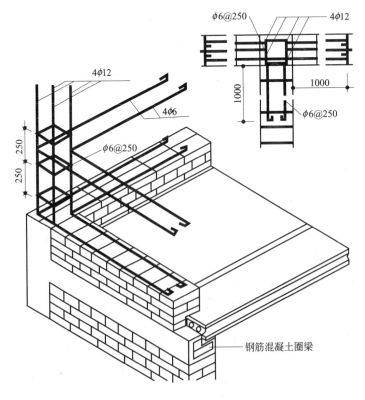

图 4-14 构造柱的构造

间距不大于 200mm；房屋角的构造柱可适当加大截面及配筋。

② 构造柱与墙连接处宜砌成马牙槎，并应沿墙高每 500mm 设 2φ6 拉接筋，每边伸入墙内不少于 1m。

③ 构造柱不单独承重，可不单独设基础，但应伸入室外地坪下 500mm，或锚入浅于 500mm 的基础梁内。

三、变形缝

建筑物的结构在温度变化、地基不均匀沉降和地震等因素的影响下，可能会遭到破坏。故应该在变形的敏感部位预先将整个建筑物沿全高断开，预留一定的缝隙，以适应变形的需要，此缝隙称为变形缝。变形缝有伸缩缝、沉降缝、防震缝三种。其构造见图 4-15。

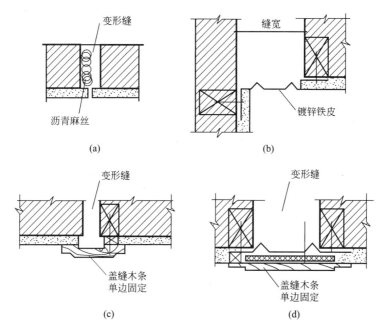

图 4-15 变形缝构造

1. 伸缩缝（或温度缝）

伸缩缝是在长度或宽度较大的建筑物中，为避免由于温度变化引起材料的热胀冷缩导致构件开裂，沿建筑物的竖向将基础以上部分全部断开的垂直缝隙。有关规范规定，砌体结构和钢筋混凝土结构伸缩缝的最大间距一般为 50～75mm。伸缩缝的宽度一般为 20～40mm。

2. 沉降缝

为减少地基不均匀沉降对建筑物造成危害，在建筑物某些部位设置从基础到屋面全部断开的垂直缝称为沉降缝。

(1) 沉降缝的设置

① 当同一建筑物建造在地基承载力相差很大的地基上时。

② 建筑物高度或荷载相差很大，或结构形式不同处。

③ 新建、扩建的建筑物与原有建筑物紧密毗连时。

(2) 沉降缝的缝宽　沉降缝的缝宽与地基情况和建筑物高度有关，其沉降缝宽度一般为

30～70mm，在软弱地基上其缝宽应适当增加。

3. 防震缝

防震缝是为了防止建筑物的各部分在地震时相互撞击造成变形和破坏而设置的垂直缝。防震缝应将建筑物分成若干体型简单、结构刚度均匀的独立单元。

（1）防震缝的位置

① 当建筑平面体型复杂，有较长的突出部分时，应利用防震缝将其分成简单规整的独立单元。

② 建筑物（砌体结构）立面高差超过 6m，在高差变化处须设防震缝。

③ 建筑物毗连部分结构的刚度、重量相差悬殊处。

④ 建筑物有错层且楼板高差较大时，须在高度变化处设防震缝。

总之，防震缝应与伸缩缝、沉降缝协调布置。

（2）防震缝宽度　防震缝宽与结构形式、设防烈度、建筑物高度有关。在砖混结构中，缝宽一般取 50～100mm，多（高）层钢筋混凝土结构防震缝最小宽度，见表 4-3。

表 4-3　多（高）层钢筋混凝土结构防震缝最小宽度

结构体系	建筑高度 $H \leqslant 15m$	建筑高度 $H > 15m$，每增高 5m 加宽		
		7 度	8 度	9 度
框架结构、框-剪结构	70	20	33	50
剪力墙结构	50	14	23	35

四、隔墙与隔断

隔墙是分隔建筑物内部空间的非承重构件，本身重量由楼板或梁来承担。设计要求隔墙自重轻，厚度薄，有隔声和防火性能，便于拆卸，浴室、厕所的隔墙能防潮、防水。常用隔墙有块材隔墙、轻骨架隔墙和板材隔墙三大类。

1. 块材隔墙

块材隔墙是用普通黏土砖、空心砖、加气混凝土等块材砌筑而成的，常采用普通砖隔墙和砌块隔墙两种。

（1）普通砖隔墙　普通砖隔墙一般采用 1/2 砖（120mm）隔墙。1/2 砖墙用普通黏土砖采用全顺式砌筑而成，砌筑砂浆强度等级不低于 M5，砌筑较大面积墙体时，长度超过 6m 应设砖壁柱，高度超过 5m 时应在门过梁处设通长钢筋混凝土带。

为了保证砖隔墙不承重，在砖墙砌到楼板底或梁底时，将立砖斜砌一皮，或将空隙塞木楔打紧，然后用砂浆填缝。8 度和 9 度抗震设防时，长度大于 5.1m 的后砌非承重砌体隔墙的墙顶应与楼板或梁拉接。

（2）砌块隔墙　为减轻隔墙自重，可采用轻质砌块，墙厚一般为 90～120mm。加固措施与 1/2 砖隔墙的做法相同。砌块不够整块时应采用普通黏土砖填补。因砌块孔隙率大、吸水量大，故在砌筑时先在墙下部实砌 3～5 皮实心黏土砖再砌砌块。

2. 轻骨架隔墙

轻骨架隔墙由骨架和面板层两部分组成，骨架有木骨架和金属骨架之分，面板有板条抹灰、钢丝网板条抹灰、胶合板、纤维板、石膏板等。由于先立墙筋（骨架），再做面层，故又称为立筋式隔墙。

3. 板材隔墙

板材隔墙是指各种轻质板材的高度等于房间净高，不依赖骨架，可直接装配而成，目前多采用条板，如碳化石灰板、加气混凝土条板、多孔石膏条板、纸蜂窝板、水泥刨花板、复合板等。

4. 隔断

隔断是指分隔室内空间的装修构件。其作用是变化空间或遮挡视线。在居住和公共建筑设计中经常采用隔断来创造一种似隔非隔、似断非断的景象。隔断的形式有屏风式隔断、镂空式隔断、玻璃隔断、移动式及家具隔断等。

第四节　楼板及楼地面

楼板和楼地面是建筑物的水平承重构件，施加到其上的活荷载及自重通过楼板和楼地面传给墙或柱。同时，楼板和楼地面又起分隔空间的作用，具备隔声、防水、防潮等性能。

一、楼板

1. 楼板层的构造组成

（1）面层　位于楼板层的最上层，起着保护楼板层、分布荷载和绝缘的作用，同时对室内起美化装饰作用。

（2）结构层　主要功能在于承受楼板层上的全部荷载并将这些荷载传给墙或柱；同时还对墙身起水平支撑作用，以加强建筑物的整体刚度。

（3）附加层　附加层又称功能层，是根据楼板层的具体要求而设置的，主要作用是隔声、隔热、保温、防水、防潮、防腐蚀、防静电等。根据需要，有时和面层合二为一，有时又和吊顶合为一体。

（4）顶棚层　位于楼板层最下层，主要作用是保护楼板、安装灯具、遮挡各种水平管线、改善使用功能、装饰美化室内空间。

2. 楼板的类型

根据所用材料不同，楼板可分为木楼板、钢筋混凝土楼板和钢衬板组合楼板等多种类型。

（1）木楼板　木楼板自重轻，保温隔热性能好、舒适、有弹性，只在木材产地采用较多，但耐火性和耐久性均较差，且造价偏高，为节约木材和满足防火要求，现采用较少。

（2）钢筋混凝土楼板　具有强度高，刚度好，耐火性和耐久性好，还具有良好的可塑性，便于工业化生产，在我国应用最广泛。

（3）压型钢板组合楼板　是在钢筋混凝土基础上发展起来的，利用钢衬板作为楼板的受弯构件和底模，既提高了楼板的强度和刚度，又加快了施工进度，是目前正大力推广的一种新型楼板。

3. 楼板层的设计要求

（1）具有足够的强度和刚度　强度要求是指楼板层应保证在自重和活荷载作用下安全可靠，不发生任何破坏。这主要是通过结构设计来满足要求。刚度要求是指楼板层在一定荷载作用下不发生过大变形，以保证正常使用状况。结构规范规定，楼板的允许挠度不大于跨度的 $1/250$，可用板的最小厚度 $[(1/40 \sim 1/35)L]$ 来保证其刚度。

(2) 具有一定的隔声能力　不同使用性质的房间对隔声的要求不同，如我国对住宅楼板的隔声标准中规定：一级隔声标准为65dB，二级隔声标准为75dB等。对一些特殊性质的房间如广播室、录音室、演播室等的隔声要求则更高。楼板主要是隔绝固体传声，如人的脚步声、拖动家具、敲击楼板等都属于固体传声，防止固体传声可采取以下措施。

① 在楼板表面铺设地毯、橡胶、塑料毡等柔性材料。

② 在楼板与面层之间加弹性垫层以降低楼板的振动，即"浮筑式楼板"。

③ 在楼板下加设吊顶，使固体噪声不直接传入下层空间。

(3) 具有一定的防火能力　保证在火灾发生时，在一定时间内不至于因楼板塌陷而给生命和财产带来损失。

(4) 具有防潮、防水能力　对有水的房间，如卫生间和厨房，都应该进行防潮防水处理。

(5) 满足各种管线的设置

(6) 满足建筑经济的要求

4. 钢筋混凝土楼板

钢筋混凝土楼板按其施工方法不同，可分为现浇式、预制式和装配整体式三种。

(1) 现浇钢筋混凝土楼板　现浇钢筋混凝土楼板整体性好，特别适用于有抗震设防要求的多层房屋和对整体性要求较高的其他建筑，对有管道穿过的房间、平面形状不规整的房间、尺度不符合模数要求的房间和防水要求较高的房间，都适合采用现浇钢筋混凝土楼板。

① 板式楼板。楼板根据受力特点和支承情况，分为单向板和双向板。为满足施工要求和经济要求，对各种板式楼板的最小厚度和最大厚度，一般规定如下。

单向板时（板的长边与短边之比大于2）：屋面板板厚60～80mm；民用建筑楼板厚70～100mm；工业建筑楼板厚80～180mm。

双向板时（板的长边与短边之比≤2）：板厚为80～160mm。

此外，板的支承长度规定：当板支承在砖石墙体上，其支承长度不小于120mm或板厚；当板支承在钢筋混凝土梁上时，其支承长度不小于60mm；当板支承在钢梁或钢屋架上时，其支承长度不小于50mm。

② 肋梁楼板。当房间平面尺寸较大，为使楼板的受力和传力更加合理，可以在楼板下设梁，形成肋梁楼板。单向肋梁楼板布置见图4-16，单向肋梁楼板透视图见图4-17，单向

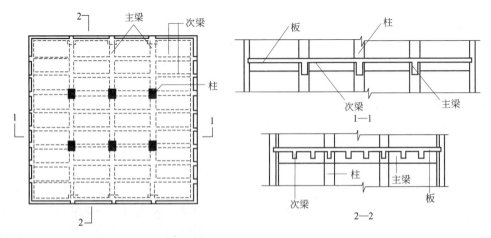

图4-16　单向肋梁楼板布置图

肋梁楼板施工现场见图 4-18。

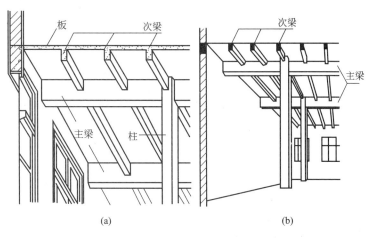

图 4-17 单向肋梁楼板透视图

图 4-18 单向肋梁楼板施工现场

单向肋梁楼板由板、次梁和主梁组成。其荷载传递路线为板→次梁→主梁→柱（或墙）。主梁的经济跨度为 5～8m，主梁高为主梁跨度的 1/14～1/8；主梁宽为高的 1/3～1/2；次梁的经济跨度为 4～6m，次梁高为次梁跨度的 1/18～1/12，宽度为梁高的 1/3～1/2，次梁跨度即为主梁间距；板的厚度确定同板式楼板，由于板的混凝土用量约占整个肋梁楼板混凝土用量的 50%～70%，因此板宜取薄些，通常板跨不大于 3m；其经济跨度为 1.7～2.5m。

当房间的形状近似于方形且跨度在 10m 以上时，可以将两个方向的梁等间距布置，形成井式梁楼板，其透视图见 4-19。

井式梁楼板无主次梁之分，由板和梁组成，荷载传递路线为板→梁→柱（或墙），适用于长宽比不大于 1.5 的矩形平面，井式梁楼板中板的跨度在 3.5～6m 之间，梁的跨度可达 20～30m，梁截面高度不小于梁跨的 1/15，宽度为梁高的 1/4～1/2，且不少于 120mm。井式楼板可与墙体正交放置或斜交放置。由于井式楼板可以用于较大的无柱空间，而且楼板底部的井格整齐划一，很有韵律，稍加处理就可形成艺术效果很好的顶棚。

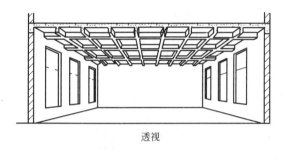
图 4-19　井式梁楼板透视图

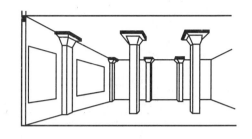
图 4-20　无梁楼板透视图

③ 无梁楼板。无梁楼板为等厚的平板直接支承在柱上，分为有柱帽和无柱帽两种。当楼面荷载比较小时，可采用无柱帽楼板；当楼面荷载较大时，必须在柱顶加设柱帽。无梁楼板的柱可设计成方形、矩形、多边形和圆形；柱帽可根据室内空间要求和柱截面形式进行设计；板的最小厚度不小于 150mm 且不小于板跨的 1/35～1/32。无梁楼板的柱网一般布置为正方形或矩形，间跨一般不超过 6m。无梁楼板透视图见图 4-20。

（2）预制式钢筋混凝土楼板　预制式钢筋混凝土楼板是指在构件预制加工厂或施工现场外预先制作，然后运到工地现场进行安装的钢筋混凝土楼板。预制板的长度一般与房屋的开间或进深一致，为 3M 的倍数；板的宽度一般为 1M 的倍数；板的截面尺寸须经结构计算确定。

① 板的类型。预制钢筋混凝土楼板有预应力和非预应力两种。

预制钢筋混凝土楼板常用类型有实心平板、槽形板、空心板三种。其中实心平板规格较小，跨度一般在 1.5m 左右，板厚一般为 60mm。预制实心平板由于其跨度小，常用于过道和小房间、卫生间、厨房的楼板。槽形板是一种肋板结合的预制构件，即在实心板的两侧设有边肋，作用在板上的荷载都由边肋来承担，板宽为 500～1200mm，非预应力槽形板跨长通常为 3～6m。板肋高为 120～240mm，板厚仅 30mm。槽形板减轻了板的自重，具有省材料，便于在板上开洞等优点；但隔声效果差。空心板也是一种梁板结合的预制构件，其结构计算理论与槽形板相似，两者的材料消耗也相近，但空心板上下板面平整，且隔声效果优于槽形板，因此是目前广泛采用的一种形式。

目前我国预应力空心板的跨度可达到 6m、6.6m、7.2m 等，板的厚度为 120～300mm。空心板安装前，应在板端的圆孔内填塞 C15 混凝土短圆柱（即堵头）以避免板端被压坏。

② 板的结构布置方式。板的结构布置方式应根据房间的平面尺寸及房间的使用要求进行结构布置，可采用墙承重系统和框架承重系统。当预制板直接搁置在墙上时称为板式结构布置；当预制板搁置在梁上时称为梁板式结构布置。

③ 板的搁置要求。支承于梁上时其搁置长度应不小于 80mm；支承于内墙上时其搁置长度应不小于 100mm；支承于外墙上时其搁置长度应不小于 120mm。铺板前，先在墙或梁上用 10～20mm 厚 M5 水泥砂浆找平，然后再铺板，使板与墙或梁有较好的连接，同时也使墙体受力均匀。

当采用梁板式结构时，板在梁上的搁置方式一般有两种：一种是板直接搁置在梁顶上；另一种是板搁置在花篮梁或十字梁上，板在梁上的搁置方式见图 4-21。

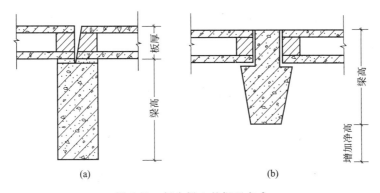

图 4-21 板在梁上的搁置方式

④ 板缝处理。预制板板缝起着连接相邻两块板协同工作的作用，使楼板成为一个整体。在具体布置楼板时，往往出现缝隙。当缝隙小于 60mm 时，可调节板缝（使其≤30，灌 C20 细石混凝土）；当缝隙在 60～120mm 之间时，可在灌缝的混凝土中加配 2φ6 通长钢筋；当缝隙在 120～200mm 之间时，设现浇钢筋混凝土板带，且将板带设在墙边或有穿管的部位；当缝隙大于 200mm 时，调整板的规格、板缝处理见图 4-22。

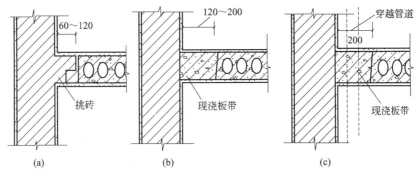

图 4-22 板缝处理

（3）装配整体式钢筋混凝土楼板　装配整体式钢筋混凝土楼板，是楼板中预制部分构件，然后在现场安装，再以整体浇筑的办法连接而成的楼板。常见的有密肋填充块楼板和预制薄板叠合楼板。

二、楼地面

地面是指建筑物的首层地面，楼面指的是除首层地面以外的其他各楼层面。楼地面是建筑物首层地面和各层楼板面的总称。

1. 楼地面的构造组成

楼地面的主要组成是基层和面层。楼层地面的基层是楼板，首层地面的基层是地坪层。

2. 地坪层构造

地坪层指建筑物底层房间与土层的交接处。它所起的作用是承受地坪上的荷载，并均匀地传给地坪以下土层。按地坪层与土层间的关系不同，可分为实铺地层和空铺地层两类。

（1）实铺地层　地坪层的基本组成部分有面层、垫层和基层，对有特殊要求的地坪层，常在面层和垫层之间增设一些附加层，地坪层构造见图 4-23。

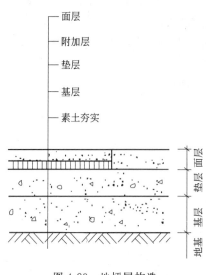

① 面层。地坪层的面层又称地面，起着保护结构层和美化室内的作用。地面的做法和楼面相同。

② 垫层。垫层是基层和面层之间的填充层，其作用是承重传力，一般采用60～100mm厚的C10混凝土垫层。垫层材料分为刚性和柔性两大类：刚性垫层如混凝土、碎砖三合土等，有足够的整体刚度，受力后不产生塑性变形，多用于整体地面和小块块料地面；柔性垫层如砂、碎石、炉渣等松散材料，无整体刚度，受力后产生塑性变形，多用于块料地面。

③ 基层。基层即地基，一般为原土层或填土分层夯实。当上部荷载较大时，增设2∶8灰土100～150mm厚，或碎砖、道渣三合土100～150mm厚。

④ 附加层。附加层主要应满足某些有特殊使用要求而设置的一些构造层次，如防水层、防潮层、保温层、隔热层、隔声层和管道敷设层等。

图 4-23 地坪层构造

（2）空铺地层　为防止房屋底层房间受潮或满足某些特殊使用要求（如舞台、体育训练、比赛场等的地层需要有较好的弹性）将地层架空形成空铺地层，见图4-24。

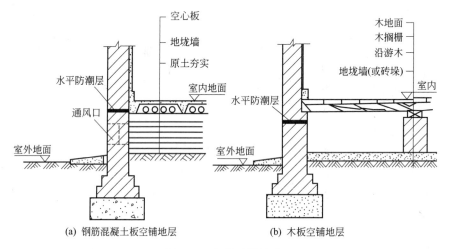

(a) 钢筋混凝土板空铺地层　　　(b) 木板空铺地层

图 4-24 空铺地层构造

3. 地面设计要求

① 具有足够的坚固性。在家具设备等作用下不易被磨损和破坏，且表面平整、光洁、易清洁和不起灰。

② 保温性能好。要求地面材料的热导率小，给人以温暖舒适的感觉，冬季时走在上面不致感到寒冷。

③ 具有一定的弹性。当人们行走时不致有过硬的感觉，同时，有弹性的地面对防撞击声有利。

④ 易清洁、经济。

⑤ 满足某些特殊要求。比如防水、防潮、防火、耐腐蚀等。

4. 地面的类型

按面层所用材料和施工方式不同，常见地面做法可分为以下几类。

① 整体地面。水泥砂浆地面、细石混凝土地面、水泥石屑地面、水磨石地面等。

② 块材地面。砖铺地面、面砖、缸砖及陶瓷锦砖地面等。

③ 塑料地面。聚氯乙烯塑料地面、涂料地面。

④ 木地面。常采用条木地面和拼花木地面。

5．地面构造

（1）整体地面

① 水泥砂浆地面。通常有单层和双层两种做法。单层做法只抹一层 20~25mm 厚 1：2 或 1：2.5 水泥砂浆；双层做法是增加一层 10~20mm 厚 1：3 水泥砂浆找平，表面再抹 5~10mm 厚 1：2 水泥砂浆抹平压光。

② 水泥石屑地面。将水泥砂浆里的中粗砂换成 3~6mm 的石屑，或称豆石或瓜米石地面。在垫层或结构层上直接做 1：2 水泥石屑 25mm 厚，水灰比不大于 0.4，刮平拍实，碾压多遍，出浆后抹光。这种地面表面光洁，不起尘，易清洁，造价是水磨石地面的 50%，但强度高，性能近似水磨石。

③ 水磨石地面。水磨石地面为分层构造，底层为 1：3 水泥砂浆 18mm 厚找平，面层为 (1：1.5)~(1：2) 水泥石碴 12mm 厚，石碴粒径为 8~10mm，分格条一般高 10mm，用 1：1 水泥砂浆固定，见图 4-25。

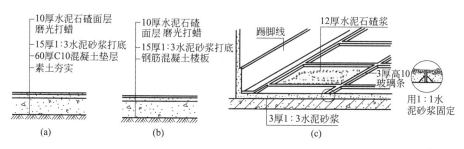

图 4-25 水磨石地面构造

（2）块材地面　块材地面是利用各种人造的和天然的预制块材、板材镶铺在基层上面。

① 铺砖地面。铺砖地面有黏土砖地面、水泥砖地面、预制混凝土块地面等。铺设方式有两种：干铺和湿铺。干铺是在基层上铺一层 20~40mm 厚砂子，将砖块等直接铺设在砂上，板块间用砂或砂浆填缝。湿铺是在基层上铺 1：3 水泥砂浆 12~20mm 厚，用 1：1 水泥砂浆灌缝。

② 缸砖、地面砖及陶瓷锦砖地面。缸砖是陶土加矿物颜料烧制而成的一种无釉砖块，主要有红棕色和深米黄色两种，缸砖质地细密坚硬，强度较高，耐磨、耐水、耐油、耐酸碱，易于清洁，不起灰，施工简单，因此广泛应用于卫生间、盥洗室、浴室、厨房、实验室及有腐蚀性液体的房间地面。

地面砖的各项性能均优于缸砖，且色彩图案丰富，装饰效果好，造价也较高，多用于装修标准较高的建筑物地面。

缸砖、地面砖构造做法：20mm 厚 1：3 水泥砂浆找平，3~4mm 厚水泥胶（水泥：107 胶：水约为 1：0.1：0.2）粘贴缸砖，用素水泥浆擦缝。

陶瓷锦砖质地坚硬，经久耐用，色泽多样，耐磨、防水、耐腐蚀、易清洁，适用于有水、有腐蚀的地面。做法类同缸砖，后用滚筒压平，使水泥胶挤入缝隙，用水洗去牛皮纸，用白水泥浆擦缝。

③ 天然石板地面。常用的天然石板指大理石和花岗石板，由于它们质地坚硬，色泽丰富艳丽，属高档地面装饰材料，一般多用于高级宾馆、会堂、公共建筑的大厅、门厅等处。

做法是在基层上刷素水泥浆一道后用 30mm 厚 1∶3 干硬性水泥砂浆找平，面上撒 2mm 厚素水泥（洒适量清水），粘贴石板。

(3) 木地面　按构造方式有架空、实铺和粘贴三种。

① 架空式木地板常用于底层地面，主要用于舞台、运动场等有弹性要求的地面。

② 实铺木地面是将木地板直接钉在钢筋混凝土基层上的木搁栅上。木搁栅为 50mm×60mm 方木，中距 400mm，40mm×50mm 横撑，中距 1000mm 与木搁栅钉牢。为了防腐，可在基层上刷冷底子油和热沥青，搁栅及地板背面满涂防腐油或煤焦油。

③ 粘贴木地面的做法是先在钢筋混凝土基层上采用沥青砂浆找平，然后刷冷底子油一道，热沥青一道，用 2mm 厚沥青胶、环氧树脂乳胶等随涂随铺贴 20mm 厚硬木长条地板。

(4) 塑料地面　常用的塑料地毡为聚氯乙烯塑料地毡和聚氯乙烯石棉地板。聚氯乙烯塑料地毡又称地板胶，是软质卷材，可直接干铺在地面上。聚氯乙烯石棉地板是在聚氯乙烯树脂中掺入 60%～80% 的石棉绒和碳酸钙填料。由于树脂少，填料多，所以质地较硬，常做成 300mm×300mm 的小块地板，用黏结剂拼花对缝粘贴。

(5) 涂料地面　涂料地面耐磨性好，耐腐蚀、耐水防潮，整体性好，易清洁，不起灰，弥补了水泥砂浆和混凝土地面的缺陷，同时价格低廉，易于推广。

第五节　楼　　梯

楼梯是建筑物内各个不同楼层之间联系的主要垂直交通设施。楼梯应有足够的通行宽度和疏散能力，并且坚固、耐久、安全、防火和美观。

一、楼梯的组成

楼梯一般由楼梯段、平台及栏杆（或栏板）三部分组成，见图 4-26。

1. 楼梯段

一个楼梯段称为一跑，是楼梯的主要使用和承重部分。它由若干个踏步组成。为减少人们上下楼梯时的疲劳和适应人行走的习惯，一个楼梯段的踏步数要求最多不超过 18 级，最少不少于 3 级。

2. 平台

平台是指两楼梯段之间的水平板，有楼层平台、中间平台之分。其主要作用在于缓解疲劳，让人们在连续上楼时可在平台上稍加休息，故又称休息平台。同时，平台还是梯段之间转换方向的连接处。

3. 栏杆

栏杆是楼梯段的安全设施，一般设置在楼梯段的边缘和平台临空的一边，要求它必须坚固可靠，并保证有足够的安全高度。

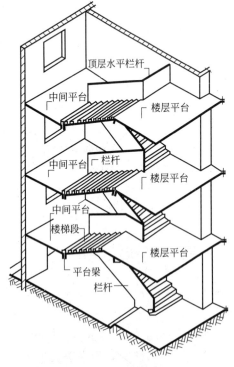

图 4-26　楼梯的组成

二、楼梯的形式

楼梯的类型有多种多样。一般来说，有以下几种。

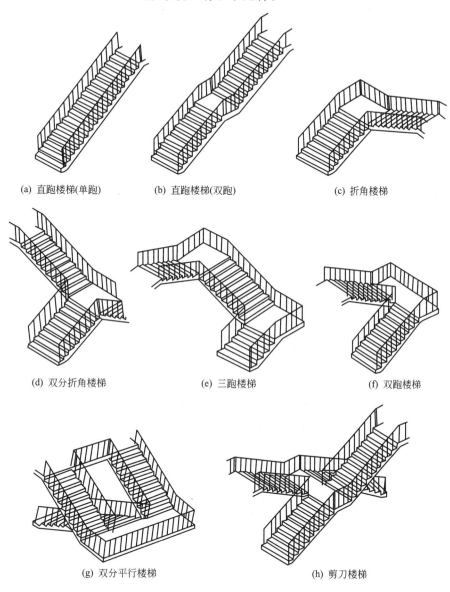

(a) 直跑楼梯(单跑)　　(b) 直跑楼梯(双跑)　　(c) 折角楼梯

(d) 双分折角楼梯　　(e) 三跑楼梯　　(f) 双跑楼梯

(g) 双分平行楼梯　　(h) 剪刀楼梯

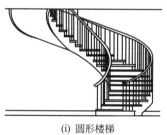

(i) 圆形楼梯

图 4-27　楼梯的形式

① 按位置不同分，楼梯有室内与室外两种。
② 按使用性质分，室内有主要楼梯、辅助楼梯；室外有安全楼梯、防火楼梯。
③ 按材料分有木质、钢筋混凝土、钢质、混合式及金属楼梯。
④ 按楼梯的平面形式不同，可分为以下几种：单跑直楼梯；双跑直楼梯；三跑楼梯；双跑弧形楼梯，见图 4-27。

三、钢筋混凝土楼梯

钢筋混凝土楼梯按施工方式可分为现浇式和预制装配式两类。

1. 现浇式钢筋混凝土楼梯

现浇式钢筋混凝土楼梯根据梯段的传力特点，有板式梯段和梁板式梯段之分。

(1) 板式楼梯　板式梯段是指楼梯段作为一块整板，即一个梯段就是一块板，斜搁在楼梯的平台梁上。平台梁之间的距离便是这块板的跨度，见图 4-28。

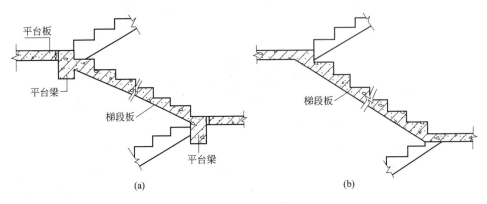

图 4-28　板式楼梯

板式楼梯结构简单，施工方便，但自重较大，耗材多。

(2) 梁板式楼梯　当梯段较宽或楼梯负载较大时，采用板式梯段往往不经济，须增加梯段斜梁（简称梯梁）以承受板的荷载，并将荷载传给平台梁，这种梯段称梁板式梯段。

梁板式梯段在结构布置上有双梁布置和单梁布置之分。梯梁在板下部的称正梁式梯段，将梯梁反向上面称反梁式梯段，见图 4-29。

2. 预制装配式钢筋混凝土楼梯

预制装配式钢筋混凝土楼梯按其构造方式可分为梁承式和墙承式等类型。

(1) 梁承式楼梯　梁承式楼梯是指梯段由平台梁支承的楼梯构造方式。预制构件可按梯段（板式或梁板式梯段）、平台梁、平台板三部分进行划分，见图 4-30。

① 梁板式梯段。梁板式梯段由梯斜梁和踏步板组成。一般在踏步板两端各设一根梯斜梁，踏步板支承在梯斜梁上。由于构件小型化，不需大型起重设备即可安装，施工简便。踏步板的断面形式有一字形、L 形、三角形等，见图 4-31。

其中，用于搁置一字形、L 形断面踏步板的梯斜梁为锯齿形断面构件。用于搁置三角形断面踏步板的梯斜梁为矩形断面构件，见图 4-32。

② 板式梯段。板式梯段为整块或数块带踏步条板，见图 4-33。预制构件中平台梁的断面尺寸见图 4-34。

(2) 墙承式楼梯　墙承式楼梯是指预制钢筋混凝土踏步板直接搁置在墙上的一种楼梯形

第四章 民用建筑构造基本知识

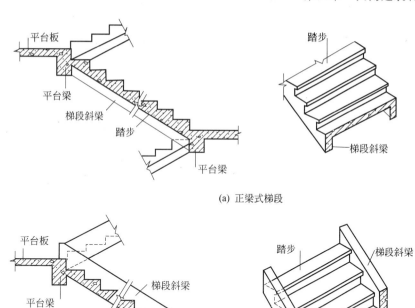

图 4-29 现浇钢筋混凝土梁板式梯段

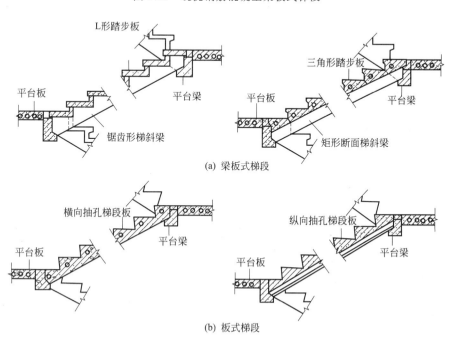

图 4-30 预制装配梁承式楼梯

式（图 4-35），其踏步板一般采用一字形、L 形断面。

这种楼梯由于在梯段之间有墙，搬运家具不方便，也阻挡视线，上下人流易相撞。为了

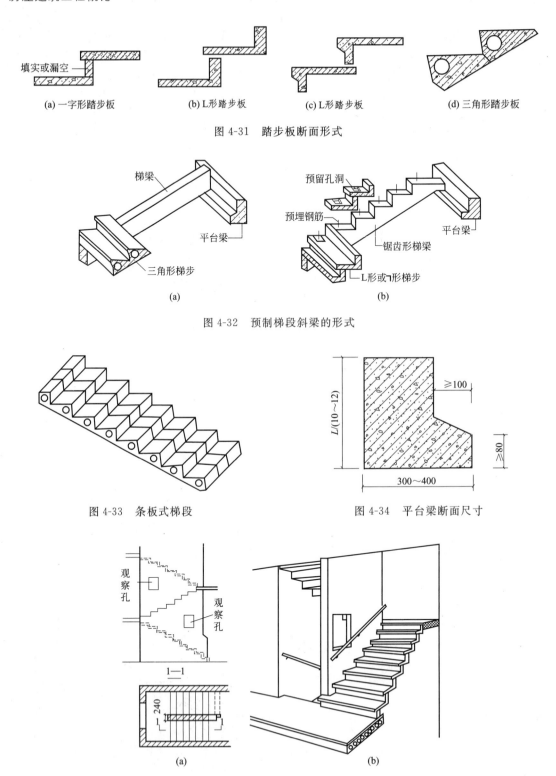

图 4-31 踏步板断面形式

图 4-32 预制梯段斜梁的形式

图 4-33 条板式梯段

图 4-34 平台梁断面尺寸

图 4-35 墙承式钢筋混凝土楼梯

扩大视野，通常在中间墙上开设观察口，也可将中间墙两端靠平台部分局部收进，以使空间通透，有利于改善视线和搬运家具物品。但这种方式对抗震不利，施工也较麻烦。

四、电梯及自动扶梯

为了满足高层建筑和一些多层建筑上下运行方便、快捷,这些建筑常常设有电梯及自动扶梯。电梯用于层数较多或有特殊需要的建筑物中。自动扶梯用于大量频繁而连续人流的大型公共建筑,如商场、地铁站等。

1. 电梯的类型

(1) 按使用性质分

① 客梯:主要用于人们在建筑物中的垂直联系。

② 货梯:主要用于运送货物及设备。

③ 消防电梯:用于发生火灾、爆炸等紧急情况下作安全疏散人员和消防人员紧急救援使用。

(2) 按电梯行驶速度分

① 高速电梯:速度大于 2m/s,梯速随层数增加而提高,消防电梯常用高速。

② 中速电梯:速度在 2m/s 之内,一般货梯按中速考虑。

③ 低速电梯:运送食物电梯常用低速,速度在 1.5m/s 以内。

(3) 其他分类

有按单台、双台分;按交流电梯、直流电梯分;按轿厢容量分;按电梯门开启方向分等。

2. 电梯的组成

(1) 电梯井道　电梯井道是电梯运行的通道,井道内包括出入口、电梯轿厢、导轨、导轨撑架、平衡锤及缓冲器等。不同用途的电梯,井道的平面形式不同。

(2) 电梯机房　电梯机房一般设在井道的顶部。机房和井道的平面相对位置允许机房任意向一个或两个相邻方向伸出,并满足机房有关设备安装的要求。机房楼板应按机器设备要求的部位预留孔洞。

(3) 井道地坑　井道地坑在最底层平面标高下 ≥1.4m 处,考虑电梯停靠时的冲力,作为轿厢下降时所需缓冲器的安装空间。

3. 组成电梯的有关部件

① 轿厢。它是直接载人、运货的厢体。电梯轿厢应造型美观,经久耐用,当今轿厢采用金属框架结构,内部用光洁有色钢板壁面或有色有孔钢板壁面,花格钢板地面,荧光灯局部照明以及不锈钢操纵板等。入口处则采用钢材或坚硬铝材制成的电梯门。

② 井壁导轨和导轨支架,是支承、固定轿厢上下升降的轨道。

③ 牵引轮及其钢支架、钢丝绳、平衡锤、轿厢开关门、检修起重吊钩等。

④ 有关电器部件。交流电动机、直流电动机、控制柜、继电器、选层器、动力、照明、电源开关、厅外层数指示灯和厅外上下召唤盒开关等。

4. 自动扶梯

自动扶梯可正、逆两个方向运行,可作提升及下降使用,机器停转时也可作普通楼梯使用。

自动扶梯是由电动机械牵动梯段踏步连同栏杆扶手带一起运转。机房悬挂在楼板下面。自动扶梯的坡道比较平缓,一般采用 30°,运行速度为 0.5~0.7m/s,宽度按输送能力有单人和双人两种。

第六节 屋　　顶

屋顶是房屋顶层覆盖的外围护结构,它为建筑提供了一个较好的内部使用空间环境。其作用是抵抗风霜雨雪等自然因素和其他外界不利因素的影响。屋顶的设计要满足结构安全、保温、防水、排水等要求,同时满足人们对建筑艺术即美观方面的需求。

一、屋顶的形式

1. 平屋顶

平屋顶通常是指排水坡度小于5％的屋顶,常用坡度为2％～3％。图4-36为平屋顶常见的几种形式。

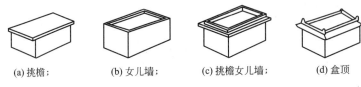

(a) 挑檐；　　(b) 女儿墙；　　(c) 挑檐女儿墙；　　(d) 盒顶

图4-36　平屋顶的形式

2. 坡屋顶

坡屋顶通常是指屋面坡度大于10％的屋顶。图4-37为坡屋顶常见的几种形式。

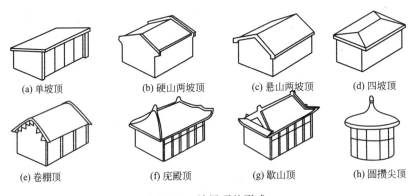

(a) 单坡顶　　(b) 硬山两坡顶　　(c) 悬山两坡顶　　(d) 四坡顶

(e) 卷棚顶　　(f) 庑殿顶　　(g) 歇山顶　　(h) 圆攒尖顶

图4-37　坡屋顶的形式

3. 其他形式的屋顶

随着科学技术的发展,出现了许多新型的屋顶结构形式,如拱结构、薄壳结构、悬索结构、网架结构屋顶等。这类屋顶多用于较大跨度的公共建筑。图4-38为其他形式的屋顶。

二、坡屋顶

1. 承重结构类型

坡屋顶中常用的承重结构有横墙承重、屋架承重和梁架承重,见图4-39。

2. 承重结构构件

(1) 屋架　屋架形式常为三角形,由上弦、下弦及腹杆组成,所用材料有木材、钢材及钢筋混凝土等。木屋架一般用于跨度不超过12m的建筑；将木屋架中受拉力的下弦及直腹杆件用钢筋或型钢代替,这种屋架称为钢木组合屋架。钢木组合屋架一般用于跨度不超过

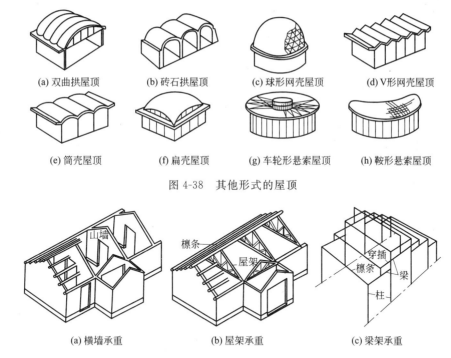

图 4-38 其他形式的屋顶

图 4-39 坡屋顶的承重结构类型

18m 的建筑；当跨度更大时需采用预应力钢筋混凝土屋架或钢屋架。

（2）檩条　檩条所用材料可为木材、钢材及钢筋混凝土，檩条材料的选用一般与屋架所用材料相同，以使两者的耐久性接近。

（3）承重结构布置　坡屋顶承重结构布置主要是指屋架和檩条的布置，其布置方式视屋顶形式而定，屋架和檩条布置见图 4-40。

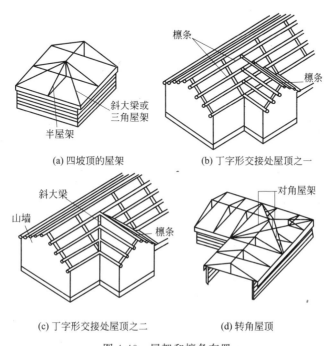

图 4-40 屋架和檩条布置

3. 坡屋顶保温构造

坡屋顶的保温层一般布置在瓦材与檩条之间或吊顶棚上面。保温材料可根据工程具体要求选用松散材料、块体材料或板状材料。

4. 坡屋顶隔热构造

炎热地区在坡屋顶中设进气口和排气口,利用屋顶内外的热压差和迎风面的压力差,组织空气对流,形成屋顶内的自然通风,以减少由屋顶传入室内的辐射热,从而达到隔热降温的目的。进气口一般设在檐墙上、屋檐部位或室内顶棚上;出气口最好设在屋脊处,以增大高差,有利加速空气流通。

三、平屋顶

1. 柔性防水屋面

柔性防水屋面又称为卷材防水屋面,它由多层材料叠合而成,其基本构造层次包括结构层、找平层、结合层、防水层和保护层。卷材防水屋面的构造组成和油毡防水屋面做法分别见图4-41、图4-42。

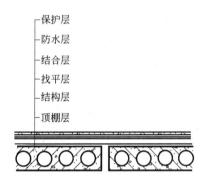

图4-41 卷材防水屋面的构造组成

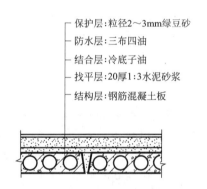

图4-42 油毡防水屋面做法

(1) 结构层 通常为预制或现浇钢筋混凝土屋面板,要求具有足够的强度和刚度。

(2) 找平层 柔性防水层要求铺贴在坚固而平整的基层上,因此必须在结构层或找坡层上设置找平层。

(3) 结合层 结合层的作用是使卷材防水层与基层粘结牢固。结合层所用材料应根据卷材防水层材料的不同来选择,如油毡卷材、聚氯乙烯卷材及自粘型彩色三元乙丙复合卷材用冷底子油在水泥砂浆找平层上喷涂一至两道;三元乙丙橡胶卷材则采用聚氨酯底胶;氯化聚乙烯橡胶卷材需用氯丁胶乳等。冷底子油用沥青加入汽油或煤油等溶剂稀释而成,喷涂时不用加热,在常温下进行,故称冷底子油。

(4) 防水层 防水层是由胶结材料与卷材黏合而成,卷材连续搭接,形成屋面防水的主要部分。当屋面坡度较小时,卷材一般平行于屋脊铺设,从檐口到屋脊层层向上粘贴,上下搭接不小于70mm,左右搭接不小于100mm。

油毡屋面在我国已有几十年的使用历史,具有较好的防水性能,对屋面基层变形有一定的适应能力,但这种屋面施工麻烦、劳动强度大,且容易出现油毡鼓泡、沥青流淌、油毡老化等方面的问题,使油毡屋面的寿命大大缩短,平均10年左右就要进行大修。

目前所用的新型防水卷材,主要有三元乙丙橡胶防水卷材、自粘型彩色三元乙丙复合防水卷材、聚氯乙烯防水卷材、氯化聚乙烯防水卷材、氯丁橡胶防水卷材及改性沥青油毡防水卷材等,这些材料一般为单层卷材防水构造,防水要求较高时可采用双层卷材防水构造。这些防水材料的共同优点是自重轻,适用温度范围广,耐气候性好,使用寿命长,抗拉强度高,延伸率大,冷作业施工,操作简便,大大改善劳动条件,减少环境污染。

(5) 保护层 不上人屋面保护层的做法:当采用油毡防水层时为粒径 3～6mm 的小石子,称为绿豆砂保护层。绿豆砂要求耐风化、颗粒均匀、色浅;三元乙丙橡胶卷材采用银色着色剂,直接涂刷在防水层上表面;彩色三元乙丙复合卷材防水层直接用 CX-404 胶黏结,不需另加保护层。

上人屋面的保护层构造做法:通常可采用水泥砂浆或沥青砂浆铺贴缸砖、大阶砖、混凝土板等;也可现浇 40mm 厚 C20 细石混凝土。

2. 柔性防水屋面细部构造

屋面细部是指屋面上的泛水、天沟、雨水口、檐口、变形缝等部位。

(1) 泛水构造 泛水指屋顶上沿所有垂直面所设的防水构造,突出于屋面之上的女儿墙、烟囱、楼梯间、变形缝、检修孔、立管等的壁面与屋顶的交接处是最容易漏水的地方。必须将屋面防水层延伸到这些垂直面上,形成立铺的防水层,称为泛水。卷材防水屋面泛水构造见图 4-43。

(2) 檐口构造 柔性防水屋面的檐口构造有无组织排水挑檐和有组织排水挑檐沟及女儿墙檐

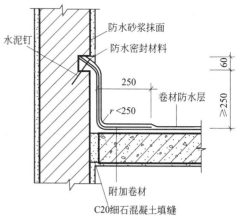

图 4-43 卷材防水屋面泛水构造

口等,挑檐和挑檐沟构造都应注意处理好卷材的收头固定、檐口饰面并做好滴水。女儿墙檐口构造的关键是泛水的构造处理,其顶部通常做混凝土压顶,并设有坡度坡向屋面。檐口构造见图 4-44。

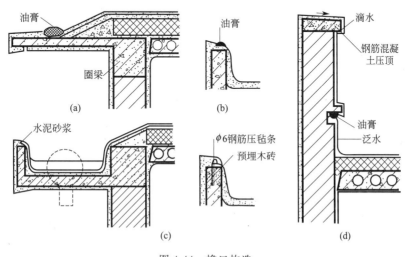

图 4-44 檐口构造

3. 刚性防水屋面

刚性防水屋面是指以刚性材料作为防水层的屋面,如防水砂浆、细石混凝土、配筋细石混凝土防水屋面等。这种屋面具有构造简单、施工方便、造价低廉的优点,但对温度变化和结构变形较敏感,容易产生裂缝而渗水。故多用于我国南方地区的建筑。

刚性防水屋面一般由结构层、找平层、隔离层和防水层组成。

(1) 结构层　刚性防水屋面的结构层要求具有足够的强度和刚度,一般应采用现浇或预制装配的钢筋混凝土屋面板,并在结构层现浇或铺板时形成屋面的排水坡度。

(2) 找平层　为保证防水层厚薄均匀,通常应在结构层上用20mm厚1:3水泥砂浆找平。若采用现浇钢筋混凝土屋面板或设有纸筋灰等材料时,也可不设找平层。

(3) 隔离层　为减少结构层变形及温度变化对防水层的不利影响,宜在防水层下设置隔离层。隔离层可采用纸筋灰、低强度等级砂浆或薄砂层上干铺一层油毡等。当防水层中加有膨胀剂类材料时,其抗裂性有所改善,也可不做隔离层。

(4) 防水层　常用配筋细石混凝土防水屋面的混凝土强度等级应不低于C20,其厚度宜不小于40mm,双向配置$\phi 4\sim 6.5$mm钢筋,间距为100~200mm的双向钢筋网片。为提高防水层的抗渗性能,可在细石混凝土内掺入适量外加剂(如膨胀剂、减水剂、防水剂等)以提高其密实性能。

4. 刚性防水屋面细部构造

刚性防水屋面的细部构造包括屋面防水层的分格缝、泛水、檐口、雨水口等部位的构造处理。

(1) 屋面分格缝　屋面分格缝实质上是在屋面防水层上设置的变形缝。其目的在于:①防止温度变形引起防水层开裂;②防止结构变形将防水层拉坏。因此屋面分格缝的位置应设置在温度变形允许的范围以内和结构变形敏感的部位。一般情况下分格缝间距不宜大于6m。结构变形敏感的部位主要是指装配式屋面板的支承端、屋面转折处、现浇屋面板与预制屋面板的交接处、泛水与立墙交接处等部位。分格缝的位置见图4-45。

图4-45 分格缝的位置

(2) 分格缝的构造要点

① 防水层内的钢筋在分格缝处应断开。

② 屋面板缝用浸过沥青的木丝板等密封材料嵌填,缝口用油膏等嵌填。

③ 缝口表面用防水卷材铺贴盖缝,卷材的宽度为200~300mm。

5. 平屋顶的保温

(1) 保温材料的类型　保温材料多为轻质多孔材料,一般可分为以下三种类型。

① 散料类。常用炉渣、矿渣、膨胀蛭石、膨胀珍珠岩等。

② 整体类。是指以散料作骨料,掺入一定量的胶结材料,现场浇筑而成。如水泥炉渣、水泥膨胀蛭石、水泥膨胀珍珠岩及沥青膨胀蛭石和沥青膨胀珍珠岩等。

③ 板块类。是指利用骨料和胶结材料由工厂制作而成的板块状材料,如加气混凝土、泡沫混凝土、膨胀蛭石、膨胀珍珠岩、泡沫塑料等块材或板材等。

保温材料的选择应根据建筑物的使用性质、构造方案、材料来源、经济指标等因素综合考虑确定。

(2) 保温层的设置　平屋顶因屋面坡度平缓,适合将保温层放在屋面结构层上(刚性防水屋面不适宜设保温层)。

保温层通常设在结构层之上、防水层之下。保温卷材防水屋面与非保温卷材防水屋面的区别是增设了保温层，因构造需要相应增加了找平层、结合层和隔汽层。设置隔汽层的目的是防止室内水蒸气渗入保温层，使保温层受潮而降低保温效果。隔汽层的一般做法是在20mm厚1∶3水泥砂浆找平层上刷冷底子油两道作为结合层，结合层上做一布二油或两道热沥青隔汽层。

6. 平屋顶的隔热

目前采用较多的做法是通风隔热屋面、蓄水隔热屋面和种植隔热屋面。

四、屋顶的排水

为了使屋面雨水迅速排除，需进行周密的排水设计，其内容包括：选择屋顶排水坡度，确定排水方式和进行屋顶排水组织设计。

1. 屋顶坡度选择

（1）屋顶排水坡度的表示方法　常用的坡度表示方法有角度法、斜率法和百分比法。坡屋顶多采用角度法、斜率法；平屋顶多采用百分比法、斜率法。角度法是用坡屋顶的实际角度来表示；斜率法是用屋面的高度与屋面水平长度之比来表示；百分比法是用屋顶的高度与坡面水平长度的百分比来表示。

（2）影响屋顶坡度的因素

① 屋面防水材料与排水坡度的关系。防水材料如尺寸较小，接缝必然就较多，容易产生缝隙渗漏，因而屋面应有较大的排水坡度，以便将屋面积水迅速排除。如果屋面的防水材料覆盖面积大，接缝少而且严密，屋面的排水坡度就可以小一些。

② 降雨量大小与排水坡度的关系。降雨量大的地区，屋面渗漏的可能性较大，屋顶的排水坡度应适当加大；反之，屋顶排水坡度则宜小一些。

（3）屋顶坡度的形成方法

① 材料找坡。材料找坡是指屋顶坡度由垫坡材料形成，一般用于坡向长度较小的屋面。为了减轻屋面荷载，应选用轻质材料找坡，如水泥炉渣、石灰炉渣等。找坡层的厚度最薄处不小于20mm。平屋顶材料找坡的坡度宜为2%。

② 结构找坡。结构找坡是屋顶结构自身带有排水坡度，平屋顶结构找坡的坡度宜为3%。

材料找坡的屋面板可以水平放置，天棚面平整，但材料找坡增加屋面荷载，材料和人工消耗较多；结构找坡无须在屋面上另加找坡材料，构造简单，不增加荷载，但天棚顶倾斜，室内空间不够规整。这两种方法在工程实践中均有广泛的运用。屋顶坡度的形成见图4-46。

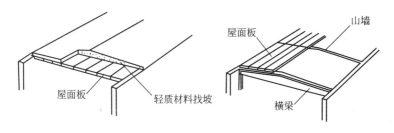

图4-46　屋顶坡度的形成

2. 屋顶排水方式

（1）无组织排水　无组织排水是指屋面雨水直接从檐口滴落至地面的一种排水方式，因为不用天沟、雨水管等导流雨水，故又称自由落水。主要适用于少雨地区或一般低层建筑，相邻屋面高差小于 4m；不宜用于临街建筑和较高的建筑。

（2）有组织排水　有组织排水是指雨水经由天沟、雨水管等排水装置被引导至地面或地下管沟的一种排水方式。在建筑工程中应用广泛。

（3）排水方式选择　确定屋顶排水方式应根据气候条件、建筑物的高度、质量等级、使用性质、屋顶面积大小等因素加以综合考虑。

第七节　门　与　窗

门在房屋建筑中的作用主要是交通联系，并兼采光和通风；窗的作用主要是采光、通风及眺望。在不同情况下，门和窗还有分隔、保温、隔声、防火、防辐射、防风沙等要求。门窗在建筑立面构图中的影响也较大，它的尺度、比例、形状、组合、透光材料的类型等，都影响着建筑的艺术效果。

一、门的构造

1. 门的形式

门按其开启方式通常有平开门、弹簧门、推拉门、折叠门、转门等。门的开启形式见图 4-47。

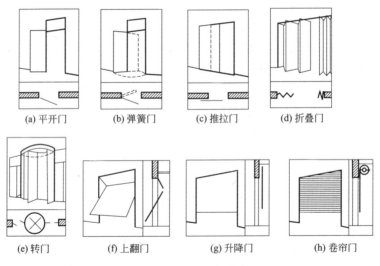

图 4-47　门的开启形式

2. 门的尺度

门的尺度通常是指门洞的高宽尺寸。门作为交通疏散通道，其尺度取决于人的通行要求、家具器械的搬运及与建筑物的比例关系等，并要符合现行《建筑模数协调统一标准》的规定。

（1）门的高度　门的高度不宜小于 2100mm。如门设有亮子时，亮子高度一般为 300～600mm，则门洞高度为 2400～3000mm。公共建筑大门高度可视需要适当提高。

（2）门的宽度　单扇门为 700～1000mm，双扇门为 1200～1800mm。宽度在 2100mm以上时，则做成三扇、四扇门或双扇带固定扇的门，因为门扇过宽易产生翘曲变形，同时也不利于开启。辅助房间（如浴厕、储藏室等）门的宽度可窄些，一般为 700～800mm。

3. 平开门的组成

门一般由门框、门扇、亮子、五金零件及其附件组成。

门扇按其构造方式不同，有镶板门、夹板门、拼板门、玻璃门和纱门等类型。亮子又称腰头窗，在门上方，为辅助采光和通风之用，有平开、固定及上悬、中悬、下悬几种。门框是门扇、亮子与墙的联系构件。五金零件一般有铰链、插销、门锁、拉手、门碰头等。附件有贴脸板、筒子板等。木门的组成见图 4-48。

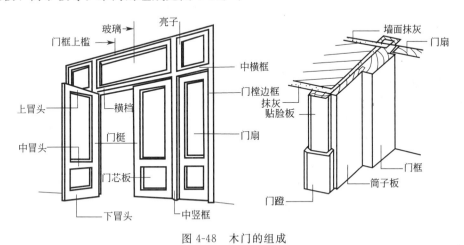

图 4-48 木门的组成

二、窗的构造

1. 窗的形式

窗的形式一般按开启方式定。而窗的开启方式主要取决于窗扇铰链安装的位置和转动方式。通常窗的开启方式有图 4-49 所示的几种。

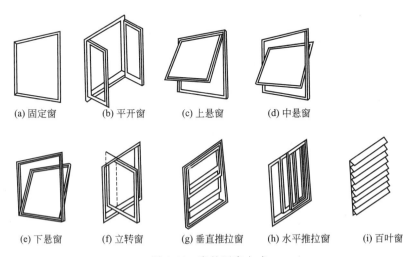

图 4-49 窗的开启方式

2. 窗的尺度

窗的尺度主要取决于房间的采光、通风、构造做法和建筑造型等要求，并要符合现行《建筑模数协调统一标准》的规定。为使窗坚固耐久，一般平开木窗的窗扇高度为 800～

1200mm，宽度不宜大于 500mm；上下悬窗的窗扇高度为 300～600mm；中悬窗窗扇高度不宜大于 1200mm，宽度不宜大于 1000mm；推拉窗高宽均不宜大于 1500mm。对一般民用建筑用窗，各地均有通用图，各类窗的高度与宽度尺寸通常采用扩大模数 3M 数列作为洞口的标志尺寸，需要时按所需类型及尺度大小直接选用。

复 习 思 考 题

1. 如何区分建筑物和构筑物？
2. 建筑物按其使用性质分哪几类？按承重结构的材料分哪几类？
3. 何谓耐火极限？
4. 民用建筑由哪几部分构成？各部分的作用是什么？
5. 什么是地基、基础、天然地基和人工地基？
6. 什么是基础的埋深？其影响因素有哪些？
7. 刚性基础为什么要考虑刚性角？
8. 基础按构造形式分哪几类？
9. 地下室为什么要进行防潮处理？简述其构造要点。
10. 地下室常采用的防水措施有哪几种？
11. 什么是横墙、纵墙和山墙？
12. 简述墙体的设计要求。
13. 砖墙的组砌方式有哪几种？
14. 门窗过梁有哪几种形式？
15. 墙身水平防潮层的位置和构造做法常用的有几种？
16. 墙体的加固有几种形式？各有何要求？
17. 什么是伸缩缝、沉降缝和防震缝？
18. 如何区分隔墙和隔断？
19. 简述楼板层及地面的构造组成及它们各自的设计要求。
20. 钢筋混凝土楼板按其施工方法不同，可分为哪几类？各有何特点？
21. 预制钢筋混凝土楼板有哪几类？各有何特点？
22. 简述几种常见地面的构造要点。
23. 楼梯由哪几部分组成？各有何设计要求？
24. 楼梯按其平面形式不同，有哪些形式？
25. 现浇钢筋混凝土楼梯有哪些常见的结构形式？各有何特点？
26. 预制装配式钢筋混凝土楼梯按其构造方式可分为哪几类？各有何特点？
27. 简述坡屋顶的几种形式。
28. 卷材防水屋面有何构造层次？在构造上有何要求？
29. 刚性防水屋面有何构造层次？在构造上有何要求？
30. 平屋顶的保温材料类型有哪几种？
31. 简述屋顶排水坡度的表示方法及形成方法，并说明影响屋顶坡度的主要因素。
32. 简述屋顶排水方式的选择。
33. 简述门和窗的作用。
34. 简述门和窗的尺度要求。

第五章 房屋管理与维修

【学习目标】 房屋维修的目的在于恢复、延长和改善房屋的使用功能以及保障或提高合理的使用期限。学习本章应能掌握房屋维修的研究对象和特点，房屋维修的方针、原则与标准，房屋维修的内容、分类与工作分工，房屋维修工作程序和实施要点，房屋的损坏及房屋完损等级评定标准，房屋管理与维修的关系，房屋维修技术管理，房屋建筑维修质量与验收；熟悉地基、基础、砌体、混凝土结构、钢结构、屋面、装饰容易产生的缺陷和原因；了解地基基础工程维修，砌体工程维修，混凝土工程维修，钢结构的管理与维修，屋面工程维修，装饰工程维修，建筑结构的抗震加固，房屋设备工程管理与维修的一些方法；能解决房屋维修中的一些问题。

第一节 房屋管理与维修总论

房屋是供人们使用的，它不仅给人们的生产、生活、工作、学习提供舒适、安全的场所，而且代表着不同历史时期的社会经济发展和科学进步的水平，是人类社会创造出的巨大不动产财富。但是，房屋在建成以后的使用过程中，由于自然的和人为的因素影响，不可避免地产生不同形式、不同程度的破损，导致其使用功能的降低，不能发挥其应有的作用。因此要按建造时的质量情况界定它的使用年限。在使用年限内，要保持其使用功能，防止、减少和控制其损耗的发展，保证或适当延长其使用年限。自房屋建成直至报废的整个过程中，必须合理地进行房屋管理与维修工作，从而有效地预防、制止房屋破损的扩展，以延长其使用寿命，有时还可对居住条件加以改善，以便更好地满足人们的需要。

一、房屋维修的研究对象和特点

房屋维修是建筑施工技术的分支，它是研究利用房屋建筑的已有功能、质量和技术条件，根据国家的建筑方针，因地制宜地把已有的房屋维修得更好、更方便、使用更合理的一门学科。从归类来说，新建房屋与维修房屋同属建筑工程的范畴，是建筑工程的两个方面，有共性也有特性，在技术上各有自己的特点。

房屋维修的目的在于恢复、延长和改善房屋的使用功能以及合理的使用期限。因为是在原有房屋的基础上进行的，维修工作要受到很多条件的限制，不仅要考虑原有房屋的结构特征、新旧程度，而且还受到周围环境的影响，设计者的思想也受到一定局限，难以脱离客观环境与原有技术条件。而建造新房屋则可以按照使用要求，较好地发挥主观能动性作用。这是维修房屋与新建房屋在设计与施工上的主要区别。从某些方面看，维修施工技术比新建施工技术的要求还高。当然，房屋维修比新建也有它有利的一面。首先，原有房屋的结构构造、建筑布局以及装饰设计等优点，可供房屋维修时学习和借鉴，通过维修工程的实践，提高设计与施工技术。其次，原有房屋存在的缺点及不合理的地方，可以在检查、拆修过程中观察、研究和总结，维修工作中的反馈，有利于改进房屋的维修乃至新建工作。另外，房屋维修工程也有程度可深可浅、内容可繁可简、工作量可大可小、处理手段变化多样等特点，这些都具有相当大的灵活性，这就给维修工作者凭着自己的经验，艺术地发挥主观能动性的余地。所以有些学者认为"建筑维修既是科学又是一门艺术"。

二、房屋维修的方针、原则与标准

房屋维修应在"安全、经济、适用，在可能的条件下注意美观"这个总方针下进行，并应遵守房屋维修工作的原则。国务院在《城市规划条例》中，对旧城区的改造，提出要从城市的实际出发，遵循"加强维护、合理利用、适当调整、逐步改造"的原则。原建设部在《房屋修缮范围和标准》中，提出了"充分利用、经济合理、牢固实用"的维修原则。

房屋维修部门在实践中还提出了具体的维修原则，凡是有保留价值的房屋和结构基本完好的房屋，应当加强维修和养护；对于主体结构损坏严重，结构简陋，环境恶劣的房屋，尽量维持房屋的不塌、不漏，进行简单的维修，以待拆改建；对于影响居住安全和正常使用的危损房屋，必须及时组织抢修和补漏，总的来说，维修工作必须遵循从实际出发，与国民经济发展水平相适应的原则。

房屋维修的标准是在房屋维修原则的基础上制定的。原建设部颁布的《房屋修缮范围和标准》，根据我国的实际情况，按不同的结构、装修、设备条件，把房屋划分成一等和二等两类，对不同等级的房屋规定了相应的维修标准，并要求凡修缮施工都必须按《房屋修缮工程质量检验评定标准》的规定执行。

三、房屋维修的经济效益、社会效益和环境效益

房屋维修的主要目的可概括为：保障住用者的安全，维护房屋的正常使用，防止、减少和控制其破损，合理延长使用年限，适当改善住用条件。为了达到这个目的，物业部门必须有计划地、尽可能完善地进行房屋的维修工作，逐步实现为住用者创造一个良好的社会环境的目标，并努力提高房屋维修经济效益、社会效益和环境效益。

房屋维修的经济效益，是指房屋在维修过程中，投入的工料、资金和施工效率是否达到快、好、省的工程要求，房屋维修后，是否达到安全、适用、方便和延长使用的目的。房屋维修的社会效益，是指房屋经过维修后，对社会的影响，包括对城市建设规划的影响和对相邻房屋的安全、通风、采光以及公共用地、设施等方面的影响。房屋维修的环境效益，是指房屋本身及使用过程中对环境（包括环保、生态、历史文物和自然风景等）的影响。

在房屋维修工作中，应当通过调研分析，选择最佳方案，收到应有的经济效益、社会效益和环境效益。

四、房屋维修的内容、分类与工作分工

1. 房屋维修的一般内容

维修工程有大有小、有简单有复杂，同时，随着时代要求和物质技术的发展，维修工程已不仅是进行原样修复，而且是向改善、创新的方向发展。不少旧房，经过精心设计、精心修缮后面目全新。所以，房屋维修除了维护和恢复房屋原有功能这个基本内容外，还有对房屋进行改善和创新的内容。

2. 房屋维修工程分类

为了加强房屋维修的科学管理，安排好维修资金，必须对维修工程进行分类。通常是以房屋损坏的程度为依据，按房屋的工程规模、结构和经营管理性质进行划分。

（1）按照房屋完损状况划分　维修工程分为翻修、大修、中修、小修和综合修理五类。

① 翻修工程。凡需全部拆除，另行设计，重新建造的工程为翻修工程。

② 大修工程。凡需牵动或拆除部分主体构件，但不需全部拆除的工程为大修工程。

③ 中修工程。凡需牵动或拆换少量主体构件，但保持原房的规模和结构的工程为中修工程。

④ 小修工程。凡以及时修复小损小坏，保持房屋原来完损等级为目的的日常养护工程为小修工程。

⑤ 综合维修工程。凡成片多幢（大楼为单幢）大、中、小修一次性应修尽修的工程为综合维修工程。

（2）按房屋结构划分　维修工程分为结构维修养护和非结构部分维修养护两类。

① 结构维修养护。是指对房屋的基础、梁、柱、承重墙以及楼面的基层等主要受力部分进行维修养护，这是房屋维修的重点，只有房屋的结构部分维修好了，非结构部分的维修才有意义。

② 非结构部分维修养护。是指对房屋的门窗、粉刷、非承重墙、楼地面和屋顶的面层、上下水道和附属设备等部分的维修养护。非结构部分维修养护得好，对主要结构部分会起着保护作用，同时也美化了房屋、改善了住用环境，是一项不能忽视的工作。

（3）按维修的经济开支性质划分　为了改善经营管理，合理使用资金，把房屋维修划分为五类，即恢复性修缮、赔偿性修缮、改善性修缮、救灾性修缮、返工性修缮。

3. 房屋维修的工作分工

目前，属于中修及小修养护的工程，由于所需的人力和财力不多，所要求的技术、设备条件不高，在物业管理公司的领导下，完全有能力由维修班组承担施工，进行成本核算。对于大修、翻修及综合维修等工程，由于规模较大，施工技术及施工管理的要求都较高，物业公司没有条件完成的，一般委托工程队或修缮公司承担施工，甲乙双方签订工程合同，按合同的规定进行施工，组织验收。

五、房屋维修工作程序和实施要点

房屋维修工作程序如下：查勘—鉴定—设计—工程预算—工程报建—搬迁住户—备工备料—维修施工—工程验收—工程结算—工程资料归档。

为搞好房屋维修工作，除应了解上述工作程序外，还应具备房屋维修工程基本技术知识，熟悉有关法规、规程、标准及制度等，协调各有关部门、单位、业主之间的关系，落实维修工程计划。

在上述工作程序中，有相当部分是属于房屋维修的前期工作，它们对顺利进行维修施工至关重要，必须认真对待。

（1）编制周密的维修施工作业计划　对施工过程中必须有方便的工作面而需要住户密切配合临时搬迁时，应事前妥为安排；在施工操作中，尽可能减少影响面和缩短施工时间，提倡文明施工；对于较大的维修工程，尽可能分段、分期安排施工。

（2）做好维修前的临时安全措施　房屋检查鉴定为危房后，离进场维修施工还有一段时间。有些特别危险的房屋，为了保障住户及四邻的安全，需要采取支撑好危险部位，甚至撤离住户等临时措施，以防万一。

(3) 推行成片维修和定期轮修　零星分散、运输困难、手工操作是房屋维修工程的特点和不利因素。把房屋维修施工成片大面积地进行，其明显的好处是：人力集中，便于管理，减少施工管理人员；材料集中，便于运输、保管和减少材料浪费散失；工程相对集中，便于施工机械的使用等，从而提高工效和材料利用率，降低工程成本；成片改变房屋面貌，有利于城市街区环境的改善和美化市容；利于有计划改善城市房屋和对房屋维修的科学管理。在成片维修的基础上逐步实行全盘规划，逐片安排定期计划轮修制度，其效果更加显著。

维修房屋应贯彻"不断改善人民群众居住条件"的方针，在维修计划、设计及施工的过程中，尽量采取各种措施，解决群众日常居住中的种种困难，如在拆建墙壁时开一窗户，以改善通风采光；在翻铺地面时填高地台，以解决地面潮湿的状况等，不断提高人民居住水平。

六、房屋的损坏及房屋完损等级评定标准

1. 房屋的损坏

房屋建筑自竣工交验使用后，便开始损坏，这是自然规律。房屋建筑损坏的原因有两种，即自然损坏和人为损坏。

(1) 自然损坏　房屋因经受自然界风、霜、雨、雪、冰冻、地震，空气中有害气体的侵蚀与氧化作用，或受蛀蚀而造成各种结构、装饰部件的建筑材料老化、损坏，属于自然损坏。

(2) 人为损坏　房屋因在生活和生产活动中各种结构、装饰部件受到磨、碰、撞击或使用不慎不当，如不合理地改变房屋用途造成房屋结构破坏或超载，不合理地改装、搭建。居住使用中不爱护等以及设计和施工质量低劣、维修保养不善而造成的各种结构、装饰部件损伤或损坏，属于人为损坏。

房屋的各部位，因所处的自然条件和使用状况各有不同，损坏的产生和发展也是不均衡的，即使在相同的部位、条件下，由于使用的材料不同，其强度和抗老化性能的不同，损坏也会有快有慢。房屋内部、外部损坏的项目现象分析见图 5-1。

2. 房屋完损等级的概念

为使房地产部门掌握各类房屋的完损情况，并为房屋技术管理和维修计划的安排以及城市规划、改造提供基础资料和依据，原城乡建设环境保护部 1985 年 1 月 1 日发布实施了《房屋完损等级评定标准（试行）》。该标准根据各类房屋的结构、装修、设备等组成部分的完好、损坏程度，把房屋的完损状况分成完好房、基本完好房、一般损坏房、严重损坏房和危险房五类。其中，危险房是指承重的主要结构严重损坏，影响正常使用，不能确保住用安全的房屋。其鉴定标准按原城乡建设环境保护部 1986 年 9 月 1 日发布实施的《危险房屋鉴定标准》(CJ 13—86) 执行。

(1) 房屋完损标准的项目划分　各类房屋分成结构、装修、设备三个组成部分，划分为 14 个项目。

① 结构组成分为基础、承重构件、非承重墙、屋面和楼地面五项。
② 装修组成分为门窗、外抹灰、内抹灰、顶棚和细木装修五项。
③ 设备组成分为水卫、电照、暖气及特种设备（如消防栓、避雷装置等）四项。

对有些组成部分中尚不能包括的部分如烟囱、楼梯等，各地可自行取定归入某一个分

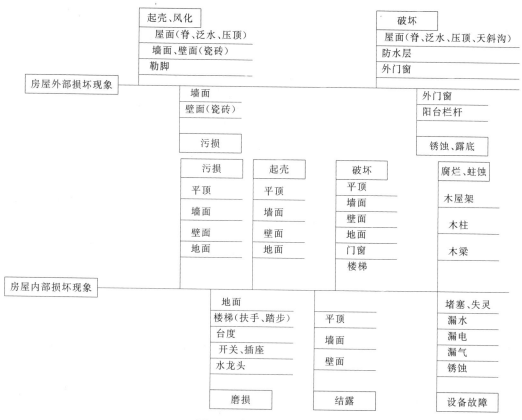

图 5-1 房屋损坏的现象分析

项中。

（2）房屋完损等级的分类　根据各类房屋的结构、装修、设备三个组成部分的完好、损坏程度，分成以下五类。

① 完好房。指房屋的结构构件完好，装修和设备完好、齐全完整，管道畅通，使用正常；或虽个别分项有轻微损坏，但一般经过小修就能修复的。

② 基本完好房。指房屋结构基本完好，少量构部件有轻微损坏，装修基本完好，油漆缺乏保养，设备、管道现状基本良好，经过一般性的维修能修复的。

③ 一般损坏房。指房屋结构一般性损坏，部分构件有损坏或变形，屋面局部漏雨，装修局部有破损；油漆老化，设备管道不够畅通，水卫、电照管线、器具和零件有部分老化、损坏或残缺，需要进行中修或局部大修更换零件。

④ 严重损坏房。指房屋年久失修，结构有明显变形或损坏，屋面严重漏雨，装修严重变形、破损，油漆老化见底，设备陈旧不齐全，管道严重堵塞，水卫、电照的管线、器具和零件残缺及严重损坏，需要进行大修或翻修、改建。

⑤ 危险房。根据部颁《危险房屋鉴定标准》的规定，危险房是指承重的主要结构严重损坏，影响正常使用，不能确保住用安全的房屋。

（3）计量单位和房屋完好率、危房率的计算

① 计算房屋完损等级，一律以建筑面积（m^2）为计算单位，评定时以幢为评定单位。

② 房屋完好率的计算。房屋完好率是房产管理和经营单位的一个重要技术经济指标之一，完好房屋的建筑面积加上基本完好房屋建筑面积之和，占总的房屋建筑面积的百分比即为房屋完好率。

房屋经过大、中修竣工验收后，应重新评定调整房屋完好率（但是零星小修后的房屋不能调整房屋完好率）。新接管的新建房屋和原有房屋，同样应按本标准评定完好率。

③ 危房率的计算。危房率是指危险房屋的建筑面积占总的房屋建筑面积的百分比。

3. 房屋的各类完损标准

房屋的各类完损标准是指房屋的结构、装修、设备等各组成部分的各项目完好或损坏程度的标准。房屋各组成部分的各项目的完损程度是评定房屋完损等级的基础。评定各分项完损程度的确切与否，就会影响到房屋完损等级的正确评定。房屋完损等级标志着房屋的质量，所以要认真细致地进行各分项完损程度的评定。

由于房屋设计、施工的质量不一，维护和修缮程度不同及住户使用、爱护不同等原因，致使房屋的结构、装修、设备等各项完损程度不一，在评定时必须分别逐项对照完损标准进行评定。

（1）完好标准

① 结构部分。

a. 地基基础。有足够承载能力，无超过允许范围的不均匀沉降。

b. 承重构件。梁、柱、墙、板、屋架平直牢固，无倾斜变形、裂缝、松动、腐朽、蛀蚀。

c. 非承重墙。预制墙板节点安装牢固，拼缝处不渗漏；砖墙平直完好，无风化破损；石墙无风化弓凹。

d. 屋面。不渗漏，基层平整完好，积尘甚少，排水畅通。

e. 楼地面。整体面层平整完好，无空鼓、裂缝、起砂；木楼地面平整坚固，无腐朽、下沉，无较多磨损和裂缝；砖、混凝土块料面层平整，无碎裂；灰土地面平整完好。

② 装修部分。

a. 门窗。完整无损，开关灵活，玻璃、五金齐全，纱窗完整，油漆完好。

b. 外抹灰。完整牢固，无空鼓、剥落、破损和裂缝（风裂除外），勾缝砂浆密实。

c. 内抹灰。完整、牢固，无破损、空鼓和裂缝（风裂除外）。

d. 顶棚。完整牢固，无破损、变形、腐朽和下垂脱落，油漆完好。

e. 细木装修。完整牢固，油漆完好。

③ 设备部分。

a. 水卫。上下水管道畅通，各种卫生器具完好，零件齐全无损。

b. 电照。电气设备、线路、各种照明装置完好牢固，绝缘良好。

c. 暖气。设备、管道、烟道畅通、完好，无堵、冒、漏，使用正常。

（2）基本完好标准

① 结构部分。

a. 地基基础。有承载能力，稍有超过允许范围的不均匀沉降，但已稳定。

b. 承重构件。有少量损坏，基本牢固。

ⅰ. 钢筋混凝土个别构件有轻微变形、细小裂缝，混凝土有轻度剥落、露筋。

ⅱ. 钢屋架平直不变形，各节点焊接完好，表面稍有锈蚀，钢筋混凝土屋架无混凝土剥落，节点牢固完好，钢杆件表面稍有锈蚀；木屋架的各部件节点连接基本完好，稍有缝隙，铁件齐全，有少量生锈。

ⅲ．承重砖墙（柱）、砌块有少量细裂缝。

ⅳ．木构件稍有变形、裂缝、倾斜，个别节点和支撑稍有松动，铁件稍有锈蚀。

c．非承重墙。有少量损坏，但基本牢固。

ⅰ．预制墙板稍有裂缝、渗水，嵌缝不密实，间隔墙面层稍有破损。

ⅱ．外砖墙面稍有风化，砖墙体轻度裂缝，勒脚有侵蚀。

ⅲ．石墙稍有裂缝、弓凸。

d．屋面。局部渗漏，积尘较多，排水基本畅通。

ⅰ．平屋面隔热层、保温层稍有损坏，卷材防水层稍有空鼓、翘边和封口不严，刚性防水层稍有龟裂，块体防水层稍有脱壳。

ⅱ．平瓦屋面少量瓦片裂碎、缺角、风化、瓦稍出现裂缝。

ⅲ．青瓦屋面瓦垄少量不直，少量瓦片破碎，节筒俯瓦有松动，灰埂有裂缝，屋脊抹灰有裂缝。

ⅳ．铁皮屋面少量咬口或嵌缝不严实，部分铁皮生锈，油漆脱皮。

ⅴ．石灰炉渣、青灰屋面稍有裂缝，油毡屋面少量破洞。

e．楼地面。整体面层稍有裂缝、空鼓、起砂；木楼地面稍有磨损和稀缝，轻度颤动；砖、混凝土块料面层磨损起砂，稍有裂缝、空鼓；灰土地面有磨损、裂缝。

② 装修部分。

a．门窗。少量变形、开关不灵，玻璃、五金、纱窗少量残缺，油漆失光。

b．外抹灰。稍有空鼓、裂缝、风化、剥落，勾缝砂浆少量酥松脱落。

c．内抹灰。稍有空鼓、裂缝、剥落。

d．顶棚。无明显变形、下垂，抹灰层稍有裂缝，面层稍有脱钉、翘角、松动，压条有脱落。

e．细木装修。稍有松动、残缺，油漆基本完好。

③ 设备部分。

a．水卫。上下水管道基本畅通，卫生器具基本完好，个别零件残缺损坏。

b．电照。电气设备、线路、照明装置基本完好，个别零件损坏。

c．暖气。设备、管道、烟道基本畅通，稍有锈蚀，个别零件损坏，基本能正常使用。

d．特种设备。现状基本良好，能正常使用。

（3）一般损坏标准（略）

（4）严重破损标准（略）

4．房屋完损等级评定办法

（1）钢筋混凝土结构、混合结构房屋完损等级评定办法　钢筋混凝土结构是指承重的主要结构用钢筋混凝土建造；混合结构是指承重的主要结构用钢筋混凝土和砖木建造；砖木结构是指承重的主要结构用砖木建造；其他结构是指承重的主要结构是用竹木、砖石、土建造的简易房屋。

① 凡符合下列条件之一者可评为完好房。

a．结构、装修、设备各项完损程度符合完好标准。

b．在装修、设备部分中有一两项完损程度符合基本完好的标准，其余符合完好标准。

② 凡符合下列条件之一者可评为基本完好房。
a. 结构、装修、设备部分各项完损程度符合基本完好标准。
b. 在装修、设备部分中有一两项完损程度符合一般损坏的标准。其余符合基本完好以上的标准。
c. 结构部分除基础、承重构件、屋面外，可有一项和装修或设备部分中的一项符合一般损坏标准，其余符合基本完好以上标准。
③ 凡符合下列条件之一者可评为一般损坏房。
a. 结构、装修、设备部分各项完损程度符合一般损坏的标准。
b. 在装修、设备部分中有一两项完损程度符合严重损坏标准，其余符合一般损坏以上标准。
c. 结构部分除基础、承重构件、屋面外，可有一项和装修或设备部分中的一项完损程度符合严重损坏的标准，其余符合一般损坏以上的标准。
④ 凡符合下列条件之一者可评为严重损坏房。
a. 结构、装修、设备部分各项完损程度符合严重损坏标准。
b. 在结构、装修、设备部分中有少数项目完损程度符合一般损坏标准，其余符合严重损坏的标准。

（2）其他结构房屋完损等级评定方法

① 结构、装修、设备部分各项完损程度符合完好标准的，可评为完好房。
② 结构、装修、设备部分各项完好程度符合基本完好标准，或者有少量项目完好程度符合完好标准的，可评为基本完好房。
③ 结构、装修、设备部分各项完损程度符合一般损坏标准，或者有少量项目完损程度符合基本完好标准，可评为一般损坏房。
④ 结构、装修、设备部分各项完损程度符合严重损坏标准，或者有少量项目完损程度符合一般损坏标准的，可评为严重损坏房。

七、房屋管理与维修的关系

1. 维修管理的内容

物业管理企业在政府房地产行政主管部门的指导和监督下对所管物业范围内的房屋修缮负有全面管理职责。

房屋维修管理的内容主要包括房屋维修的计划管理、技术管理、质量管理、施工管理、资金管理五个方面。

① 房屋维修计划管理。物业管理企业应根据房屋的实际状况和房屋及各类设施设备维修、更新周期，制定房屋维护、维修计划，并按时完成，确保房屋的完好与正常使用。
② 房屋维修技术管理。房屋维修的技术管理是对房屋的勘查、鉴定、维修、使用等各个环节的技术活动和技术工作的各种要素进行科学管理的总称。
③ 房屋维修质量管理。
④ 房屋维修施工管理。
⑤ 房屋维修资金管理。

2. 修缮责任

房屋的修缮，均应按照国家相关法律和物业管理合同办理。

① 用户因使用不当、超载或其他过失引起的损坏,应由用户负责赔修。

② 用户因特殊需要对房屋或其装修、设备进行增、搭、拆、扩、改时,必须报经营管理单位鉴定同意,除有单项协议专门规定者外,其费用由用户自理。

③ 因擅自在房基附近挖掘而引起的损坏,用户应负责修复。

④ 市政污水(雨水)管道及处理装置、道路及桥涵、房屋进户水电表之外的管道线路、燃气管道及灶具、城墙、危崖、滑坡、堡坎、人防设施等的修缮,由各专业管理部门负责。

3. 修缮标准

(1) 房屋等级 修缮标准是按不同的结构、装修、设备条件,将房屋分为"一等"、"二等以下"两类。

① 符合下列条件的为一等房屋:钢筋混凝土结构、砖混结构、砖木(含高级纯木)结构中,承重柱不得使用空心砖、半砖、乱砖和乱石砌筑;楼、地面不得用普通水泥或三合土面层;使用保温窗或双层窗的正规门窗;墙面有中级或中级以上粉饰;独厨,有水、电设备,采暖地区有暖气。

② 低于上述条件的为二等以下房屋。

划分两类房屋的目的在于对原结构、装修、设备较好的一等房屋,加强维修养护,使其保持较高的使用价值;对二等以下的房屋,主要是通过修缮,保证住用安全,适当改善住用条件。

(2) 修缮项目标准 修缮标准按主体工程,门窗及装饰工程,楼地面工程,屋面工程,抹灰工程,油漆粉饰工程,水、电、卫、暖等设备工程,金属构件及其他等9个分项工程进行确定。

① 主体工程。主要指屋架、梁、柱、楼面、屋面、基础等主要承重构部件的维修。当主体结构损坏严重时,不论哪一类房屋,均要求牢固、安全,不留隐患。

② 木门窗及装修工程。木门窗应开关灵活,不松动,不透风;木装修应牢固、平整、美观、接缝严。一等房屋应尽可能做到原样修复。

③ 楼地面工程。楼地面工程的维修应牢固、安全、平整、不起砂、拼缝严密不闪动、不空鼓开裂,地坪无倒泛水现象。如房间长期处于潮湿环境,可增设防潮层;木基层或楼面损坏严重时,应改做钢筋混凝土楼面。

④ 屋面工程。屋面工程必须确保安全,不渗漏,排水畅通。

⑤ 抹灰工程。抹灰工程应接缝平整、不开裂、不起壳、不起泡、不松动、不剥落。

⑥ 油漆粉饰工程。油漆粉饰要求不起壳、不剥落、色泽均匀,尽可能保持与原色一致。对木构件和各类铁构件应进行周期性油漆保养,各种油漆和内、外墙涂料,以及地面涂料,均属保养性质,应制定养护周期,达到延长房屋使用年限的目的。

⑦ 水、电、卫、暖等设备工程。房屋的附属设备均应保持完好,保证运行安全,正常使用。电气线路、电梯、安全保险位置及锅炉应定期检查,严格按照有关安全规定定期保养。对房屋内部电气线路,破损、老化严重、绝缘性能降低的,应及时更换线路。当线路发生漏电现象时,应及时查清漏电部位、原因,进行修复或更换线路。对供水、供暖管线应进行保温处理,并定期进行检查维修。水箱应定期清洗。

⑧ 金属构件。应保持牢固、安全、不锈蚀,损坏严重的应更换,无保温价值的应拆除。

⑨ 其他工作。对属物业管理范围的庭院、院墙大门、院落内道路,沟渠下水道,损坏或堵塞的,应修复或疏通。

4. 管理与维修的关系

（1）房屋管理的内容和基本要求　房屋管理的主要内容是：建筑管理、设备管理、租赁管理。其基本要求如下：

① 建筑管理。维护建筑完好，发挥房屋的正常功能和作用，延长房屋使用寿命。

② 设备管理。维护设备完好，保证正常使用服务。

③ 租赁管理。定期访问住户、用户，协调关系，保证租金收入，以利维修保养房屋。

（2）房屋管理与养护小修的关系　房屋管理是基础，养护小修是为管理服务的。房屋内部的结构、装修、设备的局部损坏，直接影响住户生活或使用，如有损坏，应及时进行养护小修。房屋管理工作的好坏，决定于房屋建筑、设备是否完好，物业管理费能否保证收到收齐，养护小修是否及时，住户、用户对便民小修是否满意。

（3）大修、中修与养护小修的关系　房屋的大修、中修与养护小修是互相促进的关系，其目的和意义相同，只是其修理的方法和大小规模不同而已。

养护小修是基础，它专为房屋内部的结构、装修、设备等项目局部零星损坏小修小补服务。要求服务及时，保证住户、用户正常使用。房屋大修是对房屋的全项目或多项目损坏的综合性修理，在可能的条件下，可适当改善居住条件。要求全面整修完好，保证大修理周期。房屋中修是养护小修与大修的中间衔接性维修方式，是养护小修力量的补充，专为单项或少项目损坏而养护小修力量又难能完成的中小型工程服务的。其服务点多面广，要求快进快出，工期短。

从质量上讲，保证维修质量是养护小修及中修大修共同重要的基本要求，是考核社会效益和经济效益的共同标尺。

养护小修服务及时，质量好，既可以方便住户和用户，又可以减少中修任务；有计划的中修质量好，可以延长大修的周期，甚至可以替代大修，建立二级维修体制；大修、中修的质量好，可以减轻养护小修的压力。因此，三者的质量关系是互相影响的。它们都直接关系到维修的社会效益和经济效益。

5. 维修方式与经济效益的关系

房屋各部件由于使用各种不同的建筑材料，其性能和强度各异，损坏必然有先有后，是不均衡的。

维修方式，如能适应房屋各部件先后损坏的规律，其经济效益则为最大。

根据房屋各部件的损坏有先有后，而有一些项目又有其相近时间损坏的规律性，维修方式不宜是一种，采用两种或三种维修方式经济效益较好。

根据房屋维修的经验，当房屋的数量大，同类型、同时间建造的房屋比较集中时，采用大修、中修、小修三种方式较好。把及时养护小修和有计划的少项目或单项目的中修与周期性全项目或多项目损坏大修结合起来，形成三级维修体制。房屋大修任务由高资质的修建公司承担，中修、小修则由一般资质的物业管理专职施工队伍进行。

八、房屋维修技术管理

为了加强房屋经营管理单位的维修技术管理，合理使用维修资金，延长房屋及其设备的使用年限，实现房屋的正常使用，确保住用安全，原城乡建设环境保护部1985年1月1日发布试行了《房屋修缮技术管理规定（试行）》。

1. 房屋维修技术管理的主要任务

① 组织查勘、鉴定、掌握房屋完损情况，按房屋设计使用和完损情况，拟定修缮方案。

② 加强日常养护，有计划地组织房屋按年轮修。

③ 分配年度修缮投资，审核修缮方案和工程预决算。与施工单位签订施工合同。

④ 组织自行施工或配合施工部门对住户进行适当安置，保证修缮工程按时开工。

⑤ 工程进行中，监督施工单位按规定要求施工，确保修缮工程质量，竣工后，进行工程验收。

⑥ 建立健全房屋技术档案，并进行科学管理。

2. 查勘鉴定

房屋查勘鉴定是经营管理单位掌握所管房屋完损状况的基础工作，是拟定房屋修缮设计或修缮方案、编制修缮计划的依据。各类房屋的查勘鉴定均按《房屋完损等级评定标准》的规定执行。

(1) 房屋查勘鉴定分类

① 定期查勘鉴定。即每隔1～3年对所管房屋进行一次逐幢普查，全面掌握完损状况。

② 季节性查勘鉴定。即根据当地气候特征（雨季、台汛、大雪、山洪等）着重对危险房、严重损坏房进行检查，及时抢险解危。

③ 工程查勘鉴定。即对需修项目，提出具体意见，确定单位工程修缮方案。

(2) 查勘鉴定的责任落实

① 房屋查勘鉴定的负责人，必须是取得职称的或有专业的技术人员。

② 定期或季节性查勘鉴定，均由基层房屋经营管理单位组织实施，上级管理部门抽查或复查。

③ 凡需进行工程查勘鉴定，应由经营管理人员填写报告表，若因未填报而发生事故的，经营管理人员要承担责任。

④ 查勘鉴定负责人，若因工作失职而造成事故的，要承担责任。

3. 房屋维护

各类房屋均应按设计功能使用，用户应遵守有关使用规定。

经营管理单位应对所管房屋的使用状况进行监督，并加强日常维护。

4. 修缮设计或修缮方案

工程查勘必须按照《房屋修缮范围和标准》进行修缮设计或制定修缮方案，并应充分听取用户意见，使修缮设计或修缮方案尽趋合理、可行。

根据修缮工程的特点，房屋经营管理单位可组织一定的技术力量，承担制定修缮方案（含部件更换设计）的任务，但较大翻修工程的设计，必须由经审查批准领有设计证书的单位承担。

5. 工程监督

① 经营管理单位和修缮施工单位要签订承（发）包合同，鼓励实行招标、投标制。

② 工程开工前，经营管理单位必须邀集有关单位或人员，向修缮施工单位进行技术交底，做出交底记录或纪要。

③ 经技术交底后，经营管理单位应指派专人（甲方代表）与修缮施工单位建立固定联系，监督修缮设计或修缮方案的实施。

④ 若修缮设计或修缮方案与现场实际有出入，或因施工技术条件、材料规格、质量等不能满足要求时，修缮施工单位应及早提出，经制定修缮方案或进行修缮设计的单位同意签

证并发给变更通知书以后,方可变更施工。

⑤ 从修缮工程特点出发,凡不改变原修缮设计或修缮方案(结构不降低)和不提高使用功能及用料标准的条件下,在征得甲方代表同意签证后,可酌情增减变更项目,其允许幅度为:大中修和综合维修工程在预(概)算造价10%以内;翻修工程在预(概)算造价5%以内。

⑥ 修缮工程的质量检验与评定按《房屋修缮工程质量检验评定标准》执行。

⑦ 隐蔽工程的质量检验。

6. 工程验收

7. 技术档案

经营管理单位均应配备人员,建立和健全技术管理档案管理制度。

8. 技术责任制

经营管理单位应建立技术责任制,逐步实现各级技术岗位都有技术负责人,使他们有职、有权、有责,形成有效的技术决策体系。

大的维修经营管理单位均应设置总工程师、主任工程师、工程师、技术负责人等技术岗位。

各级技术岗位负责人分别接受上级技术负责人的领导,全面管理本级范围内的技术工作。

九、房屋建筑维修质量与验收

维修后的房屋建筑必须按照原城乡建设环境保护部1985年1月1日起发布试行的《房屋修缮工程质量检验评定标准(试行)》进行质量检验评定。

1. 房屋维修工程质量的检验和评定

房屋修缮工程质量的检验和评定按"分项"、"分部"、"单位"工程三级进行。

分项工程按修缮工程的主要项目划分。分部工程按修缮房屋的主要部分划分。单位工程:大楼以一幢为一个单位;其他房屋可根据具体情况,按单幢或多幢(院落或门牌号)为一个单位。

本标准的工程质量分为"合格"和"优良"两个等级,评定时按下列规定执行。

(1) 分项工程的质量评定

合格:主要项目(即标准采用"必须"、"不得"用词的条文),均应全部符合标准的规定;一般项目(即标准中采用"应"、"不应"用词的条文),均应基本符合标准的规定;对有"质量要求和允许偏差"的项目,其抽查点数中,有60%及其以上达到要求的,该分项质量应评为合格。

优良:在合格的基础上,对有"质量要求和允许偏差"的项目,其抽查点数中,有80%及其以上达到要求的,该分项质量评为优良。

各分项工程如不符合本质量标准规定,经返工重做,可重新评定其质量等级,但加固补强后的工程,一律不得评为优良。

(2) 分部工程的质量评定 各分项工程均达到合格要求的,该分部工程评为合格;在合格的基础上,有50%及其以上分项质量评为优良的,该分部工程评为优良。

(3) 单位工程的质量评定 各分部均达到合格要求的,该单位工程评为合格;在合格的基础上,有50%及其以上分部质量评为优良的(屋面、主体分部工程必须达到优良),该单位工程评为优良。

2.房屋维修工程的竣工验收

(1) 房屋维修工程竣工验收的目的　房屋维修工程的竣工验收是全部工作过程的最后一个程序,而且是一个必不可少的重要程序。它是工程建设投资成果转入生产或使用的标志,是全面考核、检验设计和工程质量的重要环节。因此,竣工验收对促进工程项目的及时投入使用,发挥其经济效益,总结建设经验,都具有重要的作用。

(2) 维修工程竣工验收的一般依据　包括项目批准文件,工程维修合同,维修设计图样或维修方案说明,工程变更通知书,技术交底记录或纪要,隐蔽工程验签记录,材料、构件检验及设备调试等资料。

(3) 维修工程竣工验收的标准　符合维修设计或维修方案的要求,满足合同的规定;符合《房屋修缮工程质量检验评定标准》的规定,凡不符合的,应进行返修直到符合规定的标准;技术资料和原始记录齐全、完整、准确;窗明、地净、路通、场地清,具备使用条件;水、暖、卫、气、电、电梯等设备调试运行正常,烟道、通风道、沟管等畅通无阻。

(4) 竣工验收的组织　房屋修缮施工单位在工程正式交验前,均应预检。对整个工程项目、设备试运转情况及有关技术资料全面进行检查。凡存在问题的,应做好记录,定期解决,然后才能邀请发包、设计单位正式验收。

房屋经营管理单位在接到房屋修缮施工单位的工程验收通知后,应及时组织有关单位人员进行工程验收。工程检验合格,应评定质量等级,并由经营管理单位签证;凡不符合质量标准的,应由修缮施工单位及时返修,返修合格后,方可签证。最后办理双方交接手续。

3.施工单位和使用单位维修质量责任范围

(1) 施工单位的责任

① 施工单位在办理工程交工时,应向使用单位提交《建筑工程保修书》和《建筑工程质量修理通知书》,并建立保修业务档案。

② 施工单位自接到使用单位填写的《建筑工程质量修理通知书》通知之日起,最迟10日内必须到达现场与使用单位共同确定返修内容,并尽快进行修理。施工单位未按期到达,使用单位可再次通知。施工单位非因特殊原因,经使用单位两次通知而不能按期到达时,使用单位在不提高工程标准的前提下,有权自行返修。返修所发生的全部费用,由原施工单位承担,并不得提出异议。施工单位因机构转移等特殊情况不能按期到达现场时,应及时通知使用单位。使用单位在征得施工单位同意后,在不提高工程标准的前提下,可另行委托其他单位修理,其全部修理费用由原施工单位承担。

③ 在使用单位和施工单位商定修理时间后,施工单位应按商定的期限消除质量缺陷。如施工单位未按商定的期限消除质量缺陷时,施工单位应向使用单位交纳违约金。其数额按当地城乡建设主管部门规定执行。

(2) 使用单位的责任

① 建筑工程在保修期内,发生保修范围内的质量问题时,使用单位应填写《建筑工程质量保修通知书》通知施工单位。施工单位在进行修理时,使用单位应给予配合。

② 使用单位按规定自行返修或委托其他单位修理,将工程质量问题处理完毕后,应列出返修的项目、工程量和费用清单,交原施工单位,作为结算的依据。

(3) 分清责任

使用单位在填写工程质量通知书和按规定单方确定返修责任时,应认真查对设计图和竣工资料,并依据以下各点分清责任。

① 凡因施工单位未按规范、规程、标准和设计要求施工,造成质量问题,由施工单位负责。

② 凡属设计责任造成的质量问题,由施工单位负责修理。但其返修费用通过使用单位向设计单位索赔,索赔的限额不超过该工程所收的设计费,不足部分由使用单位承担。

③ 凡因原材料和构件、配件质量不合格引起的质量问题,属于施工单位采购的,或由使用单位采购而施工单位不进行检验而用于工程的,施工单位负责保修;属于使用单位采购,施工单位提出异议而使用单位坚持使用的,施工单位不承担经济责任。

④ 凡有出厂合格证的设备、电气本身的质量问题,施工单位不承担修理责任。必须修理时,由使用单位另行提出委托。

⑤ 凡因使用单位使用不善造成的质量问题,由使用单位自行负责。

⑥ 凡因地震、洪水、台风、地区气候环境条件等自然灾害及客观原因造成的事故,施工单位不负担修理费用。

在规定的保修期内,不属于施工单位的责任造成的质量问题,当使用单位要求原施工单位修理时,原施工单位应本着对用户负责的精神,尽力协助处理,但返修费全部由使用单位承担。

第二节 地基基础工程维修

地基基础工程是房屋建筑的重要组成部分,它承受着建筑物的全部荷载,如存在缺陷或发生损坏,必然影响房屋的安全和正常使用。由于地基、基础属地下隐蔽工程,所以日常养护维修工作也易被忽视。房屋建筑的地基、基础经常出现的通病有:产生过量的沉降和不均匀沉降等变形,引起上部结构出现不良现象,如倾斜、裂缝等,严重者可导致房屋的倒塌。

地基、基础常见的损坏有地基承载力不足和基础的强度、刚度不足两种情况。

一、地基损坏的原因及加固

1. 地基损坏的原因

(1) 地基承载力不足等引起的破坏 地基承载力不足主要表现在一方面地基产生不均匀沉降,另一方面是地基的沉降过大。

① 不均匀沉降。地基不均匀沉降是指同一建筑物或构筑物相邻两基础下地基沉降有较大差异,或相邻建筑物、构筑物的地基沉降值不同。

地基过大的不均匀沉降对房屋基础和上部结构的间接作用会使房屋的墙、柱开裂,房屋倾斜甚至破坏。产生地基不均匀沉降的主要原因有:设计时计算的误差;使用荷载差异较大;地基承载力的变化;房屋高度不同。

② 沉降量过大。产生地基沉降量过大的主要原因有:使用荷载超过地基设计值;地基土壤软弱;地基加固措施不当。

地基产生超过允许沉降量时,如果房屋上部结构的整体性好且地基沉降也均匀时,虽上部结构及基础未遭破坏,但必然使地坪凹陷,穿越墙的上下水管断裂,污水倒灌,还影响相邻建筑物产生不均匀沉降而开裂。

③ 基础埋深选择不当。寒冷地区,房屋设计时,易忽视地基冻胀现象,地基的冻胀程

度是确定基础最小埋置深度的依据之一。基础埋置太浅,冬天膨胀、夏天沉陷,易遭冻害,造成基础及上部开裂。

④ 地基、基础的防水及排水措施不利。

a. 地表水或上下水管道漏水,渗入地基;房屋四周维护墙、散水坡、排水沟等破损、断裂,未及时修补,水渗入地基;墙根处积水渗入地基。上述因素都会软化地基,引起地基湿陷。对于一些特殊性土如湿陷性黄土、膨胀土等,遇水后强度降低,从而引起过量沉降或不均匀沉降。

b. 地下水位升降给地基带来不利影响。地下水位上升,会使土中含水量增大,土质变软,其强度就会降低,从而引起地基的过量变形,引起基础及上部主体结构变形开裂。

⑤ 相邻基础的影响。相邻建筑物距离过近,地基附加应力将叠加增大,会引起附加沉降。一般新、旧建筑物应保持足够的净距离,设计规范要求 $L>\Delta h$(Δh 为相邻基础底面高差;L 为相邻基础净距)。

当两者没有足够净距且未采取适宜措施时,将会影响邻近原有建筑物的安全。

⑥ 邻近工程施工的影响。在距原房屋较近处修建新建筑物时,开挖基坑、降水,而对原有建筑物地基没有采取有效措施加以保护时,会使该房屋地基承载力大大降低,甚至直接导致地基失稳。

邻近原建筑物进行打桩、强夯地基、沉管灌注桩施工时,如不采取措施(增设防震沟),也会影响邻近房屋地基、基础的安全。

(2) 软弱地基的不均匀沉降 软弱土的主要土类是淤泥和淤泥质土,这类土大部分是饱和的,天然含水量大于液限,孔隙比大于 1.0。当天然孔隙比大于 1.5 时,则称淤泥质土。软弱土抗剪强度很低,压缩性较高,渗透性很小。

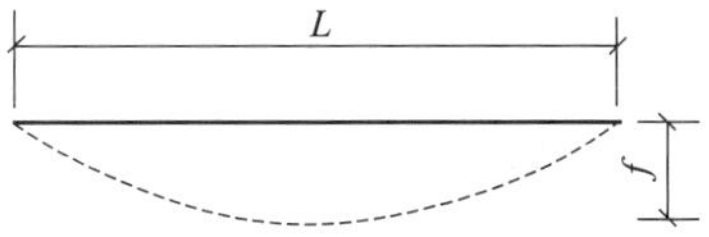

软弱土地基承载力一般 $f_k<100\mathrm{kPa}$,不适合直接用作地基,需加固后方可使用。软弱地基上的沉降与地基土壤

图 5-2 相对弯曲

的均匀性有关,还与房屋的整体刚度有关,房屋刚度越大,地基的不均匀沉降就越小。工程中常见的破坏现象如下。

① 相对弯曲。相对弯曲是指弯曲部分矢高 f 与弦长 L 之比,如图 5-2 所示。

相对弯曲值可用来预测房屋损坏的可能性,从施工期间开始沉降观测到沉降稳定,实测值不超过容许值时,墙体不开裂。

当房屋长高比过大(一般大于 3∶1)时,房屋整体刚度就差,地基的相对弯曲会使墙体变形。正向弯曲,纵墙上出现"八"字裂缝,如图 5-3 所示。反向弯曲,纵墙上出现倒"八"字斜裂缝,如图 5-4 所示。

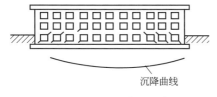

图 5-3 地基软弱、房屋长高比大

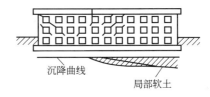

图 5-4 地基土压缩性差别大

② 局部倾斜。由于房屋体型复杂、刚度变化、荷载差异以及地质不均等因素,均可能在拐角部位、纵墙转折处、高低层连接处、地质突变处出现沉降差异,产生局部倾斜。

③ 整体倾斜。当软土地基分布不均匀或上部偏心荷载较大时，对于上部结构整体刚度较好的建筑物，易出现房屋的整体倾斜，引起墙体开裂，甚至整体失稳。使房屋建筑失去正常使用功能。整体倾斜常发生在高耸的建筑物或构筑物上。

（3）膨胀土地基的胀缩变形 膨胀土在天然状态下是坚硬或硬塑状态，裂隙发育，多充填有灰绿、灰白色黏土，裂面有蜡样光泽，可观察到土体相对移动的擦痕。膨胀土多分布于我国黄河以南地区，其强度高、变形小，吸水膨胀，失水收缩。膨胀土随气候变化产生胀、缩，使房屋上升或下降，在循环升降过程中房屋易于损坏。

一般房屋裂缝部位如下。

① 内外山墙的斜裂缝如图 5-5 所示。房屋外墙面角端的裂缝表现为山墙上对称或不对称的斜裂缝，缝隙上宽下窄。主要是由于外墙的两下角下沉量较墙中部大而出现反弯曲破坏。

② 外墙面的水平裂缝和交叉裂缝如图 5-6 和图 5-7 所示。外墙面的水平裂缝，主要是由于外墙基础靠室内和室外两端的胀缩变形不均匀，使外纵墙外倾并伴有水平错动所致；外墙面的交叉裂缝，是由于地基土的胀缩交替变形所引起的。

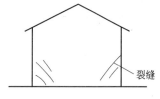 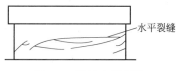 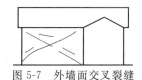

图 5-5　对称倒八字形裂缝　　　图 5-6　纵墙水平裂缝　　　图 5-7　外墙面交叉裂缝

③ 独立柱的水平裂缝如图 5-8 所示。外廊的一些独立柱可能发生水平裂缝，并伴有水平位移和转动。多发生在外廊柱的柱头或柱脚处，以及柱中间断裂处。是由于柱基向室外方向倾斜所致。

④ 窗台中垂直裂缝如图 5-9 所示。窗台中垂直裂缝是由于该部分墙体的地基两端下沉或中间上升，不均匀的沉降使墙体弯曲变形所致，窗台下的裂缝上宽下窄。

⑤ 外墙角包角裂缝如图 5-10 所示。外墙角处下沉量大，易出现开裂，同时也引起散水开裂，这样外墙角的下部及散水沿纵横两方向裂成一个三角形锥体式的整体。

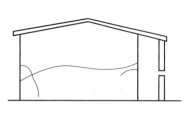 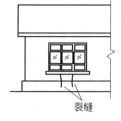 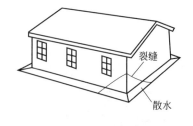

图 5-8　外廊柱裂缝　　　图 5-9　窗台中的垂直裂缝　　　图 5-10　外墙角裂成锥体形

（4）黄土地基的湿陷变形 湿陷性黄土一般呈黄色或褐色，粉土粒含量常占土重的 60% 以上，含有大量的可溶性盐类，天然孔隙比在 1.0 左右，一般有肉眼可见的大孔隙，能保持直立的天然边坡，受水浸湿后，在一定压力作用下，土的结构迅速破坏而产生显著附加下沉，强度急剧下降，出现明显湿陷现象，它的湿陷变形不仅是竖向的垂直变形，还时常伴有侧向的挤出变形。

2. 地基的加固

不良地基会导致上部结构出现病害、缺陷，从而引起房屋的结构破坏，严重的无法继续使用。因此要改良不良地基土，经过人工处理后，恢复或提高地基的承载力，控制、调整一些不利变形的发展。

地基加固一般有两种情况，即在楼房建筑施工前进行加固处理和在建筑物已存在的情况下进行加固处理，后者难度较大。

地基加固处理方法有很多，如排水固结法，振密、夯密、挤密法，置换及拌入法，注浆法等。这里重点介绍用于建筑物已存在的地基加固方法。

(1) 高压喷射注浆法

① 高压喷射注浆法加固原理。高压喷射注浆法是利用钻机把带有特殊喷嘴的注浆管钻至设计的土层深度，以高压设备把化学浆液从喷嘴中喷出，切削破坏土体，同时与土体搅拌混合，经凝结固化后形成加固体，从而使地基土承载力提高。

高压喷射注浆法分旋喷、定喷、摆喷三种方法。

旋喷即旋转喷射。旋喷时，喷嘴边喷射边旋转提升，这样形成圆柱状加固体，也称旋喷桩。

定喷即定向喷射。定喷时，喷嘴边喷射边提升，且喷射方向固定不变，形成墙状固体。

摆喷即喷嘴边喷射边摆动一定角度并提升，可形成扇形状加固体。

高压喷射注浆法主要适用于砂类土、黏性土、淤泥质土、湿陷性黄土、人工填土及碎石类土等。

② 高压喷射注浆法的施工工艺。高压喷射注浆法的施工机具主要由钻机和高压发生设备两部分组成。高压发生设备是高压泥浆泵和高压水泵，此外还有空气压缩机、泥浆搅拌机等。其旋喷法施工程序如图 5-11 所示。

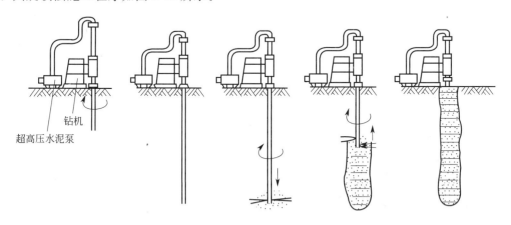

图 5-11 旋喷法施工程序

高压喷射注浆法根据设备条件分单管法、双重管法和三重管法。

单管法只喷射水泥浆，可形成直径为 0.6~1.2m 的圆柱体。

双重管法为同轴复合喷射高压水泥浆和压缩空气两种介质，可形成直径为 0.8~1.6 m 的桩体。

三重管法为同轴复合喷射高压水、压缩空气和水泥浆三种介质,形成的桩径为1.2～2.2 m。

(2) 灌浆法加固　灌浆法是利用液压、气压或电化学原理,通过注浆管把化学浆液注入地基的孔隙或裂缝中,以填充、渗透、劈裂和挤密方式,替代土壤颗粒间孔隙或岩石裂隙中的水和气。经一定时间结硬后,浆液把原来松散的土粒或有裂隙的岩石胶结成一个整体,形成一个强度大的固化体。灌浆法适用于土木工程中的各个领域,用于加固地基、纠正建筑物偏斜、防渗、堵漏等工程。主要用于处理砂及砂砾石、软黏土、湿陷性黄土地基。

灌浆法的化学浆液有许多种,目前工程上采用的主要有水泥系浆液(纯水泥浆、黏土水泥浆、水泥砂浆)、水玻璃(加磷酸)、丙烯酸胺类(丙凝)、聚氨酯类、环氧树脂、木质素类(纸浆废液)等浆液。处理地基土时应根据地质情况,采用不同化学浆液。

① 硅化法加固

a. 硅化法加固原理。硅化法加固是通过打入带孔的铁管,并以一定的压力将水玻璃溶液和另外一种或两种浆液(氯化钙、水泥浆渗液等)注入土中,使土中的硅酸盐达到饱和状态。硅酸盐在土中分解成凝胶,把土颗粒胶结起来,形成固态的胶结物,从而加固地基土壤。

b. 硅化法施工工艺。硅化法施工所用的设备有振动打拔管机、压浆泵、储藏罐以及注浆管等。设备间采用耐高压胶皮管和活接头连接。施工工艺为:施工准备—灌浆范围及孔位布置—施工程序。

② 石灰浆法加固。石灰浆法加固是利用压力把石灰浆压灌入黏土的裂隙层里,呈片状分布。石灰浆同周围一定范围土层起离子交换作用后,形成硬壳层,硬壳层随时间增长而加厚,从而改变了地基土的性质和结构,达到加固地基的目的。

石灰浆法加固主要适用于膨胀土地基的处理,通过在膨胀土中灌入石灰浆,使土胀缩变形的内因被消除,从而使膨胀土地基趋于稳定。

石灰浆法加固施工要点与硅化法加固施工要点类似。灌浆操作宜采取分层进行,分层深度根据压浆泵压力大小而定。

(3) 挤密桩法加固

① 挤密桩法加固原理。挤密桩加固是用打桩机将带有特制桩尖的钢制桩管打入所要处理的地基土中,达到设计深度,拔管成孔,然后向孔内填入砂、石、灰土或其他材料,并加以捣实成为桩体。这种挤密桩主要是利用钢管打入地基时,对土产生横向挤密作用,在挤密功能作用下,土粒彼此移动,小颗粒填入大颗粒的空隙,使土体相对密实,地基土的承载力也随之加强,地基的变形因而减小,桩体与挤密后的土共同组成复合地基,共同承担建筑荷载。

② 施工工艺。施工准备—施工机械就位—成桩。拔管成孔后及时检查质量,然后将填料分层填入并加以捣实。施工中如有异常情况,如桩孔颈缩或回淤等,应采取措施重新沉管成孔,并填入干砂、石灰等填料。

二、基础损坏的原因及加固

1. 基础损坏的原因

房屋基础是工程主要承重构件,承受全部建筑荷载。房屋基础的损坏直接影响建筑物安全,必须对这一隐蔽工程进行正确维护使用,发现问题及时处理,以免酿成大害。

基础损坏的原因有很多，根据工程质量事故分析结果表明一般主要有以下几种。

① 设计上的原因。造成基础承载力不足，或有缺陷。

② 施工上的原因。未能满足设计要求，造成强度、刚度不足。

③ 使用上的原因。维护、使用不当，造成基础损坏。

④ 其他外界因素的不良影响。如灾害、地震、相邻建筑施工保护措施不当等。

2. 基础加固

当建筑物基础出现不同程度的病害时，应及时对一些病害的基础修复加固，从而消除基础变形对上部结构的不利影响，保证房屋的使用安全。

(1) 损坏基础的修复

① 灌浆黏结法。当基础由于荷载作用、地基的不均匀沉降、冻胀、有害介质的侵蚀、施工缺陷等原因开裂、破损时，可以采用灌浆的方法进行黏结加固。

施工中常用的黏结剂是纯水泥浆、环氧树脂等。水泥浆的水灰比视基础裂缝的宽度及破损的情况一般在（1：1）～（1：10）左右。

② 更换法。当工程基础局部病害严重时，可采用拆去病害段换成好基础砌体的更换法。如病害原因是由于地基不良引起的，还要先局部加固地基，加固或更换一定范围内的不良基土，并分层夯实所换的好土，而后再砌筑新更换的基础。

a. 更换基础段小于1.5 m时，可一次完成，施工步骤如下。

i. 首先在贴近基础损坏段处开挖临时施工坑槽至基础底面，同时要撑好坑壁，并用千斤顶支承好上部结构。

ii. 拆去需更换的损坏段基础。如基础损坏是由地基土不良引起的，则需进一步挖去基础下不良基土，换成好基土。

iii. 砌筑新基础砌体，必须保证新旧基础衔接质量，砌筑新基础前要做好旧基础的清除工作，砌筑后要处理好新基础与上部结构节点的连接，一般用干硬性水泥砂浆嵌实。

b. 当需更换的基础段较长时，一般采取以下两种方法。

i. 分段间隔施工如图 5-12 所示。把需更换的基础部分划分成长为 1～2 m 若干段，并安排好更换顺序，并按安排好的施工顺序，逐一进行更换。一般保证紧接施工的两段之间相隔至少两段。这两段或者是未更换的或者是已换完并达到规定设计强度的。

ii. 分段分批施工如图 5-13 所示。即把要更换的基础部分，划分成若干段落，每段编排序号，并按顺序进行施工。施工时尽量先从基础损坏较严重，而墙体被门窗洞口削弱最少的地方开始。

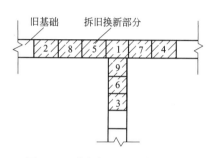

图 5-12 分段间隔更换病弱基础

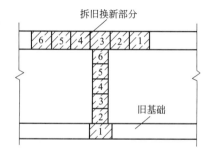

图 5-13 分段分批更换病弱基础

③ 外包法。外包法加固主要用于基础抗弯、抗冲切强度不足，基础杯口深度过小，个

别漏放钢筋的基础。对于抗弯强度不足者，可在基础杯口上增设钢筋混凝土套箍，如图5-14（a）所示，增设的受弯钢筋应与柱或基础壁的原竖向钢筋相焊接。对于漏放钢筋的基础，适当增设钢筋，如图5-14(b)所示。对于抗冲切强度不足及杯口过浅者，增设套箍时只需将与柱基础接触部分凿毛，将钢筋插入杯口内浇灌成整体即可，如图5-14(c)所示。

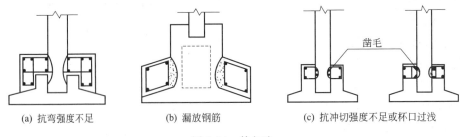

(a) 抗弯强度不足　　(b) 漏放钢筋　　(c) 抗冲切强度不足或杯口过浅

图 5-14　外包法

（2）扩大基础法加固　当房屋由于地基承载力和基础底面积限制，基础承载力不能达到设计要求时，可以采用扩大基础底面积的方法来增大基础的承载力；当基础本身的截面尺寸过小，强度或刚度达不到要求时，可以采用增大基础截面高度或增大整个基础截面尺寸的方法来提高基础的强度和刚度。上述这两种加固方法均属扩大基础法加固。

（3）基础托换法加固　当一些大型的房屋建筑进行基础病害处理时可采用基础托换法进行加固。基础托换技术主要是对原有建筑物的地基、基础需要加固或处理时而采取的各种技术总称。一般常见的方法有补救性托换、预防性托换、侧向托换、维持性托换等。

① 补救性托换。原有建筑物的基础不符合要求，需增加埋深或扩大基础底面积的托换称为补救性托换。

② 预防性托换。由于邻近要修筑较深的新建筑物基础，因而需将基础加深或扩大的基础加固技术称预防性托换。

③ 侧向托换。在原建筑物基础的一侧，修筑比较深的桩或墙来代替原基础的托换工程称为侧向托换。

④ 维持性托换。在建筑物基础下预先设置好顶升措施，用来维持建筑物沉降的需要，这种方法称维持性托换。

基础托换技术是涉及设计技术和施工技术难度都较大的项目，具有费用较高、施工周期较长、责任性较大等特点。

基础托换技术一般分两个阶段进行：第一阶段是采取适当稳妥的方法支托原有建筑物全部或部分荷载；第二阶段是根据工程需要对原有建筑物的地基基础进行加固。

三、地基、基础的维护措施

地基、基础是房屋重要的组成部分，它直接影响着建筑物的安危。而地基、基础又属地下隐蔽工程，事故发生时，补救非常困难，一方面荷载巨大，另一方面受地下水的影响，所以应当在日常使用中做好预防和保护工作。

地基、基础的维护、养护工作一般从以下几方面进行预防。

（1）正确合理地使用房屋　房屋在使用时，一般不得随意改变使用功能，上部荷载不得有较大幅度的增加。重点应注意以下几点。

① 房屋接层时，必须经过设计及鉴定单位许可，没有经鉴定及勘察不得随意增加

层高。

② 房屋使用时，不得随意在建筑物基础周围堆放过重的物品，地表荷载的增加会使地基产生附加应力，从而产生附加的不均匀沉降，导致房屋开裂。

(2) 保证地基、基础的防水、排水功能　地表的雨水等或上下管道漏水渗入地基，以及生产用水渗入地基，都会软化地基，使地基强度下降，造成房屋地基、基础产生缺陷。一般维护时注意以下几点。

① 经常检查、维护房屋四周的散水坡、明沟、道路等，发现有破损、断裂等问题时，判断它对建筑物地基的危害程度，并及时修补。确保房屋四周不出现积水现象。

② 重点检查房屋地沟内的给水及采暖管道，它直接和地基、基础相接触，发生漏水直接浸蚀基础，直接危害地基。发现问题及时处理，并建立定期检查制度。

(3) 保护好地基基础　重点保护建筑物的勒角、散水、明沟，以及保证基础不得外露。基础上的土易散失，必须确保土的完整，不得随意在基础周围挖坑。

建筑物勒角是易损坏的结构部分，它的破损会导致墙体下基础受水的浸蚀，由于距地面较近，易受到人、物和车辆的碰撞，所以必须采取防范措施，对破损部分应及时修补，提高勒角的强度及防水性能。

四、房屋倾斜矫正技术

当建筑物由于地基不均匀沉降而发生倾斜时，必须采取相应的措施以调整地基的沉降量，以使房屋满足使用要求，恢复正常直立状态。一般把这类矫正房屋倾斜的技术称为纠倾。纠倾的基本出发点是在倾斜的反侧加载、浸水、掏土、降水等或在倾斜的一侧顶升，最终使两侧的沉降均匀，以达到纠倾的目的。当通过纠倾方法仍不能满足使用安全要求时，则只能采取减层或拆除的方法。

1. 基底取土法纠倾

基底取土法纠倾是将房屋沉降较小一侧基础底下的部分地基土挖走，迫使沉降小的一端沉降量增加，从而达到纠倾的目的。常见有以下几种方法。

(1) 掏土法　当建筑物基础埋深较浅时，可在房屋沉降小的部位的基础两侧开挖一地槽，槽底比基础底面略低 100～200 mm，然后沿水平方向每隔一段距离，在基础底下穿孔掏土，掏土工具可用细钢管或钢筋钎子，随着掏土量的增大，原沉降小的部位的基础沉降必然会逐渐增大，从而使房屋各部分沉降相对趋于均匀，使房屋恢复到原来的直立位置。如图 5-15 所示。

掏土法纠倾具有操作简单，施工方便，工程量小，投资少等优点。施工时应按设计严格控制每段的掏土量，不可盲目，不可操之过急，以防出现新的倾斜。

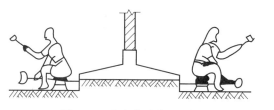

图 5-15　基底穿孔掏孔纠倾

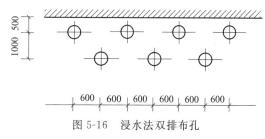

图 5-16　浸水法双排布孔

(2) 钻（冲）孔取土法纠倾　通过在地基上钻孔或冲孔，然后利用软土的流塑特性，从而使地基土在压力作用下，在孔内侧向挤出，以此达到均衡建筑物沉降的方法。

2. 浸水法矫正

浸水矫正的原理是在房屋地基沉降较小的一侧注入适量的水，在沉降大的一侧不注水或少注水以保证均匀过渡，这样土体在水的作用下被软化，在荷载的作用下产生不均匀沉降，以此满足纠倾需要的一种方法。

在浸水矫正施工前，要根据土质的情况，以及主要受力层范围内土的含水量及饱和度，预估所需的浸水量，然后分阶段的注水。注水时，可通过注水孔和注水槽来进行。注水孔直径一般在 $\phi 100\sim 300$ mm 左右，孔深达基底以下 $0.5\sim 1.0$ m，并在孔内填透水性大的砂石至基础底部，注水孔间距为 $0.5\sim 1.0$ m，在基础倾斜反侧可布单排或双排孔，双排布孔如图 5-16 所示。

3. 加载法纠倾

加载法纠倾是在房屋沉降较小部位的基础及其周边临时压重，迫使该部位地基土的沉降量增大到与其他沉降量较大的部位相同，以此达到纠倾的目的。

4. 顶升法纠倾

顶升法纠倾是指当建筑物的整体沉降或不均匀沉降较大，造成标高过低而不适合通过继续沉降来保持平衡时，或对于桩基础等不适合采用迫降纠倾时，而采用局部顶升纠正建筑物偏斜的方法。

5. 冲孔挤土法纠倾

冲孔挤土法是利用沉井在基础底部冲打 $100\sim 200$ mm 水平孔，同时可用压力水冲孔，通过反复冲孔，排出孔内被挤出的土，以此增加局部沉降的一种纠倾方法。

第三节　砌体工程维修

一、砌体腐蚀的防治

砌体的腐蚀是指砌体受到外界环境因素的物理或化学作用而发生表面粉化、起皮、酥松与剥落等的现象。

砌体腐蚀不仅影响建筑物的美观，还会削弱砌体截面的整体性，降低承载能力，严重时可能导致坍塌。但对一般房屋而言，因抹灰面层起了一定防护作用，故除了某些化工厂及其邻近建筑物外，严重的腐蚀现象比较少见。

1. 砌体腐蚀的原因

引起砌体腐蚀的外因是外界环境因素的作用，内因是砌体材料的耐腐蚀性能不良，一般可从以下两方面进行具体分析。

（1）外界环境因素的物理作用　雨雪、洪水、风砂的冲刷作用，热胀冷缩、湿胀干缩及冻融作用，高温作用。

当砌体的砌块材料组织较疏松、吸水率较大、强度较低时，砌体在上述因素作用下，便会发生腐蚀现象。

（2）腐蚀性介质的化学侵蚀作用　气相腐蚀性介质，液相腐蚀性介质，固相腐蚀性介质。

砌体对腐蚀性介质的耐腐蚀能力，取决于砌体的用料和介质的性质。

水泥砂浆一般是不耐酸的，因为水泥的主要成分是钙和铝的碱性化合物，它们遇到酸性介质起化学反应，生成能溶于水的盐类。至于碱性介质，除苛性钠（NaOH）外，一般当碱性介质浓度较低时，对水泥砂浆是没有严重腐蚀性的。

普通黏土砖的主要成分为二氧化硅和氧化铝，前者易溶于碱性介质中，后者易溶于酸性介质中，故普通黏土砖的耐酸和耐碱性能均较差。

石砌体的石料，大多为岩浆岩和沉积岩，前者耐酸碱腐蚀性能较好，后者则较差。

当采用粉煤灰硅酸盐砌块时，砌体耐冻融、高温和化学介质侵蚀的性能都是较差的。

2. 砌体腐蚀的防治

表 5-1 常用耐腐蚀材料的性能

材料类别	材料名称	性能
沥青类	沥青胶泥、沥青砂浆、沥青混凝土、碎石浇沥青	对硫酸、盐酸、硝酸和氢氧化钠有一定的耐腐蚀能力，但不能耐大多数有机溶液的侵蚀
水玻璃类	水玻璃胶泥、水玻璃砂浆等	机械强度和耐热性能好，耐酸性较好，但不能耐碱性介质腐蚀，收缩性大，抗渗耐水性较差
硫磺类	硫磺胶泥、硫磺砂浆、硫磺混凝土	抗渗性好，强度高，硬化快，能耐硫酸、盐酸的侵蚀，但脆性大，耐火性差，不能耐浓硝酸、强碱和丙酮等溶液侵蚀
树脂类	环氧树脂、酚醛树脂、不饱和聚酯树脂等的树脂胶泥或树脂砂浆	环氧树脂能耐酸碱的腐蚀，且黏结强度高；酚醛树脂耐酸但不能耐碱的腐蚀；不饱和聚酯树脂能耐酸、碱、盐的腐蚀
塑料类	聚氯乙烯卷材或块材	能耐一般中等浓度酸、碱、盐的腐蚀，且机械强度较好，耐磨，重量小，不导电，但不能耐高温，易老化
陶瓷类	耐酸瓷砖 耐酸陶板 缸砖	除氢氟酸、热磷酸、熔融碱外，能耐一般酸碱的腐蚀。需用耐腐蚀胶结料嵌缝
涂料类	过氯乙烯涂料、沥青漆、环氧树脂漆、酚醛树脂漆等	涂刷 $100\sim300\mu m$ 厚涂层，可耐大气中酸、碱、盐雾和介质的侵蚀

（1）砌体腐蚀的预防　砌体腐蚀的主要预防措施如下。

① 尽量消除或减少周围环境中侵蚀砌体的因素。例如，防止腐蚀性介质"跑、冒、滴、漏"而侵蚀砌体，防止砌体受雨水冲刷和浸泡等。

② 根据外界环境对砌体的侵蚀情况，合理选用砌体材料。例如，在地面以下及高温或具有化学介质侵蚀的部位，不使用粉煤灰硅酸盐砌块。

③ 在砌体表面设置防护隔离层。例如，当墙面仅受气相介质腐蚀时，可采用水泥砂浆抹灰层；当有强腐蚀性介质时，选用耐腐蚀材料做防护层，隔绝腐蚀性介质对砌体的腐蚀。

常用的耐腐蚀材料见表 5-1，应根据周围介质的腐蚀性质和房屋的使用要求选用。

（2）砌体腐蚀的维修　对已腐蚀的砖墙其维修做法如下。

① 清除表面腐蚀层。可通过人工凿、铲、刷、洗，将表面腐蚀层清除干净。经清理后的墙面应呈微碱性，若呈酸性，可用石灰浆、氨水等碱性介质进行中和处理，再用清水冲洗干净。

② 对墙面进行修复、加固，设置防护层。若墙面腐蚀深度不大，可在清除腐蚀层后，根据对墙面的防腐和使用要求设置防护层，例如抹水泥砂浆或耐腐砂浆，或用水泥砂浆抹平后加贴瓷砖或加刷耐腐涂料等。

若墙体腐蚀深度较大，对承载力有严重影响时，应通过研究采取加固处理或拆除重砌。

对于砌块墙，由于抗风化能力差而引起腐蚀时，宜在清除腐蚀层后，用 1∶3 水泥砂浆找平，待砂浆达到一定强度时，用射钉枪向墙上射钉，将14号钢丝网固定于墙面，最后抹以1∶2水泥砂浆。如图5-17所示。

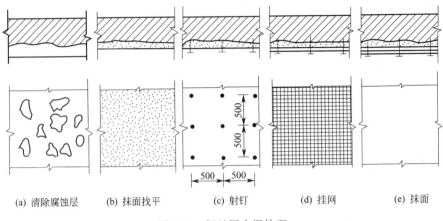

(a) 清除腐蚀层　　(b) 抹面找平　　(c) 射钉　　(d) 挂网　　(e) 抹面

图5-17　钢丝网水泥抹面

二、砌体裂缝的防治与加固

砌体裂缝是砌体最常见的病害。砌体发生裂缝后，影响到美观和安全，引起透风和渗水，削弱砌体的整体性和稳定性，从而影响其承载能力，严重时会导致坍塌。因此，砌体出现裂缝后，应注意观察分析，对于影响正常使用和危及安全的裂缝，要及时采取相应的处理措施。

1. 砌体裂缝的原因、形态特征及其预防措施

砌体的裂缝按其成因主要有沉降裂缝、温度裂缝、荷载裂缝、振动裂缝等。

（1）沉降裂缝　沉降裂缝是指主要由于地基基础不均匀沉降而引起的裂缝。

① 裂缝形态特征及其原因分析。砌体的沉降裂缝，一般有竖直裂缝和斜裂缝，有时还有水平裂缝，它们是由于地基不均匀沉降引起砌体受弯和受剪而产生的。

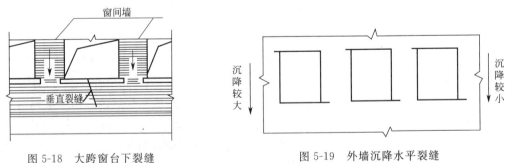

图5-18　大跨窗台下裂缝　　　　图5-19　外墙沉降水平裂缝

a. 竖向裂缝。当房屋窗口宽度较大时，常在底层窗台中部出现向下发展的竖直裂缝，如图5-18所示，它是由于两侧窗间墙相对窗台墙沉降较大而引起的。

b. 水平裂缝。一般出现在窗间墙上，往往是在每个窗间墙的上下两对角处，沉降较大的一侧，裂缝在下方；沉降较小的一侧，裂缝在上方，在窗洞口处缝宽较大。这是由于墙体弯曲变形引起窗间墙两侧窗洞口发生微小角变形所致。如图5-19所示。

当房屋设有地圈梁时，下部竖向裂缝可能转化为地圈梁与基础砌体之间的水平裂缝。

c. 斜裂缝。当地基基础沉降曲线沿房屋墙体全长为非直线形时，将使砖混结构房屋的墙体发生正向或反向弯曲变形或两者兼有，使墙体上部或下部受拉而产生斜向裂缝，裂缝由檐口向下或由基础向上发展。

主要由于地基基础不均匀沉降使墙体受到较大的剪力，引起砌体内斜向主拉应力而产生裂缝。斜裂缝的走向是由沉降较小的一侧向沉降较大的一侧升起，各层墙上均可能出现。当外墙基础发生不均匀沉降时，斜裂缝常出现在窗洞口的一斜对角上，由洞口处分别向下和向上发展，上面一条常因受窗过梁影响，走向有些变化，如图5-20所示。

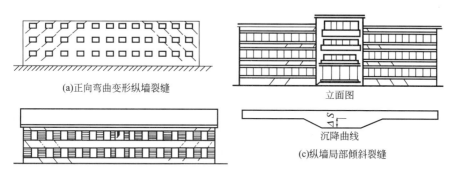

图5-20 外纵墙斜裂缝

以上所述砌体沉降裂缝是砖混结构房屋墙体由于其地基基础沿墙方向发生不均匀沉降而引起的常见裂缝。若其基础由于地基的变形或滑移而发生了倾斜或滑移，或地基发生往复胀缩变形，则墙体还可能出现其他形态特征的裂缝，例如，当外墙基础向外倾斜时，可能引起底层外墙上向外张口的水平裂缝等。

② 沉降裂缝的预防和稳定措施。对沉降裂缝的预防和对已有沉降裂缝采取的稳定措施主要有以下两点。

a. 在房屋大修工程中，采取各种结构和构造措施，尽量减小地基基础的不均匀沉降，并提高砌体的抗裂能力。

b. 当墙体已产生沉降裂缝时，要先查明地基基础病害的部位和原因，再采取措施，尽量消除使其发生不均匀沉降的因素。

(2) 温度裂缝

① 裂缝原因与形态特征。结构构件在温度变化时，会产生热胀冷缩变形，其长度变化值 ΔL 与构件的长度、温差及材料种类有关，可表示为

$$\Delta L = L(t_2 - t_1)\alpha$$

式中　L——结构构件长度；

　　　$t_2 - t_1$——温度差；

　　　α——结构构件材料的线胀系数，砖砌体为 5×10^{-6}；混凝土为 10×10^{-6}。

由于砌体结构与钢筋混凝土结构（如屋盖、圈梁等）之间以及砌体结构的不同部位（如墙体与基础、外墙与内墙等）之间存在着温度变形差异和相互约束，致使墙体产生附加应力（温度应力），应力过大则引起开裂。

常见的温度裂缝多出现在钢筋混凝土平屋盖房屋中。主要有以下几种类型。

a. 墙顶的"八"字形斜裂缝。如图5-21所示，裂缝一般位于纵墙顶层两端的1～2个开间

内，由纵墙两端向中间逐渐升高，呈对称形，当纵墙两端有窗口时，裂缝一般通过窗口的两对角。缝宽一般为中间较大，两端较小。由于屋面受太阳照射，屋面板和屋顶圈梁的伸长较砌体大，两者的变形差异在墙的中部为零，向两端逐渐积累增大，当墙体较长时，则屋面板、屋顶圈梁对墙体的水平推力（即墙顶水平剪力）引起的主拉应力使墙体产生"八"字形裂缝。

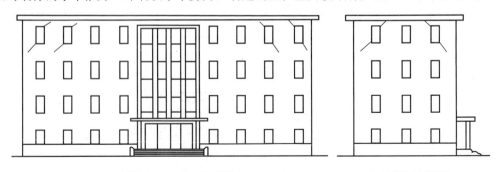

(a) 外纵墙上"八"字形温度裂缝　　　　(b) 横墙上温度裂缝

图 5-21　外墙上温度斜裂缝

b. 檐口处的水平裂缝和包角裂缝。水平裂缝一般出现在平屋顶的檐口下或女儿墙根部或屋顶圈梁以下 2～3 皮砖的水平灰缝中，沿墙顶分布，两端较多，向墙中部逐渐减少。包角裂缝是分布在房屋外墙转角处的檐口水平裂缝，缝的宽度在外墙角部较大，向中间逐渐减小，如图 5-22 所示。檐口处的水平裂缝和包角裂缝是由于屋面板、屋顶圈梁的热胀冷缩变形比墙体大，变形差异引起的水平剪力超过了墙体水平灰缝抗剪能力而产生的。

② 温度裂缝的预防措施。砌体的温度裂缝，一般在房屋建成后 2～3 年内便会发生，经过几个严冬酷暑后即会稳定下来。对于气温变化较大而体型又较大的砖混结构平屋顶房屋，某些温度裂缝往往是难以避免的，但是，可以采取一些措施使其减少发生和发展。一般措施有减小温度变形、加强砌体抗裂性。

（3）超载裂缝　砌体由于荷载作用超过其承载能力而引起的裂缝即为超载裂缝。对于设计计算正确且施工质量合格的砌体，在设计荷载作用下，一般应不产生裂缝，若砌体出现超载裂缝，应查明其实际荷载、受力状态、有效截面及材料实际强度，经过承载能力验算后，及时采取加固措施，以确保它能安全、正常地工作。

① 超载裂缝的形态特征。

a. 砌体因局部受压承载力不足而产生的超载裂缝。一般在屋架或大梁底部砌体出现贯通几皮砖的竖直或略倾斜的裂缝。

图 5-22　平屋顶檐口下水平裂缝及包角裂缝

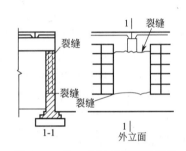

图 5-23　偏心受压时的受拉裂缝

b. 砌体因受压或压弯承载力不足而产生的超载裂缝。一般在柱子或窗间墙上出现贯通几皮砖的竖直裂缝；当偏心距较大时，可能使砌体受拉侧出现水平裂缝，如图 5-23 所示。

c. 受弯砌体的超载裂缝。一般常见在砖过梁上，在跨中受拉区出现竖向裂缝，在靠近支座处出现大致呈 45°的阶梯形斜裂缝，前者是由于受弯引起的，后者是由于受弯剪产生的主拉应力引起的。如图 5-24 所示。

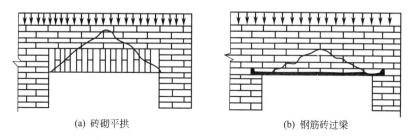

图 5-24　砖过梁超载裂缝

② 超载裂缝的预防和稳定措施。

a. 在房屋设计时，应注意对钢筋混凝土屋架、大梁、挑梁、过梁支承处砌体进行局部受压承载能力验算，必要时，提高该处砌体强度，或增设混凝土垫块。对砖砌过梁应控制其应用范围，确保其施工质量，当洞口宽度较大或荷载较大时，宜采用钢筋混凝土过梁。

b. 对于已裂的墙柱砌体，应查明砌体实际强度和有效截面，计算其允许承受的荷载，据以控制使用荷载和确定修补加固措施。

（4）振动裂缝　振动时物体在外部干扰力的作用下作周期性的往复运动。砌体由于较强烈的振动而引起的裂缝即为振动裂缝。

房屋砌体的振动裂缝一般是由于受机械振动作用而引起的。机械振动对砌体的作用，有些是通过地基基础传来的，有些是通过楼盖、屋盖或框排架传来的。

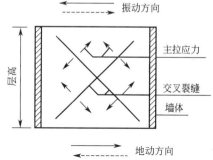

① 振动裂缝的形态特征。砖砌体受振动作用产生的裂缝，大多呈不规则形状，常发生在砌体的薄弱处和应力集中部位，如门窗洞口角部处等。若多层砖墙承重房屋受到地震的强烈振动作用时，墙体上常出现斜裂缝或交叉斜裂缝。图 5-25 为砖墙在地震力水平分力作用下引起的裂缝。

图 5-25　地表运动时砖墙内交叉裂缝示意

② 振动裂缝的预防和稳定措施。

a. 消除或减弱动力机械振动的措施：设置隔振器；调整结构刚度，消除共振现象；合理布置动力机械，减小其振动作用。

b. 提高墙体抗裂能力的措施：对一般砖混结构房屋，可提高受振砌体的强度，采用配筋砌体，增设钢筋混凝土圈梁和构造柱。

2. 开裂砌体的修补与加固

砌体出现裂缝后，应及时查明其原因，注意观察其发展，判明其危害性。对于砌体正常使用影响不大的裂缝，可待其稳定后进行修补；对砌体承载力影响较大而危及安全的裂缝，除应及时对裂缝进行修补外,尚应采取适当的加固措施,必要时拆除重砌。

根据砌体裂缝对房屋建筑的美观、安全、耐久性及使用等方面的影响,来选定对开裂砌体的修理方法。一般的修理方法有以下几种。

(1) 裂缝的修补

① 砂浆或胶泥嵌补缝口法。用砂浆或胶泥通过刮抹嵌补裂缝缝口,可达到封闭缝口、防止渗漏、恢复美观的目的。

对于完全稳定的裂缝,可根据缝宽大小,选用水泥砂浆、水玻璃砂浆、107 胶水泥胶泥、苯乙烯二丁酯乳液水泥胶泥等刚性补缝材料,在缝口清理干净后,通过刮、抹、刷等方法将其嵌入缝内,使缝口封闭。

对于未完全稳定或随温度变化而张闭的裂缝,宜选用聚氯乙烯胶泥、环氧胶泥、丙烯树脂、硅树脂、聚氨酯或合成橡胶等柔性或弹性材料,在对裂缝进行扩口并清理干净后,将嵌缝材料仔细嵌入扩好的槽内,使缝口完全密封。如图 5-26 所示。

② 混凝土嵌补拉结法。当砖墙上的裂缝较长时,为了把裂缝两侧的砌体连接起来,恢复一定的整体性,可沿裂缝每距 400~600mm,凿出高 120mm(两皮砖)、长 370~500mm、深 120mm 的孔槽,清理干净后,补砌混凝土预制块或现筑混凝土,如图 5-27 所示。

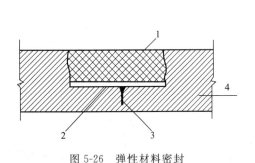

图 5-26 弹性材料密封

1—弹性密封材料;2—隔离层;3—裂缝;4—墙体

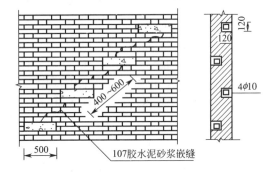

图 5-27 块体嵌补法修补砌体裂缝

对其余裂缝段用掺 107 胶水泥砂浆嵌缝。若凿孔槽危及安全时,可改用钢夹板拉结。

③ 压力灌浆法。把浆料压入砌体裂缝内部,待其结硬后,使裂开的砌体黏结起来,达到填实裂缝和恢复砌体强度、整体性、耐久性等的目的。

(2) 开裂砌体的加固 当砌体的裂缝较严重,对砌体安全影响较大时,除需对裂缝进行修补外,尚应对砌体采取适当的加固措施。

① 型钢套箍加固法。对于柱子开裂的加固,除可用罩钢筋网抹灰外,尚可采用型钢套箍加固。施工时先将柱面软弱抹灰层铲除,然后安装包角角钢,用方木箍临时固紧,再沿柱高按一定间距焊以扁钢缀板,上下两端焊角钢,并与梁及基础顶紧。最后,拆除木箍,清洗柱面,用 1:2.5 水泥砂浆抹平至缀板表面,如图 5-28 所示。

② 钢筋网抹浆或喷浆加固法。当墙面裂缝较多时,可在墙身两面安装 $\phi 6\sim 8$ 钢筋网,网格尺寸 200~250mm,墙身两侧的钢筋网用一定数量的穿墙钢筋拉结,并对裂缝进行扩口,然后抹以 1:(2.5~3) 水泥砂浆或喷射细石混凝土。此法可取得明显的加固效果,加固后的墙体具有一定的抗震能力。

施工工艺过程为:扩缝、钻孔与清底→安装绑扎钢筋网→抹灰或喷浆→养护。

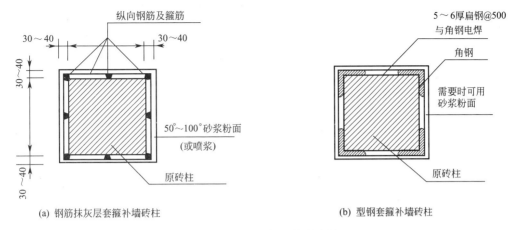

图 5-28 用套箍加固补墙砖柱

三、墙柱倾斜和弯曲变形的加固与矫正

墙柱倾斜和弯曲变形是砌体常见的病害之一。由于倾斜或弯曲变形使墙柱轴线偏离了垂直位置，增大了偏心距，从而降低了墙柱的承载力，严重时将导致失稳而倒塌破坏。因此，在房屋维修中应特别注意对墙柱倾斜、变形的检查、观测与分析，查明原因，判明危害性，及时采取加固、矫正措施。

1. 倾斜、变形原因

引起墙柱倾斜、变形的一般原因如下。

① 建造时遗留的缺陷。主要是砂浆过稀或砖块过湿，灰缝过厚或厚薄不匀，每日砌筑高度过大，新墙受到了较大的水平力或风力作用，冬季采用冻结法施工措施不当等。

② 地基基础不均匀沉降引起房屋整体倾斜或局部墙柱变形。

③ 墙柱的锚固与支承构造措施不当（如墙与楼盖的连接不符合要求等），致使墙柱高厚比过大，或所受压力偏心距增大，承载能力降低。

④ 使用不当。如在墙柱上安设拉力较大的拉索，靠墙堆放较高的松散材料等。

⑤ 其他。如水害、地震等。

2. 加固修理措施

当墙柱砌体倾斜、变形不很严重时，可采取加固修理措施来保证其能继续安全、正常使用。常见的加固方法有下列几种。

① 在墙体倾斜或弯曲鼓凸一侧增设钢筋混凝土或砖扶壁柱，或在不影响房间使用的条件下增设间隔墙。采用砖砌扶壁柱或间隔墙时，新旧砌体之间应每隔 3~5 皮砖高用砖或混凝土加以拉结。采用钢筋混凝土扶壁柱时，纵向钢筋下端应锚固在增设的混凝土基础内。扶壁柱与墙的连接如图 5-29 所示。

② 设置套箍。可根据具体情况选用钢筋网抹灰或喷灰套箍、型钢套箍或钢筋混凝土套箍。

③ 用钢拉杆加固。对于弯曲鼓凸的墙体，可用扁钢、圆钢或角钢作拉杆，将变形墙体与完好墙体拉结为一体，以增强变形墙体的稳定性和防止墙体变形的继续发展。

④ 用钢筋混凝土外套框架加固。对于房屋不很严重的整体倾斜和局部倾斜，可考虑用

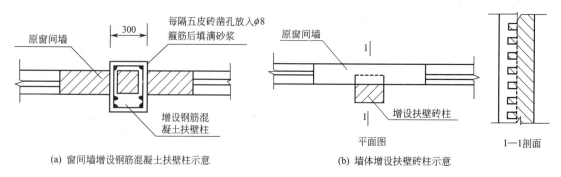

图 5-29 增设扶壁柱示意

钢筋混凝土外套框架进行加固。外套框架沿倾斜方向应具有足够的侧向刚度。

⑤ 设置替代受力支柱。对于承受桁架、大梁等集中荷载作用的墙柱，可紧靠它设置木、钢、砖或钢筋混凝土柱，以承受桁架或大梁传来的荷载，使原有墙或柱全部或部分卸载。此法可用做临时加固或永久性加固。

3. **墙柱倾斜的矫正**

对于房屋中局部墙柱的倾斜，当砌体质量较好，表面平整，且倾斜已趋稳定时，可采取矫正措施予以复位，如图 5-30 所示。其方法步骤如下。

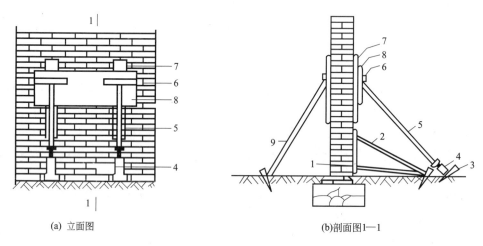

图 5-30 砖墙整体矫正顶撑装置

1—掏出灰砂的砖缝线；2—三角形木档架；3—木桩；4—千斤顶；
5—斜向压杆；6—防滑条；7—垂向木垫板；8—连接横板（按需要设置）；9—保险支撑

① 卸除墙柱负荷和上端的侧向约束。如用临时支撑托住屋架或大梁，清除靠墙堆载等。

② 在倾斜一侧安装矫正设施。一般可沿倾斜墙段每隔 2～3m 设置一组顶撑装置。

③ 在倾斜反侧对应安设保险撑，并在离地约 300mm 处将一条砌体水平灰缝掏空，填入较稀的水泥砂浆或混合砂浆。

④ 同时驱动每组矫正设施中的千斤顶，使墙体恢复到垂直位置，然后在倾斜一侧出现的水平裂缝中塞进薄铁片，并用 1∶1 干硬性水泥砂浆填塞，待砂浆达到规定强度后，即可将原负荷重新加上，拆除顶撑装置和临时保险撑。

上述方法主要适用于高度不大的单层房屋中墙柱倾斜的矫正，尤其适宜于矫正倾斜的围墙。

第四节 混凝土工程维修

一、钢筋混凝土结构裂缝

1. 钢筋混凝土裂缝分类及原因

钢筋混凝土结构上产生的裂缝按其原因和性质可分为很多种,根据房屋建筑的使用要求,在各种裂缝中有些是正常的、允许的,而有些则是使用上不允许的,有的甚至会对建筑物构成危害。对待钢筋混凝土结构上的各类裂缝,必须认真分析其性质和产生原因,然后才能采取正确的补救措施和处理方法。

(1) 钢筋混凝土裂缝分类 钢筋混凝土裂缝按其产生的原因和性质,主要分为温度裂缝、收缩裂缝、应力裂缝、施工因素裂缝、化学作用裂缝等。

(2) 原因分析

① 温度裂缝。钢筋混凝土结构在温度影响下产生裂缝的原因主要有以下几种。

a. 混凝土具有热胀冷缩的性质,其线胀系数一般为 1×10^{-5},当环境温度发生变化或水泥水化热使混凝土温度发生变化时,钢筋混凝土结构就产生温度变形。当温度升至 60~100℃时,混凝土中游离水将大量蒸发,就能出现发丝裂缝;当温度达到 150℃以上时,水泥石产生收缩变形,而骨料发生膨胀,这就导致水泥石和骨料间的黏结逐渐破坏而产生裂缝。建筑物中的结构构件(受弯、受拉或受压等构件)在温度变形和约束的共同作用下,产生温度应力,当这种应力超过混凝土的抗拉强度时,就产生裂缝。另外,混凝土受热后强度也将迅速降低,使裂缝加剧,其强度降低系数见表 5-2。钢筋受热后强度也将随温度升高而降低,其降低系数见表 5-3。

表 5-2 普通混凝土在不同温度下的强度降低系数

温度/℃	20	60	100	150	200	250	300
棱柱及挠曲强度的降低系数	1	0.90	0.85	0.80	0.70	0.60	0.40
抗拉强度的降低系数	1	0.75	0.70	0.60	0.55	0.50	—

表 5-3 钢筋在不同温度下的强度降低系数

温度/℃		20	60	100	150	200	250	300
强度极限的降低系数	一般钢筋	1	1	0.95	0.92	0.85	0.75	0.60
	冷拉钢筋	1	1	0.90	0.85	0.80	0.70	—
徐变极限的降低系数		1	1	0.95	0.92	0.85	0.75	0.30

b. 钢筋混凝土中钢筋与混凝土间的黏结力,将随温度升高而降低,其降低系数见表 5-4。其中变形钢筋的黏结力由于机械咬合力较长圆钢筋的黏结力强,因此,它受温度的影响也较圆钢筋小。

表 5-4 圆钢筋和变形钢筋与混凝土间黏结力在不同温度下的降低系数

温度/℃	20	60	100	150	200	250	300	400
圆钢筋的降低系数	1	0.82	0.75	0.60	0.48	0.35	0.17	0
变形钢筋的降低系数	1	1	1	1	1	1	0.99	0.75

c. 钢筋混凝土在温差过大时引起构件表面出现裂缝。混凝土结构，特别是大体积混凝土在硬化期间水泥释放出大量水化热，内部温度急剧上升，使混凝土表面和内部的温度相差很大。或者当对钢筋混凝土预制构件蒸汽养护时，混凝土降温控制不严。降温过速，致使混凝土表面温度急剧下降而产生较大的降温收缩，此时表面受到内部混凝土的约束将产生较大的拉应力，而混凝土早期抗拉强度和弹性模量很低，因而出现裂缝。

② 收缩裂缝。混凝土的收缩可分为干缩和凝缩两种。干缩是指混凝土中多余水分蒸发，随温度降低，体积减小而产生的收缩，其收缩量占整个收缩量的 80%～90%；凝缩是指水泥在水化作用形成胶体的过程中，体积不断减小而产生的收缩。上述两种收缩结果，就形成混凝土的收缩变形。由于收缩产生的裂缝，称为收缩裂缝。

③ 应力裂缝。钢筋混凝土结构在静荷载或动荷载作用下或由于地基的不均匀沉降而产生的裂缝称为应力裂缝。这类裂缝较多出现在受拉区、受剪区或振动较严重的部位，根据不同的受力性质和受力大小而具有不同的形状和规律。有关钢筋混凝土典型受力构件破坏特征及裂缝性质参见表 5-5。

表 5-5 钢筋混凝土典型受力构件破坏特征及裂缝性质

典型受力构件			破坏特征	裂缝性质		备 注
				破坏开始产生的裂缝	受力正常时可产生的裂缝	
受拉构件			塑性破坏	正截面拉裂且钢筋流动	正截面拉裂	
受压构件	中心受压 小偏心受压 大偏心受压(受拉区配筋甚多时)		脆性破坏和类似脆性破坏	受压区混凝土压裂或受拉区钢筋流动	正截面受拉区裂缝	
	大偏心受压(受拉区配筋不多时)		塑性破坏	受压区压裂或受拉区钢筋流动	正截面受拉区裂缝	
受弯构件	正截面强度	一般情况(含钢率正常，混凝土具有一定标号)	塑性破坏	受压区破裂或受拉区钢筋流动	正截面受拉区裂缝	
		超筋情况下	脆性破坏	受压区压裂	—	设计中不宜采用
		混凝土强度极低或严重丧失强度	不典型	受压区压裂	—	
	斜截面强度		脆性破坏	受压区破坏或受拉区钢筋流动	受拉区斜裂缝	
受扭构件			塑性破坏	扭转裂缝且钢筋流动	扭转裂缝	
局部承压	一般情况下		类似脆性破坏	大范围压裂	小范围压裂	
	后张法预应力结构端部等特殊情况下		塑性破坏	端部压裂(钢筋丧失预应力)		
冲切面			脆性破坏	冲切面裂缝		

④ 施工因素裂缝。钢筋混凝土结构由于施工不当而产生的裂缝因素很多，主要有下列几类。

a. 施工时由于混凝土配合比不当，水灰比过大或为了加快进度，随意提高混凝土强度，而使单位水泥用量加大等都可能造成混凝土产生裂缝。

b. 混凝土是一种混合材料，混凝土的均匀性和密实性都与其施工质量有关。从混凝土的搅拌、运输、浇筑、振捣到养护各道工序中的任何缺陷都可能造成混凝土裂缝，特别是混凝土早期养护的质量，与裂缝的关系密切。早期表面干燥，或早期受冻都可能使混凝土产生裂缝。

c. 模板支架系统的质量与施工裂缝有关，模板构造方案不当，漏水、漏浆，模板及支撑刚度不足，支撑地基下降等都可能造成混凝土开裂。

d. 构件脱模时，受到剧烈振动，或地面砂子摊铺不平，吊钩位置不当使构件受力不均匀或受扭，易引起构件纵向或斜向裂缝。

e. 装配式结构的构件安装工艺、焊接工艺与顺序不当时，也可能造成构件裂缝。

f. 构件运输、堆放时，支承垫木不在一条直线上，或悬挑过长，运输时构件受到剧烈振动，吊装时吊点位置不正确，或桁架等侧向刚度较差的构件，侧向未采取临时加固措施，都可能使构件产生裂缝。

⑤ 化学作用裂缝。

a. 由于水泥安定性不合格或选用活性砂石作骨料，再加上使用含碱外加剂，这样就会产生碱-骨料反应，从而造成结构裂缝。

b. 混凝土中的钢筋，在受到酸碱盐等化学物质作用时会产生腐蚀。钢筋腐蚀会使断面逐渐减少，同时钢筋由于锈蚀而体积膨胀，会使混凝土保护层破裂甚至脱落。

2. 钢筋混凝土裂缝的预防措施和修补方法

（1）预防措施

① 温度裂缝。预防混凝土温度裂缝的产生，可从控制温度、改进设计和施工操作工艺、改善混凝土性能、减少约束条件等方面采取措施，一般采取以下具体的措施。

a. 尽量选用低热或中热水泥（如矿碴水泥、粉煤灰水泥）配置混凝土，或在混凝土中掺适量粉煤灰，或利用混凝土的后期强度，降低水泥用量，以减少水化热。

b. 在混凝土中掺缓凝剂，减缓混凝土浇筑速度，以利于散热。或掺木钙粉、MF减水剂等，以改善和易性，减少水泥用量。在设计允许情况下，可掺少于混凝土25％体积的毛石，以吸收热量并节约混凝土。

c. 大体积混凝土应采取分层浇筑，每层厚度不大于30cm，以利于热气散发，并使温度分布较均匀，同时也利于振捣密实。

d. 浇筑混凝土后，表面应及时用草帘或草袋、锯末、砂等覆盖，并洒水养护。夏季应适当延长养护时间。在冬季寒冷季节，混凝土表面应采取保温措施。拆模时，构件中部和表面的温度差不宜大于20℃以防止急剧冷却造成表面裂缝。

e. 蒸汽养护构件时，要控制升温速度不大于25℃/h，降温速度不大于20℃/h，并缓慢揭盖，及时脱模，避免引起过大的温度应力。

② 收缩裂缝。混凝土收缩裂缝的预防措施主要如下。

a. 混凝土的水泥用量、水灰比、砂粒不能过大，应严格控制砂石含量，避免使用过量粉砂。混凝土应振捣密实，并注意对板面进行抹压，可在混凝土初凝后、终凝前，进行两次抹压，以提高混凝土抗拉强度，减小收缩量。

b. 加强混凝土早期养护，并适当延长养护时间。对裸露表面应及时用草帘或塑料薄膜覆盖，认真养护。

c. 浇筑前，应将基层和模板浇水，使其湿透，在气温过高或风速过大的气候下施工时，浇筑混凝土应及早进行喷水养护，使其保持湿润，大面积混凝土宜浇完一段，养护一段。

③ 施工裂缝。钢筋混凝土结构施工裂缝的预防措施如下。

a. 用翻转模板生产构件时，应在平整、坚实的铺砂地面上进行，翻转、脱模应平稳，防止剧烈冲击和振动。

b. 用以预留构件孔洞的钢管要平直，预埋前应除锈、刷油，混凝土浇筑后，要定时转动钢管。抽管时间以手压混凝土表面不显印痕为宜，抽管时应平稳缓慢。

c. 混凝土构件堆放，应按其受力特点设置垫块。重叠堆放时，垫块应在一条竖直线上，同时，板、柱等构件应做好标记，避免反放。

d. 运输构件时，构件之间应设置垫木并互相绑牢，防止晃动、碰撞。

e. 吊装大型构件时应按规定设置吊点。对于屋架等侧向刚度差的构件，吊装时可用脚手杆横向加固，并设置牵引绳，防止吊装过程中碰撞。

(2) 修补方法　对于钢筋混凝土结构的裂缝应根据其裂缝性质、大小、结构受力情况和使用情况采取不同的治理方法。对影响结构耐久性的以及具有抗渗、抗震、美观等要求的钢筋混凝土构件上的裂缝，应进行修补处理；如裂缝对结构强度与刚度有影响，在修补的同时，还应对结构进行加固处理。工程中采用的修补方法有以下几种。

① 表面修补法。

a. 表面涂抹水泥砂浆。

b. 表面涂抹环氧胶泥。

c. 采用环氧粘贴玻璃布。

d. 表面凿槽嵌补。先将混凝土裂缝凿成 V 形或倒梯形槽，其深度和宽度如图 5-31 所示。其中 V 形槽用于一般裂缝的修补，倒梯形槽用于渗水裂缝的修补。表面处理后，在缝槽内嵌水泥砂浆或环氧胶泥、聚氯乙烯胶泥、沥青油膏等，最后做砂浆保护层，具体构造如图5-32所示。环氧煤焦油胶泥可在潮湿下堵补，但不能有滴水现象。

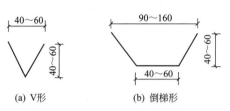

图 5-31　混凝土裂缝凿槽形状与尺寸

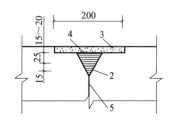 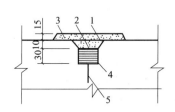 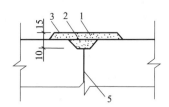

图 5-32　表面凿槽嵌补裂缝的构造处理

1—厚 2mm 的水泥净浆；2—环氧胶泥或 1∶2 水泥砂浆；
3—刚性防水 5 层做法或 1∶2.5 水泥做法；4—聚氯乙烯胶泥或沥青油膏；5—裂缝

② 内部修补法。内部修补法是用压浆泵将胶结浆液压入裂缝中，由于其凝结、硬化后而起到补缝作用，以恢复结构的整体性。这种方法适用于对结构整体有影响，或有防水、防渗要求的裂缝修补。常用的灌浆材料有水泥和化学材料，可按裂缝的性质、宽度、施工条件等具体情况选用。一般对宽度大于 0.5mm 的裂缝，可采用水泥灌浆；对宽度小于 0.5mm 的裂缝，或较大的温度收缩裂缝，宜采用化学灌浆。

a. 水泥灌浆。一般用于大体积混凝土结构裂缝的修补，主要施工程序是钻孔、冲洗、止浆堵漏、埋管、试水、灌浆。

b. 化学灌浆。化学灌浆能控制凝结时间，有较高的黏结强度和一定的弹性，恢复结构整体性效果好，适用于各种情况下的裂缝修补、堵漏及防渗处理。灌浆材料应根据裂缝性质、裂缝宽度和干燥情况选用。常用的灌浆材料有环氧树脂浆液、丙烯酰胺浆液等。灌浆操作主要工序是表面处理，布置灌浆管，试气，灌浆，封孔。

二、钢筋锈蚀的防治与维修

在钢筋混凝土结构中，由于钢筋工程出现问题而影响结构安全和正常使用的情况，是经常发生的。由于设计或施工不当等原因会造成钢筋的锈蚀、错位、裂纹或脆断。钢筋的裂纹或脆断原因较复杂，应视具体工程而定。钢筋的锈蚀会使钢筋截面逐渐减小，造成和混凝土之间的黏结力降低，影响构件的强度；同时钢筋由于锈蚀而体积膨胀，还会使混凝土保护层破裂甚至脱落，从而降低结构的受力性能和耐久性能。所以，应对钢筋的锈蚀引起高度重视。

1. 钢筋锈蚀的主要原因

（1）混凝土不密实或裂缝造成的锈蚀

① 混凝土在浇筑过程中，由于振捣不实等原因易造成混凝土蜂窝、麻面或酥松等现象，这样就会使水、氧和其他酸碱等有侵蚀性的介质渗透到钢筋表面，导致钢筋的锈蚀。

② 空气中的相对湿度对钢筋锈蚀影响很大，相对湿度低于60%时，钢筋表面难以形成水膜，几乎不发生锈蚀；当空气相对湿度达到80%时，混凝土中的钢筋锈蚀发展较快；相对湿度接近100%时，混凝土为吸附水膜所饱和，隔离了空气中的氧与钢筋的接触，使钢筋难以腐蚀。

③ 混凝土的裂缝对钢筋的腐蚀有影响，但腐蚀程度随裂缝的情况而不同。

（2）混凝土碳化和侵蚀性气体、介质的侵入造成钢筋的腐蚀

① 空气中的二氧化碳气体，被混凝土表层中氢氧化钙的碱性溶液吸收，反应生成碳酸钙。这种现象称为混凝土的碳化。混凝土的碳化不断自内部深化，当碳化深度达到或超过钢筋保护层厚度时，使钢筋表面的钝化膜遭到破坏，此时如有侵蚀性气体侵入，会使钢筋腐蚀。

② 混凝土的碳化对混凝土强度影响不大，但碳化能导致钢筋锈蚀。

（3）混凝土内掺加氯盐造成钢筋的腐蚀

① 在混凝土冬期施工时，常用氯化钠作防冻剂，或为了提高混凝土早期强度，在混凝土内掺一些氯盐，如氯化钙等。这样，混凝土中过剩的氯盐会以氯离子的状态存在。而氯离子能破坏钢筋表面的钝化膜，致使钢筋腐蚀。

② 氯盐能与水泥发生反应，易造成混凝土产生细微裂缝；同时，能使水泥水化作用不完全，收缩量增加，造成混凝土早期裂缝，再加上氯盐本身的吸湿性较大，这样加速了混凝土的腐蚀。

③ 钢筋腐蚀生成物中的氯化亚铁（$FeCl_2$）水解性强，使氯离子能长期反复地起作用，因此，它的危害性是较严重的。

（4）高强度钢筋中的应力腐蚀　应力腐蚀是发生在预应力混凝土结构中的一种较特殊的腐蚀形式。它一般以微型裂缝的形式出现，并不断发展，直到破坏。这种腐蚀一般在钢筋表面只有轻微损害或看不见损害就出现了，破坏发生是突然的，没有任何预兆，所以这种腐蚀非常危险。

2. 预防钢筋腐蚀的措施

① 提高施工质量，保证混凝土的密实度，减少混凝土裂缝的发生，阻止腐蚀性介质侵入混凝土内。

② 对侵蚀性气体或介质严重的地方，应适当增加混凝土保护层厚度，或在构件表面涂抹沥青漆、过氯乙烯漆、环氧树脂涂料等进行防护。同时，加强通风措施，减小它们对钢筋的腐蚀作用。

③ 在浇筑混凝土时，应严格按施工规范控制氯盐用量，对禁止使用氯盐的结构，如预应力、薄壁、露天结构等处，则绝对不能使用，以防止钢筋锈蚀。

④ 防止高强钢筋的应力腐蚀，可采用在钢筋表面涂刷有机层（如环氧树脂等）和镀锌的措施，然后再浇筑混凝土。

3. 钢筋腐蚀的修补方法

① 对钢筋锈蚀不严重的混凝土结构，由于混凝土表面裂缝细小，可在混凝土裂缝或破损处，用水泥砂浆或环氧胶泥封闭或修补。

② 对钢筋锈蚀严重，混凝土裂缝较大，保护层剥离较多的情况，应对结构进行认真检查，必要时需先采取临时支撑加固，再凿掉混凝土腐蚀松散部分，彻底清除钢筋上的铁锈。对于钢筋腐蚀严重，有效面积减小的情况，应焊接适当面积的钢筋以补强。然后将需进行修补的旧混凝土表面凿去，对有油污处用丙酮清洗，再用高一级的细石混凝土对裂缝和破损处进行修补。

③ 对钢筋腐蚀很严重，混凝土破损范围较大的情况，应先对锈蚀钢筋除锈补强和清除混凝土破碎部分后，再采用压力喷浆的方法修补。

三、混凝土结构的加固

钢筋混凝土结构的加固，应通过对结构变形、裂缝的检查和观测，对使用状态和周围环境的调查，以及对有关资料的验算、分析后，在弄清病害原因，找准问题关键的基础上进行，加固方法力求经济合理，简易可靠。在钢筋混凝土结构中，主要是梁、板、柱缺陷和病害的加固。这里只介绍板的加固。

1. 钢筋混凝土现浇板的加固

（1）分离式加固法　分离式加固法是在原有钢筋混凝土板上，另做一层钢筋混凝土板，这两层板是分离的，或认为它们之间没有结合在一起，用以减小旧板的荷载，即由两层板分别承担外荷载，如图 5-33 所示。

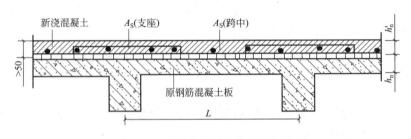

图 5-33　整体现浇板的分离式加固

① 适用情况。

a. 由于设计或施工的原因，造成板的厚度不够，配筋不足，混凝土强度等级不足。

b. 由于使用上的需要，板上的荷载较原设计荷载增加，而旧板上的混凝土浇过热沥青或板面上经常有大量油污等,这些油剂已渗入到混凝土中,无法清洗干净,也就无法保证新浇的混凝土能与旧混凝土结合,因而只能采用分离式补强。

② 加固方法。

a. 板面处理。将原来钢筋混凝土板的面层凿掉,清除板面上的碎屑杂物,并用压力水清洗干净。

b. 加设顶撑。在板的跨中加顶撑,顶撑下垫木楔,要保证顶紧。顶撑在顺次梁方向的间距为1m,以承担新板没有达到设计强度时的荷载。

c. 配筋。在旧板上重新配置受力钢筋和分布钢筋,配筋的截面和数量应根据计算确定。

d. 浇筑新板。在旧板上浇筑厚度不小于50mm的新钢筋混凝土板,在浇筑混凝土前,旧板要润湿;浇筑混凝土后,要采取措施加以养护。混凝土达到设计强度后,可拆除顶撑,投入使用。

(2) 板上整体式加固法 板上整体式加固法是在原钢筋混凝土板面上,经处理后再浇筑一层新钢筋混凝土板,使两层板合二为一,成为一个新的整体。加固后的抗弯能力按新旧板总厚度计算,故其承载能力大大提高,如图5-34所示。

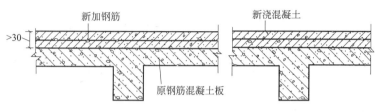

图5-34 在现浇板上做整体式加固

① 适用情况。

a. 由于设计或施工的原因,造成配筋量、截面厚度、混凝土强度等级不足。

b. 由于使用荷载增加或其他原因,造成刚度不足,挠度或裂缝过大,但结构尚未破坏。

② 加固方法。

a. 板面处理。用热碱水将新旧混凝土结合面刷洗并用清水冲洗干净,再将结合面凿毛,凿毛点的纵横间距不得大于200mm,凿毛点的深度为3~7mm,然后扫清凿毛的碎屑,用压力水洗净。

b. 加设顶撑。在板的跨中部位下面设置临时顶撑,顶撑下利用木楔调整使板的挠度减小或消失。

c. 配筋。根据受力需要,只要在板的支座处配置抵抗负弯矩的钢筋。但是为了使较薄的新混凝土层具有抗收缩的能力,必须配置钢筋间距不大于300mm的钢筋网。

d. 浇筑新板。浇筑混凝土前再用压力水冲洗一次,浇筑混凝土层厚度不小于30mm,混凝土强度等级不低于C20,加强振捣,精心养护。在补强层混凝土达到设计强度后,拆除顶撑,投入使用。

2. 钢筋混凝土预制空心板的加固

(1) 适用情况 钢筋混凝土空心板常因混凝土强度等级不足,钢筋与混凝土之间黏结强度不足,或运输、安装不慎而产生裂缝。

(2) 加固方法 将板两侧的两个圆孔从顶部凿穿后,在孔底各放置纵向主筋一根(主筋直径根据板面荷载经计算后确定,一般为$\phi 12 \sim 16mm$)并在板面设$\phi 4mm$间距为200mm的双向钢筋网,其中横向钢筋一端弯折带钩,交叉伸入两侧的圆孔内与纵向主筋绑扎牢固,最后用细石混凝土将两侧的圆孔浇灌密实并将板面加厚30～40mm,如图5-35所示。加固后的多孔板相当于带肋的槽形板。

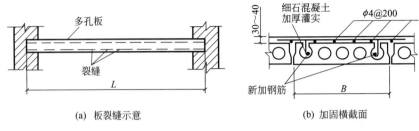

图 5-35 多孔板加固

第五节 钢结构的管理与维修

钢结构是钢材制成的工程结构,一般由型钢和钢板制成的梁、桁架、柱、板等构件组成,各部分之间用焊缝、螺栓或铆钉连接。钢结构具有重量轻、强度高、传力可靠、密封性好、运输安装方便、施工期限短,便于机械化制造等优点,因而在工业、民用建筑上得到广泛的应用。钢结构在日常使用过程中主要的病害有锈蚀、有害变形和破损。因此,物业管理部门对钢结构工程管理和维护的主要内是:通过日常定期的检查,掌握钢结构使用过程中的变化,及时对钢结构锈蚀病害进行防治;对影响钢结构功能的变形进行矫正;对发现的钢结构破损进行修复。对已经不能满足强度、刚度和稳定性要求的钢结构,聘请专家鉴定后,进行局部或全面的加固。

一、钢结构锈蚀的危害与维修

钢结构如果长期暴露于空气或潮湿的环境中,其表面又没有采取有效的防护措施时,就要产生锈蚀现象。锈蚀对钢结构造成的损害是相当严重的。它不但能使钢结构的构件承载力迅速降低,还会造成应力集中现象的产生,使结构过早地破坏。因此,如果要使钢结构正常工作并保证其有合理的使用寿命,对钢结构定期检查和维护就显得非常重要。

1. 锈蚀病害的产生机理和危害性

(1) 钢结构锈蚀病害的产生机理 钢结构锈蚀的机理有化学锈蚀和电化学锈蚀两种。

① 化学锈蚀。表面没有防护或防护方法不当的钢铁与大气中的氧气、碳酸气、硫酸气等腐蚀性气体相接触时,钢铁表面将发生化学腐蚀。由于钢铁化学锈蚀的最终产物是氧化铁即铁锈,所以钢铁的化学锈蚀也称为生锈。它的特点是即使在干燥或常温状态下,化学锈蚀也会发生。例如在日常生活中使用的钢器,长时间地放置在干燥的环境中,其表面也会颜色发暗、光泽减退。这种现象就是钢铁表面发生化学锈蚀产生氧化膜的结果。如果钢铁不是处于浓度很高、腐蚀性很强的介质中,其表面的化学锈蚀发生速度很慢,所以钢结构的大多数锈蚀病害是电化学腐蚀或化学锈蚀和电化学锈蚀共同作用的结果。

② 电化学锈蚀。形成钢铁电化学锈蚀的主要机理是钢铁内部含有不同金属杂质,当它们与潮湿的空气或电解质溶液(如酸碱溶液)接触时,就会在它们之间形成得失电子倾向不同的电极电位,从而在钢铁内部构成了无数个微电池,引起钢铁失去电子、溶解为铁离子的

电化学反应,产生钢铁锈蚀。钢铁杂质含量越高,在钢铁内部所形成的微电池数目就越多,钢铁锈蚀的速度就越快。一般来说,钢铁的锈蚀速度除了与杂质含量有关外,还与所处环境的湿度、温度及有害介质的浓度有关。温度越高、湿度越大、有害介质浓度越高,钢铁的锈蚀速度也就越快。此外,在钢铁表面不平处或有棱角的地方,由于电解质的作用,也会产生不同的电位差而形成微电池,发生电化学锈蚀。

通过分析钢铁锈蚀的机理可以看出,只要钢铁表面不与氧气、水分、有害介质相接触,锈蚀就不易产生,这在理论上为人们防止钢铁锈蚀指明了方向。

(2) 锈蚀的危害性。锈蚀对钢结构的破坏不仅表现为构件有效截面的减薄上,还表现在构件表面产生"锈坑"上。前者使构件承载力下降,导致钢结构整体承载力的下降,对薄壁型钢和轻型钢结构的破坏尤为严重;后者使钢结构产生"应力集中"现象,当钢结构在冲击荷载或交变荷载作用下,可能会突然发生脆性断裂。由于脆性断裂发生时没有明显的变形征兆,人们事先不易察觉,所以引起的破坏损失也相当严重,甚至可能引起钢结构的整体坍塌并危及生产和人身安全。

锈蚀在经济上造成的损失是相当惊人的。国外曾对锈蚀损失做过多次调查,结果表明几个主要发达国家的锈蚀损失约占其国民经济总产值的4%左右,每年因锈蚀而损失的钢材量约占钢铁年产量的1/4。如果物业管理部门对所管理的钢结构工程能够做到定期检查,及时维修,就可有效地减缓钢结构发生锈蚀的速度,延长钢结构的使用年限,为国家节省大量的钢材和建设资金。

2. 防止钢结构锈蚀的方法

防止钢结构锈蚀的方法很多,通常采用的有以下几种。

① 采用不易锈蚀的合金钢制作钢结构。通过在钢中加入铜、镍、铬、锌等合金元素,来改变金属内部的组成成分,制造出耐锈蚀的不锈钢,再用不锈钢制成钢结构。

② 化学氧化层防护法。将钢用氢氧化钠和硝酸混合液浸泡处理,使钢材表面产生一层结构致密的氧化物保护层。

③ 采用金属镀层防护法。常用的是镀锌防护,就是在金属件表面镀上一层厚度在80～150μm的镀锌层,采用镀锌方法虽然费用较高,但由于耐久性较好,可以减少钢结构的维修次数,综合经济效果还是很好的,此外对钢结构的外观也起到一定的装饰作用,故有条件或者对于重要的钢结构工程可以考虑采用。

④ 非金属的涂层保护法。此法是采用涂料、塑料等将钢结构表面保护起来,不使其直接和周围的腐蚀介质相接触,来达到防止锈蚀的目的。

3. 涂层的修复与更新

对已经损坏的防护涂层进行修复和更新是钢结构日常维修工作中的主要内容。为了做好这项工作,保证施工质量,施工人员应重点解决好涂层的设计、涂层的施工方案、钢结构基体表面的除锈清理等问题。下面分别对这几个问题进行具体说明。

(1) 构件表面的除锈及清理 对于使用一段时间以后的钢结构工程来说,其表面不可避免地存在着一些附着物,如铁锈、污垢、灰尘、旧漆膜等。在对钢结构表面进行涂刷前,如果不将这些附着物彻底清除,涂刷后虽然可暂时将它们遮盖起来,但由于它们起着隔离的作用,使得涂层与构件基体间的黏合力严重下降,漆膜过早脱落,最终导致表面涂层抗锈蚀能力降低,发挥不出涂层应有的防护作用。因此,在对构件表面涂刷前,应对钢结构表面的附着物进行彻底的清理。

在钢结构维护工程的施工中，表面清理工作主要包括除锈和清除旧漆膜。在除锈过程中，由于受施工条件的限制一般采用的方法主要有人工除锈、机动除锈、喷砂除锈、用酸洗膏除锈。

（2）涂层的设计　涂层的设计方案中主要内容包括涂料品种的选择、涂层结构的设计和涂装施工方法等。

① 涂料品种的选择。一般情况下涂料是一种含油的或不含油的胶体溶液，它分为底漆和面漆两大类。底漆涂料成分中含粉料多、基料少，干燥后成膜表面粗糙，与钢材表面的黏结力强，与面漆的结合性也非常好，并且漆膜厚实致密，有很好的遮盖性能。主要作用是防止水、氧气、二氧化碳及其他酸碱物质接触构件表面（即基层）。如果在底漆配方中添加不同成分，可相应提高其抗锈、耐酸、耐碱和防水能力。面漆成分中粉料少、基料多，干燥后成膜表面光泽。其主要功能是保护下层的底漆，使其在尽可能长的时间内对钢材表面发挥抑制性作用。由于面漆直接暴露于环境中，故要求面漆应有很好的耐候性，对大气和湿气有高度的不渗透性，对于风化所引起的物理和化学分解应有最大可能的抵抗性。力求在恶劣环境中能够做到不粉化、不起泡、不龟裂，保持漆膜的致密性。

② 确定合理的涂层结构。涂层结构设计得是否合理直接影响到涂层有效使用年限。由于地区温度、湿度和周围环境腐蚀程度不同，很难对防护涂层的使用年限做出具体的规定。但据大量有关资料表明，如果选漆适当、涂层结构设计合理、施工质量良好，从设计上要求按 10～15 年来考虑涂刷周期是可行的。

涂层的结构主要由底漆、腻子、两道底漆、面漆组成，层次结构中各层都有各层的作用。

a. 第一层，即底漆层。主要作用是保证涂层与构件基层有可靠的黏结性，在整个涂层中还有防腐蚀、防锈蚀、防水害的功能。

b. 第二层，即腻子层，也称找平层。由于钢铁表面凸凹不平（特别有旧漆膜存在时），为了保证整个涂层的平整度，必须将含有大量固体填料的腻子涂刮于凹坑处进行找平。

c. 第三层，即两道底漆层。此道工序只有在质量要求比较高的工程上采用。其主要作用是填补腻子的细孔，保证涂刷面漆的光洁度。

d. 第四层，即面漆层。用于保护底漆、抵抗周围环境中各种不利因素的作用，并使结构表面获得所需色彩，起到装饰作用。

e. 第五层，即罩光面漆层。在要求表面光泽比较高的工程中，或为了提高面漆抗化学腐蚀的能力，可在面漆上面再罩涂一层清漆式面漆。

③ 涂装施工的方法及注意事项。涂装施工的方法很多，在维修工程中常用的方法有两种，即涂刷法和喷涂法。涂刷法特别适用于油性基漆的涂装，因为油性基漆的流平性好，不论面积大小，刷涂起来均感到平滑流畅，此外涂刷法也适用于小面积补漆维修和不宜喷涂的条状构件的涂装。喷涂法一般用于大面积涂装快干和易挥发的涂料施工中，例如喷涂环氧树脂为基料的涂料，具有施工工效高，漆膜均匀、光滑、平整等优点，但喷涂的漆膜较薄，有时须增加喷涂遍数。

二、钢结构其他病害的检查与维修

对钢结构工程进行日常管理和维修时，除应注意对锈蚀病害的检查外，还应注意对以下几个方面进行检查。

① 焊缝、螺栓、铆钉等连接处是否出现裂缝、松动、断裂等现象。

② 各杆件、腹板、连接板等构件是否出现局部变形过大，有无损伤现象。
③ 整个结构变形是否异常，有无超出正常的变形范围。

为了及时发现上述病害和异常现象，避免造成严重后果，物业管理人员必须定期对钢结构进行周密的检查。在掌握其发展变化情况的同时，应找出病害和异常现象形成的原因，必要时通过正确的理论分析，得出其对钢结构的强度、刚度、稳定性的影响程度，采取合理措施加以治理。

1. 焊缝、螺栓、铆钉等连接的病害检查及处理方法

（1）焊缝病害的检查及处理方法　对焊缝的检查，应着重注意焊缝在使用阶段是否产生裂纹，同时兼顾寻找焊缝设计与施工遗留下来的缺陷。焊缝常见缺陷如图 5-36 所示。

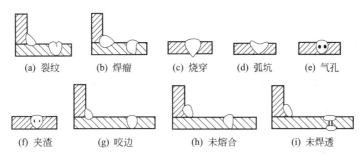

图 5-36　焊缝缺陷

对焊缝检查常用的方法有外观检查，钻孔检查，硝酸酒精浸蚀法检查，超声波、X 射线、γ 射线检查。

不论采用何种方法进行检查，如发现焊缝存在缺陷均应采取相应措施来处理。

对于焊缝开裂现象，应分析裂纹的性质，凡属于在使用阶段中产生的裂纹，都必须查明原因，进行综合治理，彻底消除病害。属于建造时遗留下来的裂纹可直接进行补焊处理。

当焊缝有未焊透、夹渣、气孔等缺陷时，需重焊；当焊缝有咬肉、弧坑时应补焊；对于焊瘤处应彻底铲除重焊。

特别应注意：动力荷载和交变荷载及拉力可使有缺陷的焊缝迅速开裂，造成严重后果，所以对受动力荷载和交变荷载作用的结构及构件上拉应力区域，应严加检查，以防出现遗漏。

（2）螺栓与铆钉连接的检查和维护　对于近期新建的钢结构工程来说，除焊缝连接外，大量使用的连接方法是螺栓连接。因为高强度螺栓连接方法目前技术已经很成熟，其操作方法较铆钉连接的操作方法具有简便、快捷、劳动强度低等优点，且维修更换也很方便。因此，目前除一些特殊场合外，铆钉连接均有被高强度螺栓连接取而代之的趋势。对于房管部门来说，其管理与维修的钢结构工程不一定是新建的，所以物管人员应同时学会如何对螺栓连接和铆钉连接的检查和维修。

如果钢结构上的螺栓和铆钉损害程度大，需更换的数量较多，为确保安全，建议修复钢结构时，应在卸载状态下进行。

2. 结构变形和构件病害的检查和处理

钢结构的整体和构件在正常的工作状态下不应发生明显的变形，更不能出现裂纹或其他机械损伤，否则会因变形过大而产生附加应力，或由于裂纹和其他机械损伤而削弱构件的承载能力，情况严重时可使构件破坏危及钢结构的整体安全。

（1）构件的裂纹及机械损伤的检查和处理　一般构件的机械损伤均因强烈的破坏造成，其

易发生在机械运动通道位置处。如果损伤创面很大（如撕裂成口），影响到构件的承载能力时应马上进行修补。方法是先用气割将裂口周围损坏的金属切除，割成没有尖角的椭圆形洞口。用与构件厚度相同、材质相近的钢板做盖板，其尺寸应保证盖板每边超过洞口5倍于钢板的厚度，将盖板覆于洞口上，在盖板周围进行贴边焊接，焊缝厚度等于板厚。如图5-37所示。

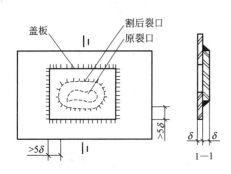

图 5-37 裂口用焊接盖板修补

对钢结构裂纹的检查所采用的主要方法是观察法和敲击法。

对于发现有裂纹迹象但不能确定的地方，可采用X射线等物理探伤法做进一步的检查。没有此条件时可在此处滴油检查，从油迹扩散的形状上可判断出此处是否存在裂纹。油迹呈较对称的圆弧形扩散时，表明此处没有裂纹；油迹呈直线形扩散时，表明此处已经形成裂纹。

（2）钢结构变形的检查和处理　钢结构在使用阶段如果产生过大的变形，则表明钢结构的承载能力或稳定性已经不能满足使用需要。此时，应引起房管人员的足够重视，迅速组织有关专家，分析产生变形的原因，提出治理方案并马上实施，以防钢结构产生更大的破坏。

三、钢结构的加固措施

1. 钢结构加固的条件和注意事项

如果钢结构的承载能力、抵抗变形能力、稳定性不能满足使用要求时，可采取加固措施来满足要求。

（1）钢结构加固的主要原因

① 由于钢结构使用功能的改变，添增设备，使钢结构实际承受的荷载超过设计荷载。

② 遭受意外的损害，如战争破坏、火灾、地震等，使结构发生损坏。

③ 钢结构制造过程中，混入了劣质钢材，使制造出的构件达不到设计标准。

④ 地基基础沉降不均，建筑的墙、柱发生异常变形，使钢结构产生异常变形或损伤。

⑤ 由于设计、施工方面所造成的缺陷，影响到钢结构的强度、刚度或稳定性。如桁架节点板设计时，未考虑到施工拼装误差而造成侧焊缝长度不足。

⑥ 钢结构在长期的使用过程中，发生锈蚀或其他机械损伤，使构件断面被削弱，造成钢结构承载能力的下降。

（2）制定加固措施时应注意的事项

① 钢结构加固的连接方式应以焊接为主，但避免采用不利焊位（如仰焊）。

② 在不能采用焊接（如考虑防火）或施焊有困难时，可采用高强度螺栓或铆钉加固，但不得采用普通螺栓加固。

③ 结构加固应在原位置上，利用原有结构在卸载或局部卸载情况下进行，必要时也可将原结构卸下加固。

④ 加固施工时，原有构件的应力不宜大于其容许应力的60%，如果应力超过60%而小于80%时，必须先确定出安全可靠的施工方案（如设临时支撑等）后再进行加固；当应力超过80%时，应卸去结构的部分荷载后再进行加固。

⑤ 对轻型钢结构杆件进行焊接加固时，应卸掉结构的荷载。

2. 局部加固

钢结构的局部加固是指对某些强度、刚度不足的杆件和连接处进行加固。通常采用的方法有如下几种。

（1）加大构件横截面面积 对于钢结构中所存在的个别薄弱构件，在不改变整个结构的应力分布情况下，可对其加焊型钢来增加横截面面积。如图5-38所示。

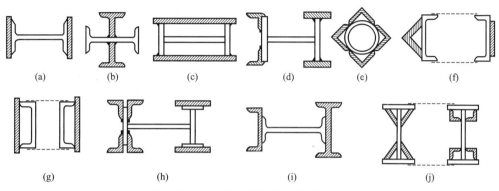

图 5-38 构件各种断面增加面积的加固

（2）缩短构件的自由长度 对于稳定性不足的屋架及托架进行加固时，可采取增设再分式腹杆，减小两支点间构件长度的方法进行加固。如图5-39所示。

图 5-39 用再分式腹杆加固屋架

（3）对连接处和节点进行加固 对连接处和节点进行加固，主要是对焊接连接的焊缝和螺栓连接的螺栓及铆接连接的铆钉进行加固。

3. 全面加固

全面加固的方法很多，常用的有增加结构或构件的刚度和改变构件的弯矩等。

4. 加固施工的方法

① 带负荷加固。施工最方便，适用于构件（或连接）的应力小于钢材许用应力的60%时，或构件没有大的损坏情况下。

② 卸荷加固。被加固结构损坏程度较大或构件及连接处应力状态很高，为了安全，加固时需暂时减轻其荷载。对某些主要承受临时荷载的结构（如吊车梁），可限制临时荷载，即相当于卸掉大部分荷载。

③ 从结构上拆下应加固或更新部分。当结构破坏严重或原截面承载能力太小，必须在地面进行加固或更新时采用此法。此时必须设置临时支撑，使被换构件完全卸载，同时还须保证被换构件卸下后整个结构的安全。

第六节 屋面工程维修

屋面的主要作用是阻挡风、雨、雪和抵御酷热严寒的侵袭。屋面在使用过程中很容易出现的病害是渗水漏雨,它不但给人们的生产、生活带来不便,而且雨水侵入后,会使屋面基层潮湿、腐朽,造成危害,有时配电盘、电线遇水受潮会发生漏电、短路等事故,影响房屋的使用安全。因此,在房屋的维修工作中,应注意预防和整治屋面渗水漏雨。

一、油毡防水屋面

油毡防水屋面是屋顶防水的一种通常做法。它用沥青胶结材料把油毡逐层黏合在一起,构成屋面防水层。该屋面一般有两种类型,即不保温屋面和保温屋面,其构造层次如图5-40所示。

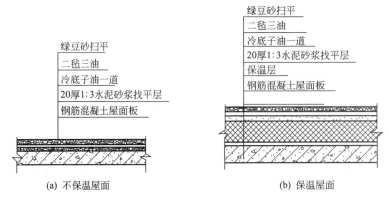

图 5-40 油毡屋面构造

油毡防水屋面发生渗漏的主要问题是防水层出现开裂、鼓泡、流淌、老化,或构造节点处理不当等。但只要设计合理、施工正常、维修及时,该屋面还是能够取得良好的防水效果的。

1. 油毡防水屋面常见弊病

(1) 裂缝 油毡防水屋面的开裂渗漏主要是由于防水层的开裂而引起的。根据裂缝的部位和走向,一般分为两种情况:一种是位于屋面板支承处,即沿屋架出现有规则的横向裂缝;另一种是无规则的裂缝。有规则的横向裂缝常见于装配式结构的屋面,而整体现浇结构的屋面则很少有这种现象。无保温层预制屋面板上的油毡防水层,横向裂缝正对屋面板支座的上端,形状为通长和笔直的,纵向裂缝比较少,一般位于预制板的纵向拼缝处。有保温层预制屋面板上的油毡防水层,横向裂缝往往是断续的。在偏离支座处 $10\sim50\mathrm{cm}$ 的范围内开裂,有些是不规则的开裂,其中有通长的,也有间断的,如图5-41所示。裂缝一般在屋面工程完工后 $1\sim4$ 年内产生,并且在冬季时出现,开始时很细,以后逐渐加剧,一直发展到 $1\sim2\mathrm{mm}$,甚至 $1\mathrm{cm}$,个别的甚至达几厘米宽(包括开裂后油毡卷边)。

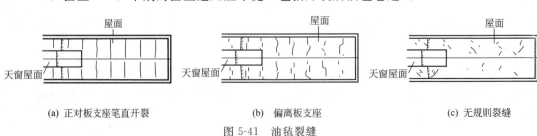

图 5-41 油毡裂缝

油毡屋面防水层开裂主要是由于屋面结构刚度和防水层材料不能适应基层的变形所造成的,其形成原因很复杂。有规则的横向裂缝,主要是由于屋面板在荷载、温度、湿度、混凝土徐变的作用下,产生挠度、干缩,使得在横缝处板端发生角变形和相对位移,位移数值最大时可达 5mm 以上。因此，基层的变动是油毡开裂的外因，而油毡的韧性和延伸度太小，则是开裂的内因。

（2）流淌　流淌现象一般发生在表层油毡或绿豆砂保护面层上，并在屋面完工后第一个高温季节出现，过 1~2 年之后趋于稳定。坡度陡的屋面比平屋面严重，焦油沥青屋面比石油沥青屋面严重。

流淌可按流淌面积和流淌长度两个指标分为严重流淌、中等流淌和轻度流淌三种。流淌长度决定是否需要修理，流淌面积则决定修理的范围。严重流淌，一般是指流淌面积占屋面 50% 以上。中等流淌，一般是指流淌面积占屋面 20%~50%。轻微流淌，一般是指流淌面积占屋面 20% 以下。屋面防水层发生流淌后，会使屋面整体性受到不同程度的破坏，影响屋面耐久性。因此，应注意防止流淌的发生。

屋面坡度过陡或油毡有短边搭接（即油毡垂直屋脊铺设时，在半坡搭接）都会加剧流淌的严重性。折皱成团的流淌多发生在陡坡屋面。

（3）起鼓　油毡起鼓一般在施工后不久产生，尤其是在高温季节更为严重，有时上午施工下午就起鼓，或者隔一两天开始起鼓。起鼓一般由小到大，逐渐发展，大的直径可达 200~300mm，小的直径则为 100mm 以下，大小鼓泡连成串。油毡起鼓发生在防水层与基层之间的比发生在油毡各层之间的多；发生在油毡搭接处的比发生在油毡幅面中的多。将鼓泡破开后可以发现，鼓泡内呈蜂窝状，沥青胶被拉成薄壁，越大的鼓泡，该薄壁越高，甚至被拉断。鼓泡内的基层，有冷凝水珠，有时呈深灰色。

（4）老化　卷材屋面防水层老化是指油毡或沥青胶结材料中油分大量挥发，使其强度下降，质地变脆，延伸性下降，油毡收缩易折断，沥青胶失去黏结力，使防水层发生龟裂，丧失防水能力，降低油毡层的耐久性。影响防水层老化的因素主要有以下几个：外界气候条件；沥青胶结材料的耐热度；沥青胶结材料的熬制质量；护面层的质量。

以上四种主要弊病在同一屋面上，不一定是单一发生，往往是合并或同时存在的，对屋面防水能力造成很大的危害。

2. 屋面渗水漏雨产生的原因

屋面渗水漏雨产生的原因归纳起来，主要是材料方面、设计方面、施工方面及管理方面的原因。

（1）材料方面的原因　正确选用材料是保证屋面质量的先决条件，因为材料是物质基础，材料本身质地的好坏直接影响屋面是否渗水漏雨，直接影响屋面的耐久性。

屋面防水材料主要是沥青和油毡。油毡是防水层的骨架，它是用低软化点石油沥青浸渍原纸，然后用高软化点石油沥青涂盖油纸两面，再撒以撒布材料而制成的。油毡的不透水性、柔性、耐热度等技术指标必须符合国家标准的要求，而且还要有较高的抗拉强度和延伸性，以适应和抵抗基层变形的情况。因此，在施工中应该正确选择防水材料，防止滥用材料，防止使用防水功能达不到要求的防水材料，以保证屋面防水层的质量。

（2）设计方面的原因　在设计中如果考虑不周，也会给屋面防水效果造成影响。

① 屋面坡度过小，排水线路过长，致使排水不畅，屋面积水，造成渗漏。

② 雨水口排水间距过大，屋面排水缓慢，造成屋面积水。

③ 节点构造不合理、交待不清或没有详细说明，使得施工时马马虎虎或做错，引起渗漏。

④ 预制板纵横布置、承重方向不一致或预制板与现浇板相交部位受力不均，变形不一致，使得屋面结构产生变形，而在板与板之间或板与墙之间等易产生裂缝的部位防水做法考

虑不周,引起屋面防水层的开裂。

(3) 施工方面的原因　在屋面构造设计合理、材料选择正确的前提下,施工质量是保证屋面工程质量的决定因素。在实际工作中,往往由于施工管理人员及操作工人在思想上不够重视防水工程,认为屋面渗水漏雨不是大问题,致使施工管理制度不严,工人操作不认真,不按操作规程施工,图方便省事,结果施工质量低劣。

(4) 管理方面的原因　为了防止屋面渗漏,还要加强屋面的维修工作。维修管理不善造成渗漏,主要表现在以下几个方面。

① 屋面未及时清扫,使屋面常年积灰,天沟、水斗易堵塞积水,油毡和铁皮泛水易受腐蚀。

② 屋面由于水落管直径较小或因集水面面积太大,雨水罩四周积满树叶、泥土、杂物等,使屋面排水不畅造成渗漏。

③ 屋顶上任意堆放杂物,使屋面保护层甚至防水层遭受破坏。

④ 年久失修、清扫不勤的屋面,檐口或女儿墙的压顶板抹灰层会翘壳开裂,裂缝处及堆积泥砂的天沟往往长满杂草,对抹灰层、墙体和防水层的破坏性很大,日久后也会使节点破坏,雨水沿裂缝渗入引起漏雨。

⑤ 住户或使用单位在屋面上随意安装电视天线或支设它物,使屋面防水整体遭到破坏。

油毡防水屋面漏水的原因是多方面的,应该从各个环节着手,各方面共同努力,搞好综合治理,消除隐患,且不断地加强屋面防水技术的研究和新材料的开发工作,真正提高屋面防水质量,彻底解决屋面渗漏问题。

3. 油毡防水屋面常见弊病的预防措施

(1) 裂缝的预防措施　预防裂缝应从其产生的原因出发,从各个方面采取措施,以防止或减少防水层开裂。

① 加强屋面的整体刚度,防止屋面基层变形的发生。

② 提高防水层质量,加强防水层适应基层变形能力。

③ 采用恰当的构造措施,提高横缝处防水层的延伸能力。对于无保温层预制屋面板上油毡防水层,多数只在横缝处发生开裂。因此,可以采取一些措施,使横缝处的油毡有较大的延伸能力,减轻或防止因基层变形而拉裂油毡防水层,从而减少裂缝的发生,如在横缝处干铺油毡条延伸层,如图 5-42 所示。施工时,先在找平层划轴线,再将 150～300mm 宽的油毡条两边用热沥青胶点贴在轴线位置,作为缓冲层,再按常规铺贴油毡防水层。有时也可在横缝处放置直径 50mm 的油毡卷或防腐草绳,利用其少量的弹性压缩,为防水层留有一定的伸缩余地。另一种构造措施为马鞍形伸缩缝,如图 5-43 所示,即在找平层横缝处用砂浆做出两条横脊,凹下处铺油毡条。当板缝稍有开裂时,凹下的油毡逐渐拉平而不致开裂。但该做法施工复杂,且凹槽油毡一旦破裂,凹槽内易进水,不利于防水。

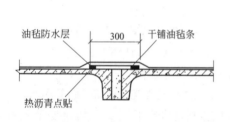

图 5-42　干铺油毡条延伸层

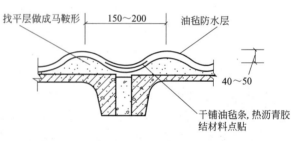

图 5-43　马鞍形伸缩缝

④ 加强维修养护，保持防水层的韧性和延伸性，以避免或减少裂缝的发生和发展。

(2) 流淌的预防措施　根据流淌产生的原因，预防流淌可采取以下措施。

① 准确地控制沥青胶的耐热度。除了恰当地选定沥青胶材料外，还应正确地控制熬制温度，并且逐锅检验，保证质量。

② 严格控制沥青胶的涂刷厚度。一般为 1~1.5mm，最厚不超过 2mm，面层可以适当提高到 2~4mm，以利于绿豆砂的黏结。

③ 采用恰当的油毡铺设方法。垂直于屋脊铺贴油毡，对阻止防水层流淌有利，而平行于屋脊铺贴油毡，可以利用纵向油毡较高的抗拉强度，有利于抵抗防水层开裂。

④ 提高护面层质量。护面层对防水层起到降温和保护的作用，有助于防止防水层流淌。

(3) 起鼓的预防措施　起鼓产生的原因是防水层内部积存水分，因此，预防起鼓就应该防止这种情况发生，且尽量地使各层油毡黏结密实。油毡防水层所选用的材料应防止受潮，保证其干燥后方可使用。而保温材料尽量选用吸水率低的材料，否则上面铺贴油毡后容易起鼓。施工时，还应保证油毡防水层铺设在干燥干净平整的基层上，并避免在雨、雾、霜、雪、大风天气施工。

若保温层或找平层干燥有困难而又急需铺设防水层时，可在保温层或找平层中预留与大气连通的孔道，然后再铺设油毡。为避免各层油毡施工时受潮，尽可能一气呵成或分区分段进行施工，保证防水层质量。

(4) 防止过早老化的措施　油毡防水层的老化不可避免，但可以设法推迟老化现象的出现，减轻老化的程度。正确选定沥青胶结材料的耐热度，保证其质量。这是防止防水层过早老化的必要措施。施工时，应严格控制沥青胶结材料的熬制温度、使用温度以及涂刷厚度，并做好护面层。

4. 油毡防水屋面常见弊病的维修方法

(1) 开裂渗漏的维修方法　修理裂缝渗漏前，要认真调查研究，查明渗漏部位和原因，然后对症下药，确定修理方案。由于裂缝产生的原因较为复杂，修理裂缝的同时往往不能彻底消除裂缝，所以要求修理用的材料和采取的构造措施都应具有一定的伸缩性和适应性。

油毡屋面找漏比较困难，因为屋面的漏水点与破损点往往不在一处，有时在防水层裂缝下面的板底面上不一定有渗水漏雨迹象，而在防水层没有裂缝的地方，板底面上反而出现了渗水漏雨现象。如果没有确定渗漏位置而盲目扩大修理范围，会造成修理面积比实际开裂渗漏面积扩大几倍，浪费材料和人力。因此，查找卷材屋面渗水漏雨的确切位置是一项十分重要的工作。常用的裂缝维修方法有以下几种。

① 用干铺油毡做延伸层。该方法是在裂缝处干铺一层油毡条做延伸层，它利用干铺油毡层的较大延伸值而对基层变形起缓冲作用。修补按图 5-44 进行。首先，铲除裂缝左、右各 350mm 宽处的绿豆砂护面层，除去浮灰，刷冷底子油，在裂缝部位嵌满聚氯乙烯胶泥或防水油膏，胶泥或油膏高出屋面 5~10mm。然后，干铺油毡条，在两侧用玛碲脂粘贴，上面实铺一层油毡条，最后做绿豆砂护面层。用干铺油毡做延伸层，其防裂机理是：当基层开裂而拉

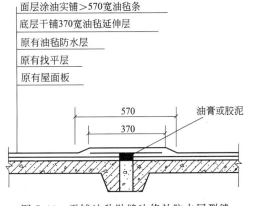

图 5-44　干铺油毡贴缝法修补防水层裂缝

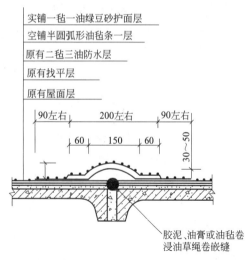

图 5-45　半圆弧形贴缝法修补油毡防水层裂缝

伸防水层时，油毡将在干铺油毡的范围内变形，其相对应变值小，一般不超过油毡的横向延伸度，因而不会被拉裂。例如，基层产生 2mm 裂缝，对于 200mm 宽的干铺油毡来说，其拉应变仅为 1%。若不设干铺油毡，则铺贴在屋面上的油毡将在 2mm 的范围内拉伸，这时拉应变将达到 100%，必然被拉裂。在北方地区，保温屋面的裂缝往往弯曲转向，干铺油毡也要转向断开，不像修补无保温屋面的笔直裂缝那么方便，且北方地区屋面基层（找平层）的年温差较大，冬季油毡冷脆后的延伸度减小，因此，干铺油毡宽度一般在 350～400mm 范围内。干铺油毡也可做成半圆弧形，如图 5-45 所示。

② 用油膏或胶泥修补裂缝。如图 5-46 和 5-47 所示。

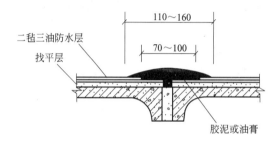
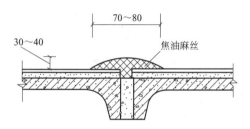

图 5-46　胶泥或油膏嵌补卷材防水层裂缝　　图 5-47　焦油麻丝嵌补卷材防水层裂缝

③ 用再生橡胶沥青油毡或玻璃丝布贴补裂缝。如图 5-48 所示。

(2) 老化防水层的维修　如果屋面防水层局部轻度老化，可以进行修补或局部铲除重铺，然后在整个屋面防水层上涂刷沥青一层，再补撒绿豆砂。若屋面防水层严重老化，就需要成片或全部铲除老化面层，铺贴新面层。

二、刚性防水屋面

刚性防水屋面是指用配筋现浇细石混凝土做防水层的屋面。因混凝土抗拉强度低，属于脆性

图 5-48　再生橡胶沥青油毡贴补卷材防水层裂缝

材料，故称为刚性防水屋面。该种屋面具有造价低、耐久性好、维修方便等优点，但自重大，施工周期长，变形敏感性强，裂渗程度往往超过卷材屋面。目前使用较多的是在预制多孔板上浇捣 C25 细石混凝土，内配置 $\phi 4mm$ 双向钢筋网。这类刚性防水屋面发生渗漏主要是由裂缝和构造节点处理不当引起的。

1. 裂缝的位置及其产生的原因

刚性防水层的裂缝一般在以下位置出现：在预制板的支座处不设分格缝时，很容易出现

横向裂缝;凡进深较大的屋面(一般大于6m以上),在屋脊线处未做纵向分格缝的防水层,在屋脊附近易出现纵向裂缝;在现浇和预制板相接处,预制板搁置方向变化处,两边支承与三边支承相接处等结构变形敏感部位的防水层上容易产生裂缝;预制板与现浇檐口圈梁交接处的防水层上,易出现纵向裂缝。另外,在混凝土质量不高的部位还会出现一些不规则的裂缝。

裂缝产生的原因很多,有气候变化及太阳辐射引起的屋面热胀冷缩;有屋面板受力后的挠曲变形;有地基沉陷或墙身不均匀压缩的影响以及屋面板徐变或材料的变形等原因。其中,最常见的原因是热胀冷缩和受力后的挠曲。

2. 裂缝的预防

为防止刚性防水屋面防水层产生裂缝,应注意以下几点。

① 由于刚性防水屋面对温度变化、沉降变形敏感性很强,在气候变化剧烈、屋面基层变形大的情况下很容易开裂,所以,一般在南方地区可采用该种屋面,而北方地区因温差大,较少采用。另外,混凝土刚性防水屋面也不宜用于高温或有振动和基础有较大不均匀沉降的建筑物中。

② 为了减少结构层变形对防水层的不利影响,宜在结构层和防水层之间设置隔离层。结构层在荷载作用下产生挠曲变形,在温度变化时产生胀缩变形,结构层的这种变形必然会将防水层拉裂,所以在它们之间做隔离层,可以减小结构层变形对防水层的不利影响。同时,隔离层的设置,使防水层在收缩和温差影响下,能自由伸缩,不产生约束变形,从而防止防水层被拉裂。隔离层可采用石灰砂浆、黄泥灰浆、中砂层加干铺油毡、塑料薄膜等。简便而有效的方法是在结构板面上抹一层1:3或1:4的石灰砂浆,厚约15~17mm,再抹上3mm厚的纸筋石灰。

③ 在刚性防水层适当的部位设置分格缝。分格缝是指设置在刚性防水层的变形缝,其间距大小和设置部位均须按照结构变形和温度胀缩等需要确定。分格缝可以有效地防止混凝土防水层因热胀冷缩而引起的开裂,也可以避免由于屋面板挠曲变形而引起的防水层开裂。

④ 在南方炎热地区,混凝土表面温差较大,对混凝土表面产生很大的破坏作用,而且容易引起裂缝。而在屋面防水层上设置架空隔热层,可以遮挡阳光对屋面的辐射,通过架空层的自然通风,降低屋面的表面温度,从而缓解温差对混凝土面层的影响,延长防水层使用寿命。因此,南方地区在空心板构件自防水屋面或刚性防水屋面上设置架空层,既可以隔热,又可以获得防裂的效果。

3. 裂缝的维修

刚性防水层出现裂缝后,应根据其形状、位置、状态找出裂缝产生的原因,确定其稳定程度及可能发展趋向等,经过分析后再制定出维修方案。选用维修材料时,应考虑其对裂缝的适应性、本身的耐久性、施工与供应的可能性及经济性。针对不同的裂缝,应分别采取以下措施。

① 在应该设置分格缝的部位加设分格缝。

② 对于稳定裂缝可以直接在裂缝部位嵌涂防水涂料,进行修补。

③ 不稳定裂缝的维修方法可分为以下两种情况。

a. 对于较小的不稳定裂缝可以沿裂缝涂刷柔韧性和延伸性较好、并具有抗基层开裂能力的涂料,如石灰乳化沥青、再生橡胶沥青等涂料。

b. 对于较大的不稳定裂缝,如发展缓慢,可先将缝口凿成V字形,将裂缝部位清除干净、刷冷底子油，再在裂缝部位抹上一层宽30～40mm、高3～4mm的防水油膏。

④ 刚性防水层产生大面积龟裂时，轻度的可以全面涂刷石灰乳化沥青或聚氯乙烯油膏等防水涂料。情况严重的只能整块敲除防水层，然后重做。

三、屋面检验与管理

1. 屋面渗漏的检查

当屋面已接近设计耐久年限或已明显出现一些弊病时，应对屋面防水层进行部分或全面的检查，并做出评价。检查的内容包括屋面经历的年数，是否有渗漏现象及渗漏的原因分析，屋面维修的经历，屋面的老化现象及破坏程度等。检查方法主要以目视为主，并详细地做好记录。根据检查结果制定维修方案，编制维修预算。

在进行屋面防水层检查时，应着重注意以下部位的检查。

① 注意防水层是否有裂缝皱折、表面龟裂、老化变色褪色、表面磨耗、空鼓、破断等现象，以及屋面排水坡度是否合理，屋面是否有存水现象，卷材搭接处是否有剥落、翘边、开口等现象。

② 注意防水层收头部位密封膏是否有龟裂、断离，卷材开口、翘边，固定件松弛等现象，尤其注意天沟部位的油毡收头是否有渗漏现象或做法不当等。

③ 屋面保护层是否有开裂、粉化变质，以及是否有冻坏破损、植物繁生、土砂堆积等现象，并检查保护层中分格缝位置处嵌缝材料是否有剥离开裂、老化变质以及杂草丛生现象。

④ 注意泛水部位油毡是否脱落、开裂，或是否有老化、腐烂现象；泛水高度是否满足要求。立面处保护层是否有开裂、破损、掉落、冻坏等现象。

⑤ 注意女儿墙油毡压顶部位是否有龟裂、起砂、缺损、冻坏现象，压顶是否已变形、生锈，以及滴水是否完好，收头状况是否良好等。

⑥ 注意落水口处是否有破损现象，铁件是否生锈，落水斗出口处是否有封堵、土砂堆积、排水不畅等现象，以及排水沟的排水坡度是否合格，有无植物繁生等。

⑦ 山墙、女儿墙转角处是否已做成圆角或钝角，油毡是否有开裂、老化、腐烂等现象。

2. 屋面防水工程修补

屋面防水工程的修补应符合下列规定。

① 屋面修补前，应先检查房屋状况，检查漏雨部位，分析漏雨原因，找准进水点。

② 按屋面原防水做法以及变化情况，选定补漏材料，尽量做到既经济又具有良好效果。根据屋面漏雨部位、面积大小、严重程度的不同，确定补漏做法及技术要求。

③ 若遇有结构维修和补漏工程时，应按先做结构加固，后做修补漏雨的顺序安排施工。

④ 修补屋面时，应采取必要措施，确保安全施工，严防发生任何伤亡事故。

⑤ 局部修补时，对其余部位屋面应做好保护，防止任意堆料以致损伤完好部位。

⑥ 修补屋面施工前，应事先通知住户或使用单位，并尽可能减少对用户的干扰。

3. 屋面的日常管理与维护

屋面的日常管理与维护应注意以下问题。

① 屋面在使用期间应指定专人负责管理，定期检查。管理人员应熟悉屋面防水专业的知识，并制定管理人员岗位责任制。

② 对非上人屋面，应严格禁止非工作人员任意上屋面活动。上人检查口处及爬梯应设

有标志，标明非工作人员禁止上屋面。屋面上不准堆放杂物或搭盖任何设施。

③ 屋面上架设各种设施或电线时，需经管理人员同意，做好记录，并且必须保证不影响屋面排水和防水层的完整。

④ 每年春季解冻后，应彻底清扫屋面，清除屋面及落水管处的积灰、杂草、杂物等，使雨水管排水畅通。对于天沟处的积灰、杂草及杂物等也应及时清除。

⑤ 对屋面的检查一般每季度进行一次，并且每年开春解冻后、雨季来临前、第一次大雨后、入冬结冻前等关键时期应对屋面防水状况进行全面检查。

进行屋面检查时，应针对各屋面做好详细记录，将检查的情况分别进行记载并存档保管。当检查发现问题时，应立即分析原因，采取积极有效的技术措施进行修理，以免继续发展而造成更大的渗漏。

第七节　装饰工程维修

一、装饰工程概述

装饰工程的内容包括房屋建筑的室内外抹灰、饰面或镶面、油漆或刷浆三大部分。对房屋建筑进行装饰，不仅能增加建筑物的美观和树立艺术形象，而且能改善清洁卫生条件，有隔热、隔声、防潮的作用，还可保护墙面免受外界条件的侵蚀，提高围护结构的耐久性。

抹灰和饰面是装饰工程中的重要工序，本节主要介绍装饰工程中的抹灰和饰面及镶面工程，并以内外墙抹灰和饰面为主。楼地面常用的面层（包括结构层和找平层）类型及其病害情况和修补方法，基本与内外墙体类似，因此在本节中一并叙述。

为保证抹灰平整、牢固，避免龟裂、脱落，在构造上抹灰须分层。一般由底层、中层和面层三个层次组成。底层主要与基层黏结，同时起初步找平作用；中层主要起找平作用；面层主要起装饰作用，要求表面平整、色彩均匀、无裂纹，可做成光滑、粗糙等不同质感的表面。抹灰工程根据面层所用材料的不同又分为一般抹灰和装饰抹灰两种。目前房屋建筑常采用的一般抹灰有水泥砂浆、混合砂浆、纸筋（麻刀）灰等。装饰抹灰有水磨石、水刷石、干黏石、剁斧石、砂浆拉毛等。常见的镶贴饰面为面砖、瓷砖、马赛克、大理石、人造石板等。

1. 常见病害及原因

建筑物表面的抹灰和饰面受日晒、雨淋、风化等环境因素影响以及人为使用不善，就会造成损坏，出现一些病害，如起壳、起鼓、潮湿或结露以及开裂、脱落、破损等。造成这些病害出现的主要原因有以下几方面。

① 施工质量差。材料强度不够，未按规程施工，人员不固定。

② 防渗漏、排水措施不良。一些防水层、防潮层失效浸水引起病害；一些防水构造不良，使雨水、地下水侵入墙体；管道漏水。

③ 使用不合理。人为造成的一些病害；室内水蒸气不能及时排出或室内通风不良。

④ 房屋结构或一些构造不良。寒冷地区，设计房屋时墙体厚度不够，屋面保温层厚度不够或材料选择不合理，都将使墙面或顶棚面结霜、结露；由于地基基础不均匀沉降导致上部墙体开裂、饰面破损；门窗框变形或破损，以及开关门窗用力过大等影响周围墙体的抹灰层及饰面，导致开裂、脱落。

2. 病害的基本防护

① 及时处理病害。及时修补小破损，及时处理渗漏，及时修补防水结构或构造。

② 做好日常预防工作。要定期油漆或刷浆，经常对房屋通风、排气，做好预防宣传工作。

二、抹灰和饰面的维修

1. 抹灰墙面修补

发现墙面抹灰出现病害应采用正确的方法及时修补，彻底根除病患处，达到治标又治本的目的。修补时应按正确的操作程序进行。

(1) 一般抹灰墙面的修补

① 抹灰层修补范围的确定。在修补前，必须详细检查损破情况。检查时采用的方法如下。

a. 直观法。抹灰损坏的现象，如裂纹、龟裂、剥落等，很多是可以凭经验用肉眼直接观察到的。

b. 敲击法。检查抹灰内部损坏情况，可用一些相应工具（如小铁锤或瓦刀）轻轻敲击可疑处，通过发出的声音判断是否出现损坏，如发出空壳声，则有起壳现象。

② 清底和铲口。

a. 清底。指修补残缺损坏的原基层面。原砖墙面剔除风化砖，镶好缺砖部分。混凝土和加气混凝土基层表面凸凹部位要进行剔平，并用 1∶3 水泥砂浆补齐。彻底清除表面一些灰尘、污垢、青苔等，直至露出砖面。混凝土墙面较光滑时，应做粗糙处理。

b. 铲口。为使新旧抹灰接槎牢固，新旧接槎处要铲成倒斜口，并用扫帚洒水润湿。

③ 抹底层灰。

a. 抹底层灰前基层要洒水湿润。洒水要适度，水分过多会使底灰不易干，并且黏结也不牢固；水分过少易引起抹灰开裂。

b. 抹灰应分层进行，不得少于两层，一般应与原来抹灰的分层情况和厚度相同。

c. 每层灰之间可间隔一定时间再抹下层灰，一般要待前一层抹灰层凝固后再抹下层灰。

④ 抹罩面灰。待底层抹灰用手按无手印时就可以抹罩面灰。罩面灰尽量与原面层灰用料相同，颜色一致，面层灰应与原抹灰面取平，并在接槎处压光成一整体。

(2) 装饰抹灰墙面的修补　装饰抹灰层的损坏一般表现为裂缝、空鼓、脱落。产生的主要原因是：面层一般都比较厚，刚度大，而且中底层抹灰都不分格，尤其是有的还采用不掺砂粒的软灰浆做中层，在干湿环境及冻融等反复作用下，与基层材料的胀缩率不一致，相互间产生内应力而出现裂缝、空鼓，甚至脱落。另外，因水刷石长期暴露于室外，受大气污染及尘土影响，使水刷石表面风化或色泽变化。此外，还有人为因素造成的损坏。

① 修补水刷石的操作过程：确定修补范围并清除破损→修补和清洁基层→抹底层灰→抹面层→刷洗。

② 修补水磨石的操作过程：确定修补范围并清除破损→修补及清洁基层→抹底层灰→抹面层→磨面→擦草酸、打蜡。

2. 镶贴饰面的修补

块材饰面是用块（片）状的天然或人造块材镶贴在墙体表面形成的装饰层。常用的贴面材料有釉面砖、瓷砖、陶瓷锦砖、大理石、花岗岩等。

块材饰面不但美观，艺术效果好，且其耐久性、防水性等比一般抹灰优良。但是在施工和使用过程中措施不当也会使饰面缺损。缺损的主要形式有饰面空鼓、脱落掉块、贴面材或贴面层开裂及受有害物质腐蚀等现象。

(1) 块材饰面空鼓和脱落的原因

① 基层没有处理好，如清理不净或抹底灰时基层未湿润，造成基层与底灰之间部分黏结不实，当有水渗入此处，使黏结进一步减弱造成局部空鼓。在贴面砖（板）与底层灰间也会由此种原因产生空鼓。

② 抹底灰和中间层时，每次抹得太厚或各层抹灰间隔时间太短，破坏了层与层之间黏结效果。

③ 夏季施工，砂浆失水太快，又未及时养护；冬季施工没有技术措失，使抹灰砂浆受冻，都会造成层与层之间黏结力减弱。

④ 黏结材料质量不高使底层与基层、饰面材料与底灰粘贴不牢。

⑤ 对需要浸泡的贴面砖，铺贴前没有浸泡，便进行铺贴，容易引起砂浆干缩而黏结不牢。

⑥ 贴面砖（板）间缝没有嵌严，待雨水渗入，在严寒时水结冰膨胀，便出现空鼓。

⑦ 在使用时，块材饰面受到碰撞、挤压会开裂、脱落，与腐蚀性气体、液体接触会使大理石等饰面失光、粗糙和出现麻点。

(2) 块材饰面空鼓、脱落的维修

① 釉面砖、陶瓷锦砖及瓷砖的维修。

a. 对于小面积空鼓可采用灌浆法进行维修。

b. 对于大面积出现空鼓、脱落的维修，方法如下。

ⅰ. 将脱落的饰面铲除，露出基层。要求其平整、方正、垂直、清理干净。

ⅱ. 用水湿润基层，刷一道水泥浆，用 1∶3 水泥砂浆或水泥石灰砂浆做底灰。

ⅲ. 黏结砂浆宜用掺入 107 胶的 1∶1 水泥砂浆，且其厚度不少于 10mm。贴陶瓷锦砖，其黏结灰浆宜用纸筋∶石灰膏∶水泥＝1∶1∶8 的水泥浆，其厚度为 1～2mm。

ⅳ. 贴面砖前，先将面砖表面清理干净，放入水中浸泡 4h 左右（不少于 2h），再晾干或擦干。贴面砖在抹完底灰后次日进行，随抹黏结砂浆，随镶贴；面砖背面要挂满砂浆，逐块贴在黏结层上，并用橡皮锤轻敲，使灰浆挤满。

ⅴ. 待黏结层水泥初凝后，揭去护面纸，用毛刷刷净，然后检查缝的平直情况，拨正调直，把缝间多余灰浆清除，擦干净砖面。次日洒水养护。

② 大理石、花岗岩饰面的维修。

a. 当空鼓面积不大，饰面板未损坏，可用灌浆法将环氧树脂灌入空鼓的缝隙之中，使饰面板、底灰等重新粘贴牢固。

b. 若板块大面积起鼓或有脱落，则要把损坏板块拆除，凿去原水泥砂浆黏结层，镶贴上新的板块。

c. 重新铺贴块材可采用粘贴法，具体操作如下。

ⅰ. 粘贴前，应先清理基层，基层应平整，但不应压光。

ⅱ. 在需要粘贴块材的墙基层上弹线。

ⅲ. 挑选花纹纹理和厚度与原块材相一致的块材，粘贴时应保证平整度。

ⅳ. 黏结剂用量以粘牢为原则。先将胶液分别刷抹在墙面和板块背面上，刷胶要均匀、饱满，然后准确地将板块粘贴于墙上，立即挤紧、找平、拨正，并进行顶、卡固定。对于挤出缝外的黏胶应随时清除。对板块安装位置上的不平、不直现象,可用扁而薄的木楔来调整,小木楔应涂上胶后再插入。

Ⅴ. 一般粘贴 2 天后,可拆除顶、卡支撑。同时检查接缝处黏结情况,不足的进行勾缝处理,多余的胶料或砂浆随即清除干净,并用棉纱将板面擦干净。

第八节　建筑结构的抗震加固

房屋建筑的抗震等级及抗震鉴定,一般按《建筑抗震设计规范》(GB 50011—2001)进行,抗震设防烈度为 6 度及以上地区的建筑,必须进行抗震设计,抗震设防烈度必须按国家规定的权限审批、按国家颁布的文件(附件)确定。

对未考虑抗震问题的已建房屋或抗震等级不足的房屋,必须进行抗震鉴定,并采取有效的抗震结构加固措施,以确保建筑的安全。

一、概述

1. 地震震级、地震烈度和基本烈度

(1) 地震震级　地震的震级是衡量一次地震大小的等级,用 M 表示。1935 年里希特(Richter)首先提出了震级的定义,即:震级大小利用标准地震仪(指周期为 0.8s,阻尼系数为 0.8,放大倍数 2800 的地震仪)在距震中 100km 处记录的以微米($1\mu m=10^{-3}mm$)为单位的最大水平地面位移(振幅)A 的常用对数值,即

$$M=\lg A$$

式中　M——地震震级,一般称为里氏震级;

A——由地震曲线图上量得的最大振幅,μm。

例如,在距震中 100km 处,用标准地震仪记录到的地震曲线图的最大振幅 $A=10mm$(即 $10^4 \mu m$),则该次地震的震级为:$M=\lg A=\lg 10^4=4$。

(2) 地震烈度　地震烈度是指某一地区地面和各类建筑物遭受一次地震影响的程度,一般用 I 表示。一次地震,震级只有一个,但由于各地区距震源中心距离不同,以及地质构造不同,所受的地震影响不一样,所以烈度也不一样。

(3) 基本烈度　基本烈度是指某一地区今后一定时期内在一般场地条件下可能遭受的最大的烈度。它是某一地区今后一定时间内的震害预报、抗震设防的设计依据。

2. 震害的影响及结构抗震加固原则

(1) 震害的影响　由于地震的影响作用会使建筑结构丧失整体性,以及结构的主要构件承载力不足而破坏或结构的变形过大而导致倒塌,此外可能造成地基失效,例如地基饱和砂土的液化。

(2) 结构抗震加固原则　结构抗震加固原则,是要求当建筑物遭遇到相当于抗震鉴定中采用烈度的地震时,不受破坏或破坏不严重,一般震害后,经修理仍可继续使用。对建筑物加固,应区分房屋结构、构件的重要性程度,优先加固主要承重的结构构件,例如承重的柱、墙等。特别是结构受地震水平力影响较大的,即剪力大的部位优先鉴定处理。

在一般民用建筑中,应先加固人员集中的部门或要害的部门;在工业建筑中,要以生产车间和动力系统为主。

3. 加固类型和方法

加固是对结构或构件的承载力、刚度、延性、整体性、稳定性予以恢复或增加的总称。

（1）直接加固和间接加固

① 直接加固。指使原有结构或构件直接提高结构功能的加固。

② 间接加固。指以减轻负荷、减小破坏概率、发挥构件潜力等措施以达到提高原结构或构件功能为目的的加固。

（2）常见的加固方法

① 灌浆法。用空气压缩机或手压泵将黏结剂灌入裂缝，适于砌体、钢筋混凝土裂缝加固。

② 面层法。用水泥砂浆（厚20mm）、钢筋水泥砂浆（厚35mm）、细石混凝土面层（厚60~100mm）加固构件，适于砌体墙面或柱面加固。

③ 外包型钢法。用角钢紧贴拉压杆、梁、柱四角并用扁钢缀板焊接形成整体构架，外抹水泥砂浆面层加固，适于柱、梁、窗间垛等结构构件加固。

④ 加设外套法。加设钢筋混凝土外套，达到增加构件截面和配筋量，以提高承载力和刚度。适于钢筋混凝土的基础、柱、梁等构件加固。

⑤ 外粘钢板法。在抗弯承载力不足的钢筋混凝土梁的受拉（压）表面以及抗剪强度不足的钢筋混凝土梁的两侧面，用黏结剂粘贴2~6mm厚的钢板加固。适于温度不超过60℃、相对湿度不大于70%及无化学腐蚀的环境下使用。

⑥ 预加应力法。用预加应力的水平拉杆或下撑式拉杆等方式对被加固构件施加预应力，可提高构件的刚度、抗裂度。适用于要求恢复承载力、刚度和抗裂度的构件。

⑦ 增设构件法。在需抗震加固的结构上增设以下构件以满足结构使用要求：增设圈梁，加设钢筋混凝土构造柱，增设拉杆、钢支撑，增设支柱。

二、多层砖混结构抗震加固

1. 增强房屋整体性措施

常见的砖混结构加固措施一般有以下两类。

（1）设置钢筋拉杆　对于震后外纵墙或山墙外闪，屋架或梁端下墙体外闪的房屋，采用这种方法有效。钢筋拉杆沿墙体两侧对称成对布置，贯通整个房屋。钢筋直径一般为14~18mm。钢筋拉杆的两端应锚固，可在墙体外侧垫钢板或木楞，然后用螺母拧紧，垫板的宽度不宜小于120mm，拉杆的中段可采用花篮螺丝连接紧固，以保证拉杆拉紧。

（2）增设圈梁　通过增设圈梁（截面尺寸180mm×120mm）来提高结构的整体性。墙上在加圈梁的位置，每隔1~2m要打洞，洞口不小于圈梁尺寸，孔洞内配4ϕ12钢筋，并与圈梁同时浇灌混凝土，形成支承圈梁的受剪销键，且使后加圈梁与墙体有可靠的连接。后加圈梁处的墙面要清理干净，浇筑混凝土前要用水充分湿润。圈梁位置宜与楼盖在同一标高上，且交圈闭合，变形缝两侧的圈梁应分别闭合。

2. 砖墙加固

（1）面层加固　砖混结构砖砌墙体因抗震强度不足需要震前加固或震后需修复时，可采用由原墙体外加设面层来达到增加强度或刚度的目的。做面层前，应将抹灰清除干净，以保证面层与原墙面连接牢固，不得采用将砖表面打毛的方法，以免打酥或松动墙体。如遇有酥碎的墙体，均应拆换或清除。面层做法可用水泥砂浆、钢筋水泥砂浆、细石钢筋混凝土面层。

（2）增设构造柱、圈梁　当多层砖混结构抗震强度不满足要求时，可采取外加钢筋混凝土构造柱和圈梁的方法加固，以增强墙体的整体性和提高墙体抗倒塌能力。

外加构造柱与原有圈梁应有可靠的连接。截面尺寸一般为 240mm×240mm，内配 4ф14 钢筋，箍筋为 ф6@250，混凝土标号 C20。构造柱与墙体要有可靠的连接，每层除上下端用圈梁或拉杆连接外，在中部至少有一个伸入墙内的销键，孔洞不小于柱断面，在中部用两组 2ф12 钢筋穿过纵墙，锚固在横墙上。如图 5-49 所示。

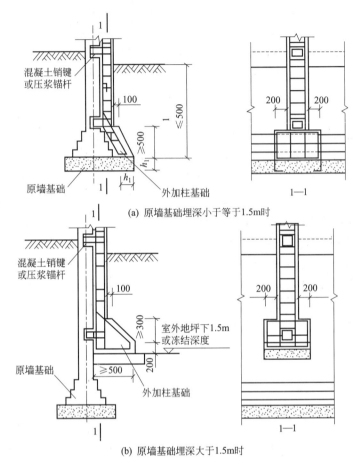

图 5-49 外加柱基础处理

（3）基础、柱抗震加固

① 基础。地震时，地基承载力不足会造成地基破坏或基础不均匀沉降，致使上部结构遭受破坏，因此需加固基础，常用的方法是局部加大基础底面积，以减轻地基压力。如图 5-50 所示，通过加大截面尺寸以保证基础免遭震害破坏。

② 砖、混凝土柱加固。多层建筑中柱的抗震力不足时，可采用钢筋网水泥砂浆面层、钢筋混凝土面层或四角包角钢等方法加固。承重柱的上下两端钢筋需加密，竖向钢筋必须穿过楼板，下面和基础必须可靠连接，形成整体。

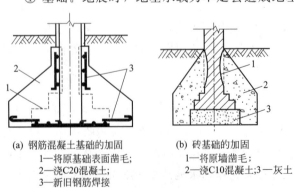

图 5-50 基础的加固方法

三、钢筋混凝土框架结构的抗震加固

1. 内框架多层房屋的加固

① 内框架多层房屋的总高度和抗震横墙间距应满足表5-6和表5-7的要求。

表5-6 房屋的层数和高度限制

房屋类别	最小墙厚度/mm	烈度/度							
		6		7		8		9	
		高度/m	层数	高度/m	层数	高度/m	层数	高度/m	层数
普通砖	240	24	8	21	7	18	6	12	4
多孔砖	240	21	7	21	7	18	6	12	4
	190	21	7	18	6	15	5	—	—
小砌块	190	21	7	21	7	18	6	—	—
底部框架抗震墙	240	22	7	22	7	19	6	—	—
多排柱抗震墙	240	16	5	16	5	13	4	—	—

表5-7 房屋抗震横墙最大间距 m

房屋类别		烈度/度			
		6	7	8	9
多层砌体	现浇或装配整体式钢筋混凝土楼、屋盖	18	18	15	11
	装配式钢筋混凝土楼、屋盖	15	15	11	7
		11	11	7	4
	木楼、屋盖				
底部框架抗震墙	上部各层	同多层砌体房屋			—
	底层或底部两层	21	18	15	
	多排柱内框架	25	21	8	—

当抗震横墙的间距超过规定时,宜增设抗震横墙抵抗水平地震荷载,房屋高度超过规定或抗震验算强度不足时,可采取下列措施加固:增设抗震横墙或抗震支撑;加强抗震剪力墙的抗剪支撑;在房屋拐角处,沿外墙10~15m增设型钢或钢筋混凝土构造柱,柱与墙、梁、板应有可靠的拉结。

② 8、9度抗震区,当内框架的外墙、山墙及承重墙上有跨度大于1.0m的无筋平拱砖过梁时,可采取加设型钢过梁、钢筋混凝土过梁,或堵死门窗洞口的方法加固墙体。

③ 8、9度抗震区,楼梯间墙宜增设钢筋混凝土构造柱及圈梁,或在墙面配置钢筋网喷抹水泥砂浆加固;亦可采用对穿钢筋拉杆的办法加固。对于8度区,应重点加固楼梯间顶层墙。对9度区,楼梯间墙体应全高加固。

2. 钢筋混凝土框架结构加固

(1) 墙体加固

① 在8、9度抗震设防区,当框架顶上砌有局部突出的砖砌体结构,宜对墙体采取加固措施,一般采取加型钢或钢筋混凝土构造柱和外墙四角区段增设转角型钢带或钢筋混凝土转

角梁 2~3 道，每边一个柱距长，并与主体拉结。

② 框架的外包墙、填充墙、内隔墙与柱无拉结或拉结不牢时，可采取以下措施。

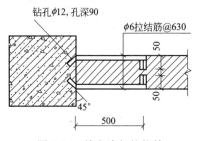

图 5-51 填充墙与柱拉结

a. 在墙柱相接处沿柱高每隔 600mm 左右钻斜孔，用环氧树脂浆锚 2φ6 拉结筋，拉结筋应嵌入填充墙水平灰缝内，并用 1∶2 水泥砂浆抹平，如图 5-51 所示。

b. 用型钢和螺栓加强墙体与柱子的拉结，沿墙高间距：外墙每隔 500~700mm 一道，内墙每隔 900mm 一道。

c. 墙体与框架梁的连接采用环氧树脂浆锚销钉加固，如图 5-52（a）所示。销钉中距 1000mm，钻孔深度 100mm。销钉下端嵌入预先剔出的沟槽内并用环氧树脂水泥浆填严。当梁底纵筋较密时，也可用扁钢和螺栓加强墙体与梁的拉结，如图 5-52(b) 所示。

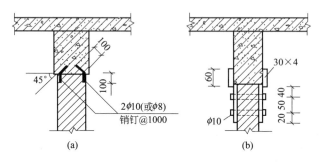

图 5-52 填充墙与梁底连接

（2）楼板加固　9 度抗震区预制板上未设置配筋整浇层时，可采用以下方法加固。

① 顶层和底层及中部每隔一层设置厚度不小于 50mm，钢筋不小于 φ6@200 的配筋整浇叠合板，并与外墙圈梁拉结，同时保证新的混凝土有可靠的结合。

② 楼面中无圈梁，则可增设闭合的钢筋混凝土或型钢圈梁，且层层设置，圈梁与柱子需有可靠的拉结。

③ 可在楼板下加水平梁、柱支撑。

（3）框架梁、柱的加固

① 当框架柱的总配筋率小于《抗震鉴定标准》要求时，可将所欠缺的纵筋截面积换算为角钢，把角钢用环氧树脂浆粘贴于柱的四角。

② 当梁、柱的加密箍筋不满足抗震要求时，可在梁、柱表面加焊扁钢代替箍筋加固，扁钢与梁、柱表面间用压力灌注环氧树脂浆。

③ 梁、柱主筋出现压曲、屈服及断裂变形需修复时，先将框架支顶，将损伤部位混凝土或保护层剔除一定长度并将钢筋复位，并以同级等截面短钢筋焊于损伤主筋处。剔除混凝土的部位应用与原结构同标号的水泥砂浆或混凝土加以修复。

④ 框架梁正截面抗弯强度不足时，可以采用在梁的外部用环氧树脂浆粘贴型钢进行加固，也可以采用在梁外部加钢筋混凝土 U 形围框进行加固。

⑤ 框架梁斜截面抗剪强度不足时，可以利用在梁两侧以环氧树脂浆粘贴扁钢箍或在 U 形套内增加箍筋进行加固。

（4）框架加固的基本要求

① 采用粘贴型钢加固梁、柱时，型钢可用 Q235 或 16Mn 钢，型钢厚度不小于 3mm，也不宜大于 8mm，焊缝及焊条材料应符合现行《钢结构设计规范》(JGJ 99—98) 的有关规定。型钢接长宜采用 45°斜缝对焊。型钢锚固时，锚固长度不应小于 80 倍型钢厚度。

② 框架柱采用粘贴角钢加固时，柱四角角钢应穿过上、下层楼板并与上层柱加固角钢焊接。不需加固的上层柱及顶层柱，角钢应分别延伸至上层楼板或屋顶板的底面。

③ 框架梁采用粘贴型钢加固时，梁下角可采用角钢，梁顶部则应采用扁钢，扁钢可嵌入在楼板表面剔出的深为 12mm 的沟槽内，在框架柱处扁钢可沿柱子侧面铺在楼板上，扁钢在沟槽内应用环氧树脂浆粘贴牢固。

框架梁侧用扁钢加固时，扁钢箍上端可与楼板底面沿梁通长粘贴的扁钢铁架焊接，下端则焊于梁下角角钢肢上。梁的加固角钢、扁钢及扁钢架铁均应用环氧树脂封缝并压力浇筑环氧树脂浆，使其与梁混凝土粘贴牢固。如图 5-53 所示。

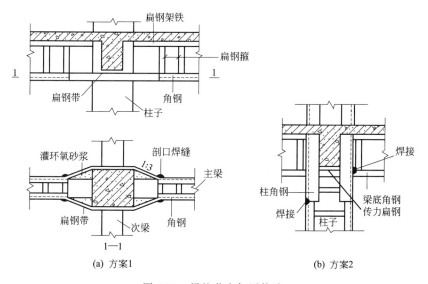

图 5-53 梁柱节点加固构造

④ 框架柱加固时，加固用的角钢或纵筋在柱基础处应保证有足够的锚固长度，必须锚入原有基础或新加固的基础内。

⑤ 用环氧树脂粘贴型钢加固时，应将加固型钢处混凝土表面灰尘及油污铲净，并用钢丝刷刷毛。吹净后刷环氧树脂浆一薄层，然后将已除锈并用二甲苯擦净的型钢骨架贴附于梁柱表面，并用卡具卡紧。最后用环氧腻子将型钢周围封闭，留出出气孔并在有利灌注处粘贴灌浆嘴，灌浆嘴间距不大于 2~3m，待灌浆嘴粘牢后，通气试漏，随即以 200~400kPa 的压力将环氧树脂从灌浆嘴灌入。当气孔出浆后应立即停止加压，用环氧腻子堵孔，再以较低压力加压 10min 左右，方可停止灌浆。

⑥ 环氧树脂浆、环氧树脂腻子、环氧树脂砂浆的质量配比及用途见表 5-8。环氧树脂浆及环氧树脂腻子等在配合时，应先将环氧树脂与二甲苯搅拌均匀，然后加入苯二甲酸二丁酯及乙二胺即成为环氧树脂浆。再加入水泥及中砂即可形成环氧树脂腻子或环氧树脂砂浆。每次拌和 2~5kg，应在 2~4h 内使用完毕。配制时水泥及中砂应先选筛。

表 5-8　环氧树脂浆质量配比

名称	原料						用途
	环氧树脂6101#	苯二甲酸二丁酯	乙二胺(工业)	二甲苯(工业)	水泥	中砂	
环氧树脂浆	100	10	8～11	30～40	—	—	灌浆
环氧腻子	100	10	13～15	20	250～450	—	封缝粘灌浆嘴
环氧砂浆	100	30	13～15	20	200	400	填充

第九节　房屋设备工程管理与维修

一、房屋设备工程管理

房屋设备是房屋建筑内部附属设备的总称。它是房屋建筑实体的一部分。房屋常用的设备一般可划分为卫生设备和机械设备、电气工程设备、装饰性设备等不同种类。

1. 房屋设备工程的类型

（1）房屋建筑卫生设备　包括房屋的供水设备、排水设备、热水供应设备、厨房设备、燃气设备、供暖设备、消防设备、通风设备、空调设备等。

（2）房屋建筑电气工程设备　包括房屋的供电设备、弱电设备、电梯设备等。

（3）房屋的新型设备　包括房屋的装饰设备、库房设备等。

2. 房屋设备工程维修的类型

（1）零星维修保养工程　指对设备进行日常的保养检修及排除运行故障进行的修理。

（2）中修工程　指对设备进行正常的和定期的全面检修，更换少量零部件。

（3）大修工程　指对设备进行定期的，包括更换主要部件的全面检修工程。

（4）设备更新和技术改造　指设备使用到一定的年限，技术性能落后，效率低，耗能大或污染（腐蚀、排气、粉尘、噪声等）问题严重，须更新设备，提高和改善技术性能。

3. 房屋设备的经常性保养

房屋设备的经常性保养是指房地产业的经营管理部门、城建部门、供电部门、物业公司、自来水公司、煤气公司等单位及有关人员对房屋建筑内部的附属设备所进行的日常性养护、添装、管理、修理和改善工作。它一般包括以下几方面的内容：卫生和水电设备的经常性保养；水泵和水箱设备的经常性保养；消防设备的经常性保养；暖气设备和其他特种设备的经常性保养；电梯设备的经常性保养等。

4. 电梯维修管理

（1）电梯运行管理制度　电梯运行管理制度一般包括下列内容。

① 运行制度。根据楼房的类型、客流量和节约的原则确定运行制度。目前执行的有2班16h制和3班24h制，多数为24h制，即白天连续运行、夜间值班运行的方式。

② 服务规范包括司机服务公约、司机守则、乘梯须知。乘梯须知的内容包括：严禁携带易燃易爆物品；禁止携带超长超重物品；请勿大声喧哗；禁止吸烟、吐痰、乱扔废弃物；不准赤背或穿三角裤衩乘梯；不准拍打或强行扒开电梯门等。

③ 记录与报表制度。包括电梯运行记录、报修单、电梯运行月报、电梯设备年报、电梯运行维护费用报表、电梯维修工程费用报表。

（2）电梯维修等级、周期及要求

① 零星维修。即小修，指日常的维修保养，其中包括排除故障的急修（因故障停梯，在接到报修后应在 15min 内到达现场的抢修）和定时定点的常规保养。常规保养分为周期保养、半年保养和一年保养三个等级。

② 中修。指运行较长时间后进行的全面检修保养。其周期一般定为 3 年。但第二个周期是大修周期，如需大修则免去中修。

③ 大修。指在中修后继续运行 3 年时间，因设备磨损严重需更换主机和较多的机电配套件以恢复设备原有性能而进行的全面彻底的维修。

④ 专项修理。指不到中、大修周期又超过零星维修范围的某些需及时修理的项目，如较大的设备故障或事故造成的损坏，称专项修理。

⑤ 更新改造。电梯运行连续 15 年以上，如主机和其他主要配件磨损耗蚀严重，不能修复又无法更换时，则需改造或更新。只更换主要设备的称改造，整台电梯需要更换的称更新。

(3) 电梯维修工程的审批程序　除零星维修外，中、大修与改造更新均列为电梯维修工程。各基层单位应在每年设备普查的基础上提出下一年度的电梯大、中修和更新改造计划，经上级主管部门批准后安排维修。可以自行维修，也可以发包给其他专业单位维修。竣工后要按规范组织验收。为了缩短维修中的停梯时间以方便用户，除按定额工时要求外，中修工程全日停梯天数最好不超过 7~10 天，大修不超过两周。其余维修日可在低峰客流时或夜间进行。

二、给水排水设备维修

1. 给水设备的检查和维修

(1) 检查工作　为了使维修工作不陷入忙乱与被动，必须做好对给水管道的检查工作。

① 要全面了解给水管道。

② 应经常检查给水井口（包括阀门井）封闭是否严实，以防异物落入井中，造成维修麻烦。要经常检查楼板、墙壁、地面等处有无漏水、渗水和积水等异常现象，如发现有管道漏水时，应及时进行维修。

③ 检查卫生间、盥洗室地面是否干净，水箱是否平稳、好用，脸盆和托架是否稳妥，有无在脸盆上放搓板洗衣物等使用不当的现象，各水嘴是否好用等。

(2) 维修工作

① 管道和水箱的维修。

a. 漏水。对明露管道和水箱漏水，一般腐蚀可补焊修理，严重时要更换水箱或局部管段。对于暗装的管道漏水或局部孔状漏水，宜采用打卡子的办法作为永久性的处理；必须更换管子时，应一次更换两个检查口（或拆口）管件之间的全部管段，以便于拆卸和安装。前者适用于只是管壁上的水眼漏水；后者适用于管道腐蚀严重（管壁变得很薄，管身斑点成鳞）或接口处漏水（包括管道螺纹头和管道连接件）。

b. 水箱无水、溢水。这是因浮球阀和溢水管失灵故障所致。浮球阀不出水则水箱就无水。

c. 防冻。给水管道、水箱等保温不好，出现冻害，会造成停水、破坏给水设备等事故。为此，入冬前必须认真检查冻害隐患，冬季必须预防冻害发生。

d. 防潮和防腐。表面出现冷凝水而潮湿甚至滴水会污染环境、腐蚀管道。特别是厨房、卫生间、盥洗室等处更易发生。一般采用包绝缘层的办法来预防。方法是：先将管壁上的污垢水锈除净，涂以樟丹或沥青，然后缠上带有涂料的建筑厚纸数层，或包上1～2层的沥青麻布、油纸等，其外最好再涂一层20mm厚的石膏，最后用麻布包好涂上油漆。

② 水嘴和阀门的维修。

a. 水嘴的病害及维修。水嘴漏水是由于水嘴的零件松动或损坏，可能的情况下更换零件，更换零件不行时，可更换水嘴。

b. 阀门的病害及维修。阀门漏水是由于阀门的零件松动或损坏，可能的情况下更换零件，更换零件不行时，可更换阀门。

③ 上水泵的故障和排除。上水泵维修是经常出现的维修工作。离心水泵出现故障的原因很多，使用过程中必须经常维护。要注意：真空表、压力表、电流表和电压表等是否正常和稳定；声音是否正常；轴承温度是否正常；管路是否漏水、漏气；吸水底阀是否被堵塞；电动机温度是否正常；水箱自动进水信号装置是否失灵等。

④ 污染和噪声的防治。

a. 水质污染的现象。城市自来水的水质，是经过卫生监督机构检查控制的，一般均符合国家颁布的《生活饮用水卫生标准》。但有时因室内给水系统安装不合理，也会引起水质污染。常见的原因有两种。

ⅰ. 生活饮用水管道因回流造成水质污染。当室外管网压力不足，且底层用水设备大量用水时，处在较高位置的给水管道的水位则可能下降，这样上部管道有可能出现负压区。若此时较高层有的浴盆、洗脸盆污水尚未放掉，配水水嘴安装又不符合要求（其出口低于最高溢流水位，水嘴被污水淹没），同时使用者未关闭或未关严水嘴，就形成了倒流虹吸条件，污水则有可能被吸到给水管道中，如图5-54所示。对于大便器，如果冲洗设备没有隔断措施，也可能形成倒流虹吸条件，从而污染给水系统的水质。

ⅱ. 生活饮用水与非饮用水管道连接造成的污染。

b. 水质污染的防止措施。为了防止给水水质污染，维修工程应按《室内给排水供应设计规范》的规定，原则上不允许生活饮用水与非饮用水管道连接。在特殊情况下必须连接时，必须在两种管道间设置两个闸阀，闸阀间设有常开的泄水水嘴，使两个闸阀间保持无水状态。同时生活饮用水的压力应始终大于其他水管的压力，如图5-55所示。

c. 给水设备产生噪声的原因。主要有：器材损坏，如零件脱落、阀瓣松动；水流速过大（一般大于3m/s）时，特别是管道坡度不适当，形成空气塞、气囊或涡流；水嘴部位自由水头过大；采用了噪声高的水泵。

d. 消除和防止噪声的措施。应在查明产生噪声的原因后，分别采取以下措施：及时修复松脱的零

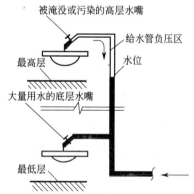

图5-54 倒流虹吸造成水质污染

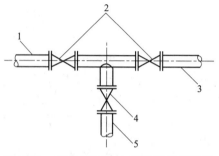

图5-55 两种不同给水管道的正确连接
1—饮用水；2—闸阀；3—非饮用水；
4—泄水阀；5—排水口

件，调换损坏的部件；结合管道修换，更改管道坡度，放大管径，降低流速；降低水嘴出口部位的自由水头；采用低噪声水泵；建筑设计应考虑卫生间（给水管道一般通过卫生间）不靠近卧室及其他需要安静的房间。如无此条件，则应设置隔声墙或在管道布置时避免给水管道沿着卧室相邻的墙壁敷设。防止或减少水泵工作时产生噪声及噪声传播的措施有：水泵采用减振基础，如图5-56所示；管道采取减振措施，如图5-57所示；水嘴前采取减振措施，如图5-58所示。

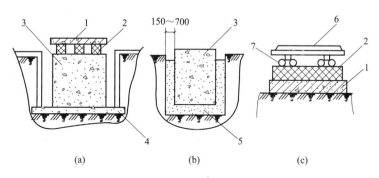

图5-56 水泵基础减振措施
1—钢筋混凝土板；2—弹性垫板；3—基础；4—垫层；5—砂子；6—水泵底座；7—弹簧减振器

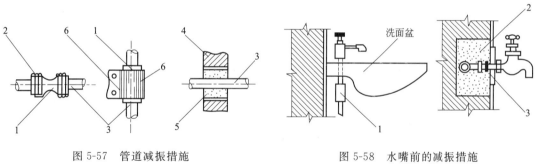

图5-57 管道减振措施
1—橡胶管；2—钢丝；3—管道；4—墙体；5—隔声层；6—夹箍

图5-58 水嘴前的减振措施
1—橡胶管；2—隔声层；3—隔声座

2. 排水和用水设备的故障和维修

（1）室外排水管道常见故障和维修　室外排水管道的常见故障是堵塞。它会使污水井产生积水或溢水现象以及室内用水设备产生排水不畅的毛病。修理时，应按水流方向沿管线寻找，找到一个有积水而另一个无积水的污水井，堵塞位置就在这两个水井中间。先用掏钩清理无积水的井中污物，以免上面的污水流下来以后，将井中污物冲入排水管道，而后再清理排水管口。此时，若污水仍未泄下来，再清理一下有积水的井中排水管口，此时若积水不下沉，说明堵塞物不在管道的管端，而是塞在管道的中间，需用竹劈进行疏通。当用竹劈疏通后，污水仍流通不畅时，再用钢丝绳或棕刷把管道拉一下即可。

一般情况下，每隔1～2年（在雨季到来前），应对室外排水管道疏通一次。

（2）室内排水管道常见故障和维修

① 堵塞及其维修。室内排水干管（立管和横向排水管）常会因下述原因造成堵塞。

a. 使用不当，杂物积存在管道阻力较大的地方。

b. 施工或检修不当，管道中留存异物或接口处捻料进入管内。

c. 防寒不好的部位、管道排水坡度不好，存水发生冻结，常导致地漏或用水器下部冒水；在没有地漏和用水器下部接口较严的情况下，常从最低用水器（如拖布池）中返水；若发生在楼层上，还可能产生楼板滴水、漏水的现象等。

② 堵塞部位的判断。一般可通过以下所列的堵塞现象来判断。

a. 堵塞物在排水支管或横管端头，仅影响单个用水器具排水而不会影响其他用水器具排水，如图 5-59 所示。

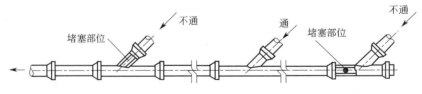

图 5-59 支管或横管端头部位堵塞示意

b. 堵塞物在排水横管中部，仅影响该层堵塞部位上游的几个用水器具排水，而不影响该层堵塞部位下游及上下各层用水器具的排水，如图 5-60 所示。判断时，应选在两个相邻的用水器具之间，这两个器具中应该有一个是下水的，一个是不下水的。

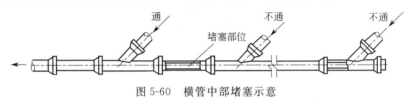

图 5-60 横管中部堵塞示意

c. 堵塞物在排水横管末端，仅影响该层该排水横管上所有用水器具排水，而不影响上下各层用水器具的排水，见图 5-61 所示。

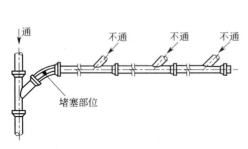

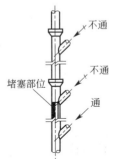

图 5-61 横管末端堵塞示意　　　　图 5-62 立管中部堵塞示意

d. 堵塞物在排水立管中，仅影响堵塞物上游所有横管或立管上的用水器具排水，而不影响堵塞物下游用水器具排水。发生这种故障时，污水会从堵塞物上游最低点用水器中溢出，如图 5-62 所示。

e. 堵塞物在排水立管末端或出户管以外的部位，会影响整个立管或整个系统的用水器具排水，如图 5-63 所示。

③ 堵塞维修、工具及操作方法。

a. 疏通工具。强度高、弹性好的钢丝，竹片，胶皮管、橡胶管，机械疏通工具。

b. 堵塞维修方法。

ⅰ. 从横管起端和横管转变角度小于 135°处的扫除口（掏堵）入口清堵。

ⅱ. 当堵塞物靠近检查口时，可由此入口清堵，一般楼房每隔两层设一个检查口，底层和最高层设检查口，Z 字管处设检查口。

ⅲ. 当堵塞物靠近顶楼，可从楼顶的通气口入口清堵。通气口有风帽时需拆除它。多用于立管疏通。

ⅳ. 堵塞物常位于三通、弯头等处，可从这类配件相应的排水管扫除口入口清堵，也可将三通或弯头上面钻一小洞，用钢丝清堵后再用小木塞塞紧。

ⅴ. 为便于疏通，在管壁上特别凿穿的小孔入口清堵。一般在疏通工具从其他入口无法达到堵塞部位时采用。

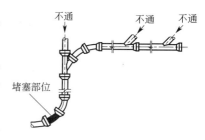

图 5-63 出户管堵塞示意

ⅵ. 从拆除堵塞管道后的断口入口清堵。一般在特别困难情况下才采用此法。

ⅶ. 从室外第一个检查井的上游出水口入口清堵。平房一般常采用此法。

④ 地漏故障及其维修。地漏因毛发、泥砂等进入地漏水封槽而堵塞时，可取下箅子、扣碗，清除其上和周围的污杂物；当水封被破坏时，应针对水封被破坏的原因进行处理；当水封槽深度不够时，更换存水弯存水较多的地漏。

三、通风、空调设备维修

1. 通风设备维修

房屋通风主要是为了排除室内不适合工作环境的空气（气温、清洁度、湿度等影响）。其中，局部通风适用于厨房、浴室、局部粉层车间（少量喷漆间、工厂磨刀间）等；集中通风适用于商场、剧场、大面积粉层车间、热加工车间等。

通风设备主要由送排风口、风道、消声器、阀门和通风机等组成。其常见故障和维修方法如下。

① 主风道、排风口常年不清洁而出现风口堵塞，造成无风、响声增大或用途达不到使用要求，则需要清除堵塞物（尘垢等）。

② 风道年久失修，锈烂漏风，影响正常送风排风则需要补漏或更换。

③ 风道闸阀失去调节作用，造成开启不灵活，影响送风排风，则需拆检闸板阀。

④ 蝶阀失去调节作用或调节板脱离，出现送风排风或调节受阻，则需断开风道，检修蝶阀。

⑤ 机械通风机常出现下列故障：三相电源缺相，造成电动机烧毁；轴承断油，出现响声增大，影响使用；叶轮碰外壳，出现异声或不能使用；通风机联轴器松动，出现异声，影响使用等。均应相应进行维修。

2. 空调设备维修

房屋空调主要是为了实现工作、生产和生活房屋内部的空气净化、供热和制冷。

空调工程一般由空气处理设备、空气输送管道和空气分配装置所组成。主要有局部空调和集中空调两种系统。

空调设备的主要部件有冷热交换器和风机。但在集中空调系统中，另需增加风机盘管或诱导器、循环水泵、冷冻机组、电加热器、蒸汽加热器、热水交换器、淋水塔、空气过滤器和喷淋室等部件。下面主要介绍风机盘管、淋水塔和喷淋室的常见故障和维修。

（1）风机盘管的故障和维修　风机盘管机组是安装在房间内的空调系统末端装置，其常见的故障：水路阻塞，风机不转、风机盘管失去制冷或供热作用。维修时，可拆开管路，清除阻塞在进出口管过滤铜丝网上的杂物；风机不转主要是电源不通、电源接触不好，需切断电源，检查电源插头或风机开关接触情况等；若出现风机响声增大，主要是叶轮积尘，需拆开除尘。

（2）淋水塔和喷淋室的故障和维修　为节约能源，集中空调系统采用淋水塔散热冷却，以保证冷冻机组冷凝器的冷却作用。在使用过程中最易发生的故障有：散热排气风机电动机受潮；散热排气风机转向相反；淋水塔充水自动阀失灵等。

喷淋室水喷淋，是集中空调系统中空气净化处理的一种方法。为了保证喷淋室喷出的水滴能均匀地布满整个喷淋室断面，喷嘴采用梅花形布置。喷嘴密度一般采用 $13\sim 24$ 个$/m^2$。

对于大型的喷淋室，也可按方形排列喷嘴，布置成上密下疏，使喷水在喷淋室内均匀分布。喷淋室外壁应加保温。为便于维修喷淋室内部构件，应装设 500mm×800mm 检查门。喷嘴排管均应在最低处设泄水阀或丝堵，以便在冬季不用喷淋室时能净水泄水，以免冻裂水管。

复 习 思 考 题

1. 简述房屋维修的研究对象。
2. 简述房屋维修的方针和原则，并说明意义。
3. 何为房屋维修的经济效益、社会效益和环境效益？
4. 按房屋完损状况分，房屋维修工程分为哪几类？
5. 简述房屋完损等级的分类。
6. 简述房屋管理与维修的关系。
7. 简述房屋维修技术管理的主要任务。
8. 房屋维修工程竣工验收的目的是什么？
9. 软土地基的不均匀沉降对上部结构的不良影响有哪些？
10. 简述高压喷射注浆法加固原理和施工工艺。
11. 地基基础的基本防护要求有哪些？
12. 怎样达到纠倾的目的？
13. 简述砌体腐蚀的主要预防措施。
14. 简述沉降裂缝的预防和稳定措施。
15. 简述墙柱倾斜的矫正方法。
16. 简述混凝土收缩裂缝的预防措施。
17. 钢筋锈蚀的主要原因有哪些？
18. 简述预防钢筋腐蚀的措施。
19. 简述一种钢筋混凝土现浇板的加固方法。
20. 钢结构锈蚀的机理是什么？
21. 防止钢结构锈蚀的方法有哪些？
22. 简述各涂层的作用。
23. 简述钢结构加固的原因。
24. 简述油毡防水屋面常见弊病的预防措施。
25. 简述刚性防水屋面维修的方法。
26. 简述如何做好屋面的日常管理与维护。
27. 装饰工程常见病害及原因有哪些？
28. 如何进行装饰抹灰墙面的修补？
29. 如何进行大理石、花岗岩饰面的维修？
30. 抗震结构的加固原则是什么？
31. 常见抗震结构的加固方法有哪些？
32. 画图说明基础抗震的加固方法。
33. 简述电梯维修等级、周期及具体要求。
34. 简述管道和水箱的维修。
35. 简述通风设备维修。

参 考 文 献

[1] 劳动和社会保障部,中国就业培训技术指导中心组织编写. 国家职业资格培训教程物业管理员. 北京:中央广播电视大学出版社,2004.
[2] 刘小年主编. 工程制图. 北京:高等教育出版社,2004.
[3] 大连理工大学主编. 画法几何学. 第6版. 北京:高等教育出版社,2003.
[4] 吴忠等编著. 画法几何基本概念与解题指导. 北京:电力工业出版社,1982.
[5] 潘蜀健主编. 物业管理手册. 北京:中国建筑工业出版社,2002.
[6] 刘群主编. 房屋维修与管理. 北京:高等教育出版社,2005.
[7] 费以原主编. 房屋管理与维修. 北京:机械工业出版社,2003.
[8] 苏长民主编. 房屋修缮与改造. 北京:中国铁道出版社,1998.
[9] 劳动和社会保障部教材办公室组织编写. 房屋修缮工程技术. 北京:中国劳动社会保障出版社,2001.
[10] 黄志洁,邢家千主编. 房屋维修技术与预算. 北京:中国建筑工业出版社,2004.
[11] 魏鸿汉主编. 建筑材料. 第2版. 北京:中国建筑工业出版社,2007.
[12] 蔡丽朋主编. 建筑材料. 北京:化学工业出版社,2005.
[13] 段莉秋主编. 建筑工程概论. 北京:中国建筑工业出版社,2004.
[14] 中国机械工业教育协会组编. 房屋建筑学. 北京:机械工业出版社,2005.
[15] 同济大学等合编. 房屋建筑学. 第4版. 北京:中国建筑工业出版社,2005.